光盘界面

案例欣赏

案例欣赏

视频文件

素材下载

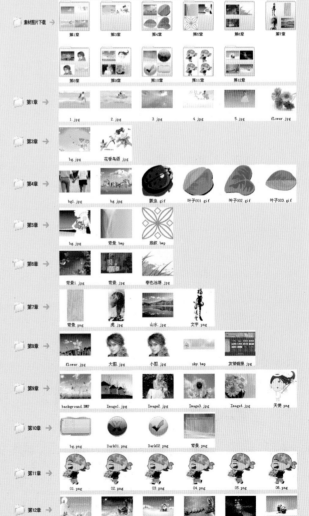

放大镜效果

网页动画

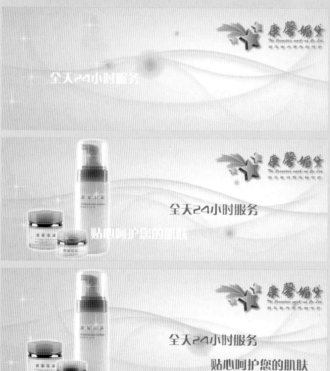

绘制邮票

拼合分层图像

3D旋转相册

电子相册

快速制作矢量图形

拍照动画

Flash相册

遮罩显示效果

手机产品展示

绘制笑脸表情

制作卷轴动画

清华
电脑学堂

FI

Flash CS4

中文版　标准教程

■ 贺小霞 张仕禹 等编著

清华大学出版社
北　京

内 容 简 介

本书系统介绍了使用 Flash CS4 制作动画的知识。全书共 12 章，内容包括 Flash CS4 基础知识，对象基本操作方法，使用图层和导入外部图像，元件和库，滤镜的特殊效果，帧的类型，创建逐帧动画、补间动作动画和补间形状动画，引导动画和遮罩动画，Flash CS4 新增的 3D 和反向运动，ActionScript 3.0 脚本语言基础，UI 组件和 Video 组件，动画后期制作、导出和发布。本书最后介绍了两个综合实例。配书光盘提供了本书实例素材文件和配音教学视频文件。本书面向高校相关专业和 Flash 动画制作培训班，也可以作为 Flash 动画设计的自学参考。

图书在版编目（CIP）数据

Flash CS4 中文版标准教程 / 贺小霞，张仕禹等编著. —北京：清华大学出版社，2010.9
ISBN 978-7-302-23366-4

Ⅰ. ①F…　Ⅱ. ①贺…　②张…　Ⅲ. ①动画－设计－图形软件，Flash　CS4－教材
Ⅳ. ①TP391.41

中国版本图书馆 CIP 数据核字（2010）第 152970 号

责任编辑：冯志强
责任校对：徐俊伟
责任印制：孟凡玉

出版发行：清华大学出版社　　　　　　　　　　地　　　址：北京清华大学学研大厦 A 座
　　　　　http://www.tup.com.cn　　　　　　邮　　　编：100084
　　　　　社　总　机：010-62770175　　　　邮　　购：010-62786544
　　　　　投稿与读者服务：010-62795954，jsjjc@tup.tsinghua.edu.cn
　　　　　质　量　反　馈：010-62772015，zhiliang@tup.tsinghua.edu.cn

印　装　者：北京嘉实印刷有限公司

经　　　销：全国新华书店

开　　　本：185×260　印　张：22　插　页：2　字　　数：550 千字
　　　　　附光盘 1 张

版　　　次：2010 年 9 月第 1 版　　　印　　次：2010 年 9 月第 1 次印刷

印　　　数：1～5000

定　　　价：39.80 元

产品编号：033990-01

前　　言

网络已经成为生活中重要的媒体。目前的网页制作技术已经摆脱了枯燥的文本与堆积的图片，人们开始追求动感与可交互的动态网页。Flash 的出现打破了以往平面、静止、呆板的网页形式，全新的矢量流式动画使网页变得更加丰富多彩，而且具有更加强大的交互功能，Flash 以其人性化设计赢得了众多网页设计者的青睐。与以往的版本相比，Flash CS4 在界面设计、绘图工具、媒体支持、兼容性等方面都有了较大的改进和增强。

1. 本书内容介绍

本书较为系统地介绍使用 Flash CS4 制作动画的相关知识。全书共分为 12 章，具体内容如下。

第 1 章：主要介绍 Flash CS4 的基本知识，对于没有接触过 Flash CS4 的读者可以从中了解 Flash CS4 的基本情况；而对于已经使用 Flash CS4 制作过动画的读者来说，则可以了解 Flash CS4 的新增功能。

第 2、3 章：主要讲解 Flash CS4 对象的基本操作方法，其中包括绘制与填充图形、编辑图形、创建文本等基本功能，并且根据这些知识点提供了相应的课堂练习，使其更好地加以应用。

第 4 章：主要介绍使用图层和导入外部图像，使读者了解图层的创建、查看和编辑功能以及导入图像的方法，让读者能够将外部图像应用于动画中，丰富动画的内容。

第 5 章：详细讲解元件的三种形态：影片剪辑、图形和按钮，库的相关知识以及滤镜的特殊效果，使用户能够了解制作动画的基础知识。

第 6 章：主要介绍帧的类型、逐帧动画、补间形状动画、补间动作动画的创建，使用户能够制作出更多精美的 Flash 作品。

第 7 章：主要讲解遮罩动画和引导动画两种特殊的动画，以及 Flash CS4 新增加的 3D 和反向运动，使读者可以制作更加高级的动画。

第 8、9 章：详细介绍 ActionScript 3.0 脚本语言的基础知识以及高级应用，使读者可以通过代码程序实现动画强大的交互功能。

第 10 章：主要介绍 Flash CS4 中自带的 UI 组件和 Video 组件，使读者可以在动画中应用组件。

第 11 章：介绍在动画中添加音频和视频的方法，以及动画后期的制作、导出和发布等知识。

第 12 章：介绍两个综合实例，帮助读者全面掌握 Flash 动画的制作方法。

2. 本书主要特色

本书通过精选实例，由浅入深地讲述 Flash CS4 的使用方法和动画制作技巧。本书在每一章中都有若干个精彩实例，按照先易后难的顺序贯穿本书。在内容组织上，本书具有以下特色。

□ **课堂练习** 本书每一章都安排了丰富的"课堂练习",以实例形式演示 Flash CS4 的操作知识,便于读者模仿学习操作,同时方便教师组织授课内容。

□ **彩色插图** 本书制作了大量精美的实例,在彩色插图中读者可以感受逼真的 Flash 动画实例效果,从而迅速掌握 Flash CS4 的相关知识。

□ **网站互动** 在网站上提供了扩展内容的资料链接,便于学生继续学习相关知识。

□ **思考与练习** 扩展练习测试读者对本章所介绍内容的掌握程度;上机练习理论结合实际,引导学生提高上机操作能力。

□ **随书光盘** 本书精心制作了功能完善的配书光盘。在光盘中完整地提供了本书实例效果,进一步补充了彩色插图。

3. 本书使用对象

本书突出 Flash CS4 的基础知识和操作技能,力求做到理论与实践相结合。本书结构编排合理,图文并茂,实例丰富,主要针对网页制作培训班学员编写,适用作为动画制作培训教材。

参与本书编写的除了封面署名人员外,还有王敏、马海军、祁凯、孙江玮、田成军、刘俊杰、赵俊昌、王泽波、张银鹤、刘治国、何方、李海庆、王树兴、朱俊成、康显丽、崔群法、孙岩、倪宝童、王立新、王咏梅、辛爱军、牛小平、贾栓稳、赵元庆、郭磊、杨宁宁、郭晓俊、方宁、王黎、安征、亢凤林、李海峰等。由于时间仓促,水平有限,疏漏之处在所难免,欢迎读者朋友登录清华大学出版社的网站 www.tup.com.cn 与我们联系,帮助我们改进提高。

目　　录

目录

V

第 1 章

初识 Flash CS4

Flash CS4 是由 Adobe 公司推出的，集成于 Adobe Creative Suite 4（Adobe 创意套件版本 4）中，是目前应用最广泛的动画设计与制作软件，在各种商业动画设计领域中，Flash 具有无可替代的地位。相比之前的版本，Flash CS4 制作动画的效率更高，界面设计也更加人性化，因此在发布之初就得到了业界的普遍好评。

本章将通过介绍 Flash CS4 的基本功能、新增功能、工作界面等，帮助用户了解如何使用 Flash 软件、管理 Flash 文件以及掌握一些基本操作。

本章学习要点：

➢ Flash CS4 基本功能
➢ Flash CS4 新增功能
➢ Flash CS4 工作界面
➢ Flash CS4 基本操作
➢ Flash CS4 环境设置

1.1　Flash CS4 概述

　　基于矢量图形的 Flash 动画，即使随意缩放其尺寸，也不会影响图像的质量和文件大小。流式技术允许用户在动画文件全部下载完之前播放已下载的部分，并在不知不觉中下载完剩余的动画。

1.1.1　Flash CS4 的基本功能

　　Flash 是目前影响最广泛的动画设计与制作软件，其具备了从绘制图形、制作动画、控制编程以及最后输出动画的整套功能，完全可以满足用户对动画的绘制、设计、制作以及发布等要求。Flash 软件包含如下几种基本功能。

1. 绘制矢量图形

　　在 Flash 中创建的图形均为矢量图形，基于矢量的绘图和分辨率无关，这就意味着它们可以按最高分辨率显示与输出，如图 1-1 所示。

　　如果在 Flash 中导入位图文件，不但可以以位图的形式在 Flash 中使用，还可以将其转换为矢量图形使用，如图 1-2 所示。

2. 元件功能

图 1-1　矢量图形放大效果

　　之所以说 Flash 文件小，除了是基于矢量图形外，还因为在 Flash 中可以重复使用元件的关系。将图像转换为元件后，在【库】面板中只有一个元件，但是可以重复拖入场景中使用，并且还可以进行任意缩放，如图 1-3 所示。

图 1-2　Flash 中的位图使用

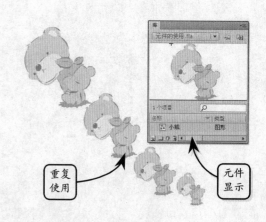

图 1-3　元件的使用

3．滤镜功能

从 Flash 8 开始就已经添加了滤镜功能，该功能可以制作出许多意想不到的效果。比如发光效果，如图 1-4 所示。需要注意的是滤镜只能应用于文本、影片剪辑和按钮。

图 1-4　发光效果

4．动画功能

动画是 Flash 软件中最基本、最主要的功能，通过该功能可以制作逐帧动画、形状动画、补间动画与 3D 动画，如图 1-5 所示为补间动画效果。

在 Flash 中还包含一个特殊的动画，即按钮动画。该动画中只有 4 帧，分别为【弹起】、【指针经过】、【按下】与【点击】，每一帧都有其自身的功能，如图 1-6 所示。

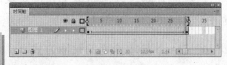

图 1-5　动画效果

1.1.2　Flash CS4 的新增功能

Flash CS4 是 Adobe 公司收购 Macromedia 公司以后发布的第二个版本的 Flash 软件，相比之前基本延续 Macromedia Flash 8.5 风格的 Flash CS3，Flash CS4 无论在外观还是功能上都有非常大的改进，使设计和制作 Flash 动画更加简便和人性化。在 Flash CS4 版本中，除了改进旧的功能以外，还增加了 6 项新的功能。

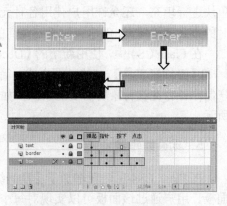

图 1-6　按钮动画中的各帧状态

1．基于对象的动画

在 Flash CS3 及之前的 Flash 版本中，将关键帧作为 Flash 补间动画的基本单位。无论关键帧中有多少个元件，Flash 都将关键帧作为一个整体来处理。在实现多个元件的动画时，用户必须为每一个元件创建一个图层，并在图层中设计关键帧和补间。

在 Flash CS4 中，则完全摒弃了关键帧的补间动画，首创基于对象的补间动画，这样不仅可以大大简化 Flash 中的设计过程，而且还提供了更大程度的控制。补间此时将直接应用于对象而不是关键帧，从而精确控制每个单独的动画属性，如图1-7所示。

图1-7　基于对象的动画

2．3D 转换

虽然有些设计者可以根据丰富的经验模拟出逼真的三维动画效果，但早期的 Flash 软件完全是一个二维矢量动画制作软件，不支持三维空间的运动。

Flash CS4 第一次加入了对三维动画的支持，设计者可以使用 Flash 新增的【3D 平移工具】和【3D 旋转工具】，操作 Flash 元件在三维空间中的运动、旋转并制作相关的补间动画，如图1-8所示。

3．反向运动与骨骼

Flash CS4 新增了【骨骼工具】和【绑定工具】，允许用户为多个元件对象绑定骨骼，然后再控制骨骼，以扭曲单个元件对象，实现复杂的反向运动，如图1-9所示。

图1-8　3D 转换

4．Deco 与喷涂刷的贴图方式

Flash CS4 不仅支持使用各种位图和矢量色块进行填充，还允许用户使用各种元件以即时的方式随机填充，创建类似于万花筒的效果。

在 Flash CS4 中，使用新增的【Deco 工具】和【喷涂刷工具】的贴图方式，简化了用户制作各种花纹背景所需要的步骤，如图1-10所示。

图1-9　反向运动与骨骼

5．动画编辑器

在 Flash CS4 中，新增加了【动画编辑器】面板。用户通过该面板可以实现对每个关键帧参数（包括旋转、大小、缩放、位置、滤镜等）的完全单独控制。同时，可以借助曲线以图形化方式控制缓动。动画编辑器如图1-11所示。

6．补间动画预设

Flash CS4 新增了补间动画预设功能，将30多种复杂的动画内容集成到软件的【动画预

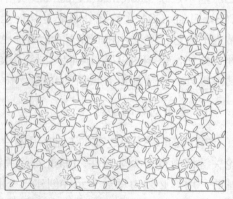

图1-10　Deco 喷涂

Flash CS4 中文版标准教程

设】面板中。用户只需要进行鼠标单击操作，即可轻松地为元件应用这些预设的动画，如图 1-12 所示。

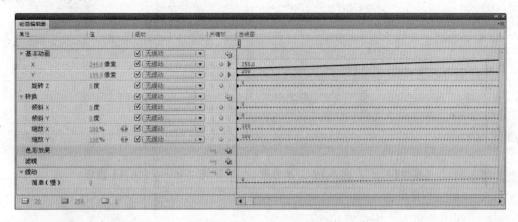

图 1-11　　动画编辑器

7. KULER 面板

KULER 面板是通向由设计人员在线社区创建的颜色和主题组的门户。用户可以使用它来浏览 KULER 网站上成千上万的主题，然后下载选定的主题进行编辑或将其包含在自己的项目中。另外，还可以使用 KULER 面板来创建和保存主题，然后与 KULER 社区共享这些主题。KULER 面板如图 1-13 所示。

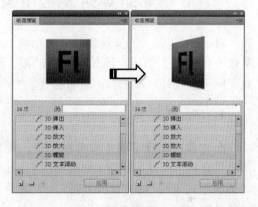

图 1-12　　【动画预设】面板

8. 垂直显示的属性检查器

在 Flash CS3 及以前的版本中，【属性】检查器是以水平方向显示的，但 Flash CS4 将显示方式更换为垂直方向，这样可以更好地利用更宽的屏幕来为用户提供更多的舞台空间。【属性】检查器如图 1-14 所示。

9. 声音库

与 Flash CS3 相比，Flash CS4 中增加了一个内置声音效果库，这样可以让创建附带声音内容的工作变得更为轻松。声音库如图 1-15 所示。

10. 项目面板

在 Flash CS4 中，利用【项目】面板可以更加轻松地处理多个文件项目。对多个文件应用属性更改，在创建元件后会将其保存到指定文件夹，如图 1-16 所示。

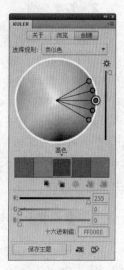

图 1-13

KULER 面板

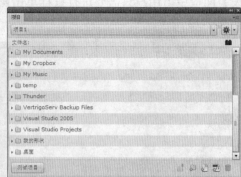

图 1-14　【属性】检查器　　图 1-15　声音库　　图 1-16　【项目】面板

1.1.3　Flash CS4 的应用领域

Flash 以其强大的矢量动画编辑功能、灵活的操作界面和开放式的结构，早已渗透到图像设计的多个领域，比如影视、动漫、游戏、网页、课件、演示、广告宣传等。

1．产品展示

在企业网站或者电子商务网站中，通常都会包含展示产品的内容。如果使用 Flash 以动画的形式表现这些产品的特点，无疑是一种最佳的方案，如图 1-17 所示。

2．教学课件

Flash 软件的界面友好，可视化制作动画的功能十分强大，既可以制作各种线性动画，也可以制作各种非线性动画，因此被广泛应用于各种教学和宣传中。

相比传统的书本和 PowerPoint 幻灯片，Flash 的表现手法更加丰富，制作方法更加灵活，因此受到广大设计者的喜爱。图 1-18 为化学实验课件。

3．专业贺卡与卡通动画

图 1-17　产品展示动画

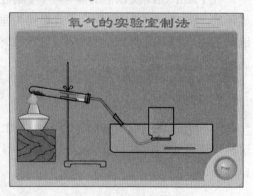

图 1-18　教学课件动画

专业贺卡与卡通动画是 Flash 适合制作的一类动画，此动画短小精悍，有鲜明的主题。通过 Flash 制作的专业贺卡与卡通动画能很快地将作者的意图传达给大家，如图 1-19 所示为卡通动画。

4. 多媒体光盘

原来制作多媒体光盘一般使用 Director 软件，但是现在通过团队的开发与协同合作可以使用 Flash 来制作一些多媒体光盘，这样能够大大提高工作效率，如图 1-20 所示为多媒体动画。

5. 片头动画

片头动画是 Flash 的传统内容，浏览者在打开网站时首先通过片头动画对该网站有所了解，如图 1-21 所示为房地产网站的片头动画。

6. Flash 游戏

Flash 游戏是一种新兴起的游戏形式，以游戏简单、操作方便、绿色无需安装、文件体积小等优点，渐渐被广大网友喜爱。Flash 游戏主要应用于一些趣味化的、小型的游戏之上，以完全发挥它基于矢量图的优势，如图 1-22 所示。

图 1-19　卡通动画

图 1-20　多媒体动画

图 1-21　片头动画

图 1-22　Flash 游戏

7. Flash 网站

有些企业对网站的画面效果要求非常高，希望建设高水平的 Flash 网站，这种网站不但包括前台设计，还包括了一些交互式的应用及后台管理，如图 1-23 所示为 Flash 网站。

1.2 Flash CS4 的工作界面

Flash CS4 是 Adobe 创作套件 4.0 的一个重要组成部分，其应用了 Adobe 创作套件的统一风格界面。在 Flash CS4 的【工作区】主界面中，包含了【菜单栏】、选项卡式的【文档】窗格、【时间轴】/【动画编辑器】面板、【属性】/【库】面板、【工具箱】面板等部分，如图 1-24 所示。

图 1-23　Flash 网站

菜单栏

文档窗格

时间轴／动画编辑器面板组

属性／库面板组

工具箱面板

场景

图 1-24　Flash CS4 工作环境

提 示

Flash CS4 的工作界面，还可以通过【编辑】|【自定义工具面板】或者【快捷键】命令，来自定义工作界面。

1.2.1 工具箱与面板集

Flash CS4 中的工具箱与面板为同一种显示方式，既可以展开，也可以缩小，还可以脱离整个工作界面，形成浮动工具箱或者浮动面板。

Flash CS4 中的工具箱提供了绘制、编辑图形的所有工具。与 Flash CS3 相比，Flash CS4 将某些工具合并，并且新增加了【3D 旋转工具】、【3D 平移工具】、【喷涂刷工具】、【Deco 工具】、【骨骼工具】和【绑定工具】，如图 1-25 所示。

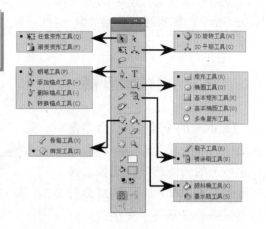

Flash 中的面板包含了一些常用的编辑功能，比如设置实例的位置坐标、更改帧的状态等，并且能够实现各种属性的设置，例如渐变颜色、字体颜色、各种 Flash 元素的状态显示等。用户可以通过【窗口】菜单中的命令或者快捷键控制面板的显示和隐藏状态。

Flash CS4 中的面板还可以缩小至界面右侧，来扩大工作区域。在使用某面板时，只要单击界面右侧的面板图标即可打开使用，如图 1-26 所示。

图 1-25   工具箱

1.2.2   时间轴与图层

【时间轴】面板是由帧、图层和播放头组成的，如图 1-27 所示。时间轴用于组织动画各帧的内容，不仅可以控制动画每帧每层显示的内容，而且还可以显示动画播放的速率等信息。单击右上角的【帧视图】按钮，打开的菜单中包含许多控制帧视图的命令。时间轴如图 1-27 所示。

【图层】面板是进行层显示和操作的主要区域，由层示意和几个相关层的操作功能按钮组成。当前舞台中正在编辑的作品的所有层的名称、类型、状态都会按照层的放置顺

图 1-26   面板集

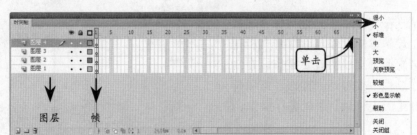

图层   帧

图 1-27   【时间轴】面板

序排列在图层示意中。在【图层】面板中，不但可以显示当前作品的层及所属信息，还可以对层进行操作，比如新建图层、删除图层、改变层的放置顺序等。

时间轴控制区主要由若干行与左侧层示意列对应的动画轨道、轨道中的帧序列、时间标尺、信息提示栏以及一些用于控制动画轨道显示和操作的工具按钮组成。其中，动

画轨道用于放置对应层中的图形帧、动画帧序列或者音频序列。动画序列是一组按时间顺序排列的图形帧，在播放时，按照预定的顺序和速度交替出现在屏幕上，产生动画效果。

1.2.3　属性检查器

Flash 中的【属性】检查器是根据选择的工具或者选中的对象，来决定显示的属性选项。比如选择工具箱中的【文本工具】后，【属性】检查器将会显示关于文字的一些属性选项，如图 1-28 所示。

> **提　示**
>
> 当选择某个工具后，【属性】检查器中的某些选项与工具箱中的辅助选项相同。但是也有一些工具在【属性】检查器中没有任何选项，而在工具箱的辅助选项中则会有一些选项可以设置。

图 1-28　显示文字属性

1.3　Flash 基本操作

在 Flash 中无论是绘制矢量图形，还是制作动画，首先都必须创建文档，最后保存文档，这样才方便以后的查看与编辑。而在制作过程中，通过辅助工具可以更好地完成设计。

1.3.1　管理文件

在 Flash 中新建与保存文档是最基本的操作，而打开文档是再次编辑文档的首要操作。在制作过程中要想返回操作，可以打开【历史记录】面板进行操作。

1．新建文档

Flash 中的新建命令包括两

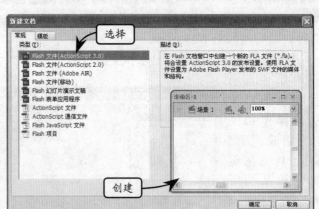

图 1-29　创建常规 Flash 文件

种情况——常规与模板，并且每一种情况中还包括多种类型，这样才能够创建出多种多样的动画。

❏ 创建常规 Flash 文件

在 Flash 中执行【文件】|【新建】命令后，打开如图 1-29 所示对话框。在默认情况

下创建的是常规 Flash 文件，该文件是以 ActionScript 3.0 发布设置的，如图 1-29 所示。

当创建空白 Flash 文件后，文档属性是默认的。要想查看或者修改文档属性，可以执行【修改】|【文档】命令（快捷键 Ctrl＋J），打开如图 1-30 所示对话框，进行文档的【标题】、【尺寸】、【背景颜色】等选项设置。

在【文档属性】对话框中，还可以设置【帧频】选项，该选项用于设置每秒显示动画帧的数量。对于大多数计算机显示的动画，特别是网站中播放的动画，8～12fps（默认值）就足够了。

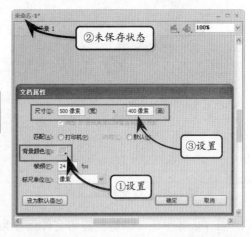

图 1-30　【文档属性】对话框

❏ 创建模板 Flash 文件

当打开【新建文件】对话框后，切换到【模板】选项卡，该列表中的选项是预先设置好的特殊 Flash 文件，它为 Flash 文档的最终创建提供了一个基础的框架。

Flash CS4 中附带了很多模板，这样可以简化工作的流程，提高文档的创建效率。执行【文件】|【新建】命令，在弹出的对话框中单击【模板】选项卡，从【类别】列表中选择一个类别，并在【模版】列表中选择一个模版，然后单击【确定】按钮，如图 1-31 所示。

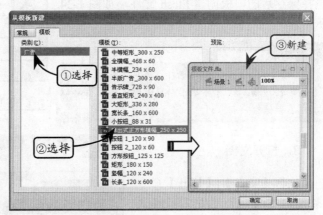

图 1-31　基于模板创建 Flash 文件

2. 保存文档

创建并且编辑 Flash 文件后，要想再次使用或者编辑该文件，首先需要保存该文件。方法是执行【文件】|【保存】命令（快捷键 Ctrl＋S），将 Flash 文件保存为 FLA 格式文件，如图 1-32 所示。

在 Flash 中，一个完整的动画包括两个格式的文件：一个是源文件，格式为 FLA；另外一个是浏览文件，格式为 SWF。后者只作为浏览动画使用，不能够编辑，如图 1-33 所示。生成方法是执行【控制】|【测试影片】命令（快捷键 Ctrl＋Enter），在浏览的同时即可将其自动保存。

图 1-32 保存 Flash 文件

在 Flash 中还可以将创建的文件保存为模板，这样就可以重复使用该文档创建其他 Flash 文件。方法是执行【文件】|【另存为模板】命令，然后设置【名称】、【类别】与【描述】选项，最后单击【保存】按钮即可。这时再次打开【从模板新建】对话框后，就可以选择保存后的模板创建 Flash 文件，如图 1-34 所示。

图 1-33 动画浏览文件

提 示

在 Flash【文件】菜单中还包括【另存为】和【保存并压缩】命令，执行前者可以将保存过的文件再以其他名称保存一次。

3. 打开文档

执行【文件】|【打开】命令（快捷键 Ctrl＋O），可以在 Flash 中打开格式为 FLA 或者 SWF 的文件，打开前者即可开始编辑 Flash 文件。

技 巧

在【文件】菜单中还包括【打开最近的文件】命令，在该命令中可以包括最近在 Flash 中打开的 10 个文件。

图 1-34 另存为模板

4. 历史记录

【历史记录】面板显示自创建或打开某个文档以来，在该活动文档中执行的步骤的列表，列表中的数目最多为指定的最大步骤数。其中，面板中的滑块最初指向执行的上一个步骤，如图 1-35 所示。

注　意

【历史记录】面板不显示在其他文档中执行的步骤。

当在【历史记录】面板中选中某个操作后，面板底部的【重放】按钮被启用，单击按钮即可再次执行该操作，如图 1-36 所示。

提　示

如果撤销了一个步骤或一系列步骤，然后又在文档中执行了某些新步骤，则无法再重做【历史记录】面板中的那些步骤，它们已从面板中消失。

图 1-35　【历史记录】面板

1.3.2　辅助工具

辅助工具能够帮助用户进行更加方便的操作，Flash 中的辅助工具包括【缩放工具】 和【手形工具】 。而 Flash 中的颜色可以从多个面板中选取，无论是绘制图形前还是在绘制图形后。

1．缩放工具

如果想要在屏幕上查看整个舞台，或要以高缩放比率查看绘图的特定区域，可以更改缩放比率级别。最大的缩放比率取决于显示器的分辨率和文档大小。舞台上的最小缩小比率为

图 1-36　重放操作

8%，最大放大比率为 2000%。方法是选择工具箱中的【缩放工具】 后，在舞台中单击即可，如图 1-37 所示。

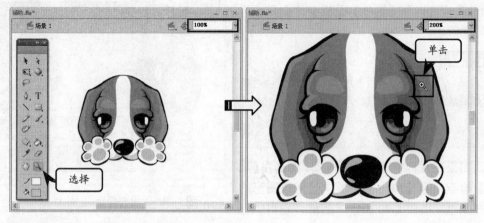

图 1-37　放大舞台

在使用【缩放工具】🔍放大舞台的同时要想缩小舞台，可以结合 Alt 键，当鼠标变成缩小图标🔍后单击，即可缩小舞台。当然也可以在舞台右侧的缩放文本框中设置。

2. 手形工具

放大舞台以后，可能无法看到整个舞台。如果想要在不更改缩放比率的情况下更改视图，可以使用【手形工具】🖑移动舞台。方法是选择工具箱中的【手形工具】🖑后，在舞台中单击并且拖动即可移动整个舞台，如图 1-38 所示。

图 1-38 移动舞台

要临时在其他工具和【手形工具】之间切换，可以按住空格键，然后在舞台中单击并且拖动即可移动整个舞台。

3. 颜色工具

在 Flash 中，无论是绘制图形之前，还是在编辑过程中，均可以随时设置颜色。而在图形颜色中包括两种形式：一种是笔触颜色，另外一种是填充颜色。

当选择【线条工具】后，可以在不同的面板中设置笔触颜色。而无论在哪个面板中设置，其他面板中的颜色都会随之改变，如图 1-39 所示。当在工具箱中设置笔触颜色后，【属性】检查器和【颜色】面板中均会显示为相同的颜色。

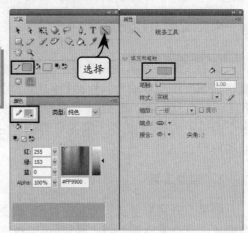

图 1-39 笔触颜色

无论是工具箱中的笔触颜色还是填充颜色，都只有在选择绘制工具后才会被启用。如果使用【选择工具】选择图形后，将无法在工具箱中设置任何一种颜色。

如果在舞台中选中一个图形，那么在【属性】检查器和【颜色】面板中显示该图形的填充颜色，如图 1-40 所示。当然，也可以在其中任意一个面板中更改图形的填充颜色。

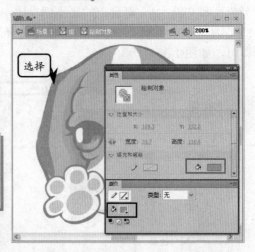

图 1-40 填充颜色

4．标尺和网格

在舞台中要想精确地创建图形的起始点或者图形的尺寸，那么在舞台中打开标尺，并且通过标尺拖出辅助线，是非常快捷的方法。

执行【视图】|【标尺】命令（快捷键 Ctrl+Alt+Shift+R），标尺将显示在文档的左沿和上沿，如图 1-41 所示。

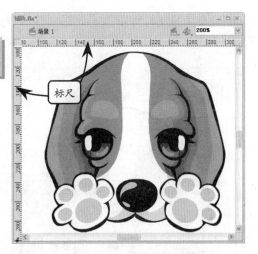

图 1-41　打开标尺

显示标尺后，可以从标尺上将水平辅助线和垂直辅助线拖动到舞台上，如图 1-42 所示，以确定图形中的局部尺寸。

在【视图】|【辅助线】菜单中包括【显示辅助线】、【锁定辅助线】、【编辑辅助线】和【清除辅助线】命令。其中，要显示或隐藏辅助线均执行【显示辅助线】命令（快捷键 Ctrl+;）；当执行【锁定辅助线】命令（快捷键 Ctrl+Alt+;）后，舞台中所有的辅助线均不可移动；如果执行【编辑辅助线】命令（快捷键 Ctrl+Alt+Shift+G），可以在对话框中设置辅助线的颜色与其他选项，如图 1-43 所示。

图 1-42　拖出辅助线

在默认情况下，标尺的单位是像素。要想更改标尺的单位，首先需要打开【文档属性】对话框（按快捷键 Ctrl+J），然后在【标尺单位】下拉列表中选择想要的单位选项即可改变标尺单位，包括英寸、点、厘米、毫米、像素等如图 1-44 所示。

图 1-43　设置辅助线选项

如果想要精确地绘制图形的每个部分，

最好的方法是在舞台中显示网格。执行【视图】|【网格】|【显示网格】命令（快捷键 Ctrl＋'），即可显示默认的网格，如图 1-45 所示。

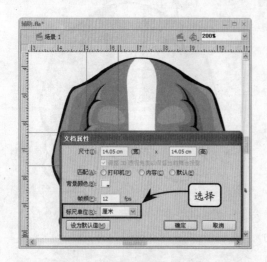

图 1-44   设置标尺单位

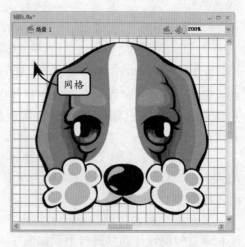

图 1-45   显示网格

另外，还可以根据需求更改网格的尺寸或者颜色等选项，使其更加符合绘图的要求。方法是执行【视图】|【网格】|【编辑网格】命令（快捷键 Ctrl＋Alt＋G），在打开的【网格】对话框中进行编辑，如图 1-46 所示。

1.3.3 设置场景

在 Flash 中构成动画的所有元素都被包含在场景中，所以场景在动画制作中是不可缺少的一部分。当一段动画包含多个场景时，播放器会在播放完第一个场景后自动播放下一个场景的内容，直至播放完最后一个场景。

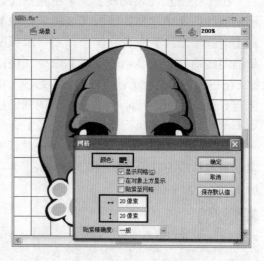

图 1-46   编辑网格

在默认情况下，Flash 中只有一个场景。通过执行【窗口】|【其他面板】|【场景】命令（快捷键 Shift＋F2），可以查看场景个数，如图 1-47 所示。

如果创建第二个场景，只要单击【场景】面板底部的【添加场景】按钮，直接进入场景 2，如图 1-48 所示。

提 示

要更改场景的名称时，在【场景】面板中双击场景名称，然后输入新名称即可。

当 Flash 中存在两个或者两个以上的场景时，就可以在不同的场景中创建或者编辑图像或者动画。从一个场景切换到另外一个场景中的方法非常简单，只要单击【场景】面板中的场景名称，或者单击【编辑场景】按钮🖼，选择场景选项即可，如图1-49所示。

图1-47 【场景】面板

图1-48 创建场景2

图1-49 切换场景

1.4 课堂练习：快速制作矢量图形

通常情况下，矢量图是通过软件绘制出来的，但是这需要对工具有一定的了解。在 Flash 中有一种不需要通过绘制工具就可以制作矢量图形的方法，那就是将位图转换为矢量图。但前提是需要准备一幅位图，如图 1-50 所示为同一幅图像的位图与矢量图对比效果。

图1-50 最终效果

操作步骤

1 在 Flash CS4 中执行【文件】|【新建】命令（快捷键 Ctrl + O），直接单击【新建文档】对话框中的【确定】按钮，创建空白文档，如图 1-51 所示。

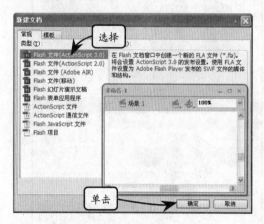

图1-51 新建空白文档

2 执行【文件】|【导入】|【导入舞台】命令（快捷键 Ctrl + R），将光盘中的素材图像导入舞台，这时【库】面板中显示导入图像的文件，如图 1-52 所示。

技 巧

导入图像后，执行【文件】|【保存】命令（快捷键 Ctrl + S），将 Flash 文档加以保存。

3 选中图像并在【属性】检查器中查看图像的

尺寸，然后执行【修改】|【文档】命令（快捷键 Ctrl + J），根据图像的尺寸设置文档的大小，如图 1-53 所示。

图1-52 导入位图图像

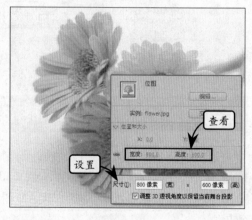

图1-53 设置文档属性

4 当图像放置在舞台中间后，执行【修改】|【位图】|【转换位图为矢量图】命令，直接单击【转换位图为矢量图】对话框中的【确定】按钮，发现对象选中的显示方式有所变化，如图 1-54 所示。

发现位图变成矢量图像，位图图像中的一些小细节被删除，如图 1-55 所示。

图 1-55 矢量图效果

图 1-54 执行【转换位图为矢量图】命令

6 至此矢量图像制作完成，按快捷键 Ctrl + S 再次保存文档后，按快捷键 Ctrl + Enter 预览矢量图效果。

5 在舞台外部区域单击，取消对对象的选择，

1.5 课堂练习：制作简易幻灯片

在 Flash 中，除设计 FLA 文档以外，还包含了该软件的其他组件，如制作 Flash 幻灯片演示文稿等。本实例就通过使用幻灯片演示文稿组件和【公用库】面板自带的按钮，为按钮添加图像交替显示的效果，如图 1-56 所示。

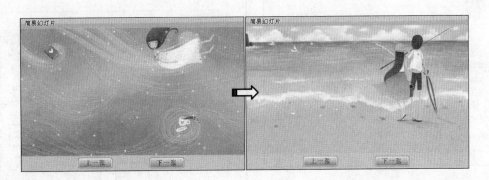

图 1-56 简易幻灯片

操作步骤

1 在 Flash 中，执行【文件】|【新建】命令，在对话框的【常规】选项卡中，选择 "Flash 幻灯片演示文稿" 类型选项，如图 1-57 所示。

2 执行【修改】|【文档】命令（快捷键 Ctrl+J），打开【文档属性】对话框，并设置文档的【尺寸】为 480 像素 × 320 像素，如图 1-58 所示。

3 执行【文件】|【导入】|【导入到库】命

令，在弹出的对话框中选择简易幻灯片.psd，打开如图1-59所示的对话框。

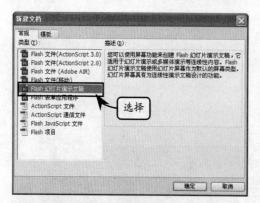

图 1-57　新建空白文档

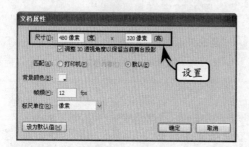

图 1-58　设置文档属性

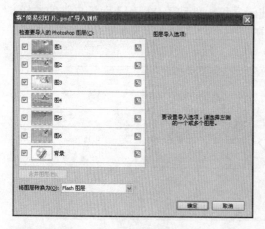

图 1-59　打开【导入到库】面板

4　在该对话框中，选择左侧所有图层，在右侧启用【拼合的位图图像】单选按钮；选择【压缩】为"无损"选项，如图1-60所示。

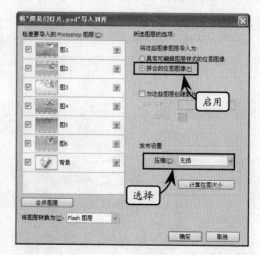

图 1-60　设置导入图像属性

5　单击【确定】按钮，将多层图像导入 Flash 库中。在【库】面板中，自动创建一个"简易幻灯片.psd 资源"文件夹和一个"简易幻灯片.psd"图形元件，如图 1-61 所示。

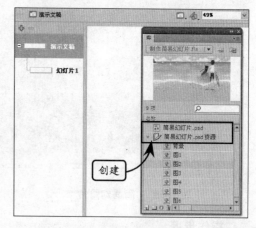

图 1-61　导入图像到库

6　选择【库】面板中的"背景"图像并拖向舞台，即可将该图像添加到舞台中，如图1-62所示。

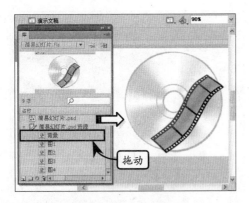

图 1-62　拖入背景图像

7 执行【窗口】|【公用库】|【按钮】命令，在【库–BUTTONS.FLA】面板中选择buttons rounded 文件夹下的 rounded grey按钮并拖入到【库】面板，重命名为"上一张"，如图 1-63 所示。

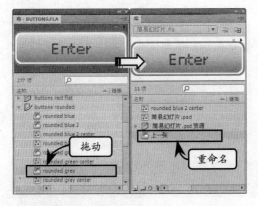

图 1-63　拖入到库

8 双击"上一张"按钮元件，进入编辑模式，选择 text 图层的第 1 帧，将元件上的 Enter改为"上一张"，如图 1-64 所示。

图 1-64　输入文字

9 在【库】面板中，右击"上一张"按钮元件，执行【直接复制】命令，在弹出的对话框中输入【名称】为"下一张"。使用相同的方法，更改其标签文字为"下一张"。然后，将这两个按钮拖入到舞台中，如图 1-65所示。

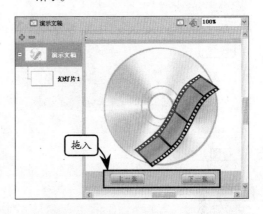

图 1-65　拖入按钮

10 选择舞台上的【上一张】按钮元件。执行【窗口】|【行为】命令，打开【行为】面板，单击【添加行为】按钮，执行【屏幕】|【转到前一张幻灯片】命令，为其添加行为，如图 1-66 所示。

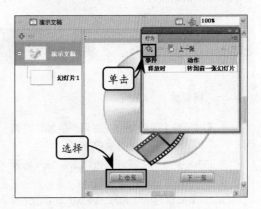

图 1-66　为按钮添加行为

11 使用相同的方法，为"下一张"按钮元件添加"转到下一张幻灯片"行为。然后，选择左侧窗格中的"幻灯片 1"，从【库】面板中将"图 1"图像拖至舞台中，如图 1-67所示。

12 右击左侧的演示文稿，在弹出的菜单中执行

【插入】|【屏幕】命令，添加一个屏幕"幻灯片 2"。然后，从【库】面板中将"图 2"图像拖入至舞台中，如图 1-68 所示。

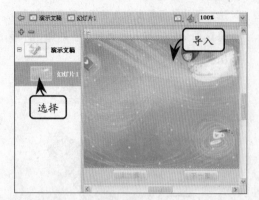

图 1-67　拖入图像

图 1-68　为幻灯片 2 添加内容

提　示

还可以通过右击任何一个已存在的屏幕，选择"插入屏幕"添加一个新的屏幕。另外，右击屏幕，选择"插入嵌套屏幕"，则可以添加该屏幕的一个子屏幕。

13　根据上述步骤，创建新的幻灯片，从【库】面板中将其余的几张素材图像拖至舞台中，如图 1-69 所示。

图 1-69　制作其他幻灯片

1.6　思考与练习

一、填空题

1.【时间轴】面板分为左右两个区域，左侧为_____，右侧为时间轴控制区。

2. Flash 中的_____可以重复拖入场景中使用，并且还可以进行任意缩放。

3. 如果要创建一个常规的 Flash 动画文件，默认名称为_____。

4. 在默认情况下，舞台的宽为_____像素，高为_____像素。

5. 模板就是预先设置好的特殊 Flash 文档，它为 Flash 文档的最终创建提供一个_____。

二、选择题

1. 时间轴用于组织和控制影片内容在一定时间段播放的_____。

A. 层数和次数

B. 层数和帧数

C. 次数和帧数

D. 以上都不对

2. 若要看到最大的工作区和舞台内容，可以执行以下_____操作。

A. 在【缩放比例】下拉列表中选择【显示全部】选项

B. 在【缩放比例】下拉列表中选择【100%】选项

C. 使用【手形工具】平移舞台

D. 使用【缩放工具】放大工作区或者舞台

3. 默认的帧频为_____帧/秒。

A. 10　　　　　　　　B. 11

C. 12   D. 13

4. 使用下面哪种方法新建动画文件时不能选择新的文件类型_____。

A. 使用开始页新建动画文件时

B. 使用菜单命令新建动画文件时

C. 使用按钮工具新建动画文件时

D. 以上都不对

5. 要临时在其他工具和【手形工具】之间切换，可以按住_____。

A. Ctrl   B. Alt

C. Shift   D. 空格键

三、问答题

1. 滤镜功能只能应用于哪些对象？

2. 按钮动画中有几帧，分别是什么？

3. 使用什么工具可以直接创建圆环？

4. Flash 的应用领域有哪些？

5. 【属性】检查器有什么特点？

四、上机练习

1. 新建 Flash 文档

在 Flash 中创建常规空白动画文件后，通常情况下文档默认的属性不符合要求，这时就需要打开【文档属性】对话框，设置其中的宽度、高度、帧频与背景颜色等参数。图 1-70 所示为新建一个背景颜色为蓝色(#00CCFF)、文档名称为"动画文件" 的 Flash 文件。

2. 通过场景创建动画

两幅图像互相交替显示的动画，在 Flash 中非常简单就可以创建。方法是将两幅图像文件导入 Flash 的【库】面板后，首先将一幅图像拖入到【场景 1】的舞台中间位置。然后，在【场景】面板中创建【场景 2】，并且将【库】面板中的另外一幅图像拖入该场景的舞台中间位置。最后保存文档，按快捷键 Ctrl＋Enter 预览动画，如图 1-71 所示。

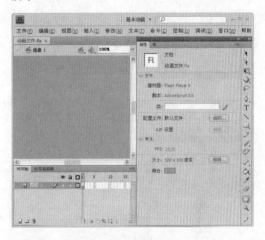

图 1-70　新建动画文档

图 1-71　场景动画

第 2 章

绘制图形

使用 Flash 制作动画时，首先需要创建许多动画图形和角色。要创建这些对象，主要通过两种方式来实现：一种是使用工具箱中的工具进行绘制；另一种是直接导入外部对象。本节主要介绍使用绘图工具这种方式。

在 Flash 中，想要创建具有活力和个性的作品，除了要求设计者具有一定的美术功底外，还要熟练掌握 Flash 提供的绘图工具。本章主要介绍如何使用工具箱的工具绘制矢量图形和创建文字，以及对图形进行填充，并且配合使用辅助工具进行操作。

本章学习要点：

➢ 了解工具箱
➢ 熟练使用绘图工具
➢ 掌握填充工具的用法
➢ 学习绘制路径

2.1 认识工具箱

默认情况下，绘图工具箱位于 Flash CS4 主界面的右侧。通过工具箱中的这些工具，可以在 Flash 场景中轻松地绘制出各种动画对象，并且还可以对它们进行编辑和修改。工具箱共分为 4 个区域：选择工具区、绘图工具区、颜色填充工具区、查看工具及选项区，如图 2-1 所示。

在每个工具区中包含多个操作工具，它们的具体功能如表 2-1 所示。

在 Flash CS4 中，几乎所有的绘图操作工具都包含在工具箱中。同时，新版本软件对工具箱中的工具进行了细化和增强，使用户操作起来更方便、更快捷。与 Flash CS3 相比较，Flash CS4 新增加了 3D 旋转工具、3D 平移工具、喷涂刷工具、Deco 工具、骨骼工具和绑定工具。

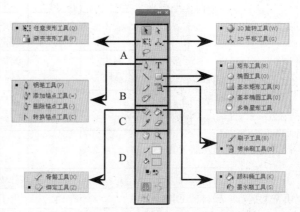

图 2-1 工具箱

A—选择工具　　　B—绘图工具

C—填充工具　　D—查看工具及选项区

表 2-1 工具区各工具类型

类　型	工　具　名　称		快捷键	功　能
选择工具	选择工具		V	用于选取整个对象
	部分选择工具		A	用于选取对象，并可以调整其路径
	任意变形工具		Q	选择此工具，可以任意地修改所选的对象、组、实例或文本块。同时，按住此工具不放，可以展开子面板，如图 2-1 所示，用户可以选择【渐变变形工具】
	渐变变形工具		F	对形状内部的填充渐变或位图进行填充调整
	3D 工具	3D 旋转工具	W	在 3D 空间中旋转影片剪辑实例
		3D 平移工具	G	在 3D 空间中移动影片剪辑实例
	套索工具		L	主要用于选择不规则的对象范围
绘图工具	钢笔工具	钢笔工具	P	绘制对象路径
		增加锚点工具	=	给当前路径添加锚点
		删除锚点工具	-	删除当前路径上的锚点
		转换锚点工具	C	转换锚点，以调整路径形状
	线条工具		N	绘制直线对象
	铅笔工具		Y	绘制线条和图形对象
	文本工具		T	书写文字及编辑文字对象

类　　型	工　具　名　称		快捷键	功　　能
绘图工具	形状工具	矩形工具 ▢	R	绘制矩形和正方形
		基本矩形工具 ▢	R	绘制包含节点的矩形，调整节点可以设置圆角半径
		椭圆工具 ◯	O	绘制椭圆和圆
		基本椭圆工具 ◯	O	绘制包含节点的椭圆和正圆，调整节点可以设置圆的起始角及终止角
		多角星形工具 ⬠		绘制对边形对象
	刷子工具 ✎		B	绘制矢量色块或创建一些特殊效果
	喷涂刷工具 ▥		B	使用它可以一次将形状图案"刷"到舞台上
	Deco 工具 ▨		U	对舞台上的选定对象应用效果
填充工具	墨水瓶工具 ◉		S	给形状周围的线条填充颜色，及调整线宽和样式
	滴管工具 ✐		I	对场景中对象的填充颜色采样
	颜料桶工具 ◍		K	用于填充图形内部的颜色
	橡皮擦工具 ▱		E	用于擦除线条、图形及所填充的颜色
	骨骼工具 ✓		X	为舞台中的影片剪辑实例添加 IK 骨骼
	绑定工具 ◐		Z	将矢量形状的部分局部端点与 IK 骨骼绑定
查看工具	手形工具 ✋		H	用于移动场景
	缩放工具 🔍		M	用于放大或缩小场景

2.2　绘制图形

在 Flash 中，所有位于舞台中的内容均称为舞台对象，它们主要是通过工具箱中的绘图工具和填充工具创建的，当然也可以直接从外部导入到舞台。当在 Flash 中制作影片时，首先需要创建舞台对象，也就是说，创建舞台对象是制作影片的基础。而且，所有的动画效果也都是通过对舞台对象进行变换操作而产生的。因此，本节主要介绍 Flash 绘图工具的使用方法。

2.2.1　Flash 绘图技巧

在 Flash 中，使用绘图工具绘制的图形为矢量图形，它们主要由填充颜色的色块和由多个点构成的图形轮廓或曲线两部分组成。矢量图形具有独立的分辨率，即使加倍放大图形也不会降低图形的质量，如图 2-2 所示。

在 Flash 中绘制图形，主要有两种方式：合并绘制图形和对象绘制图形。通过这两种方式的绘图，为用户提供了极大的灵活性。

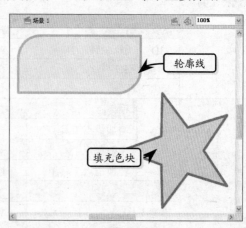

图 2-2　创建矢量图形

下面就来介绍一下这两种绘图方式的区别。

❑ **合并绘制图形**

默认情况下，在 Flash 的同一图层上，重叠进行绘图、填充颜色，所绘制的图形对象将会自动合并，对图形进行编辑会影响到同一图层的其他形状。例如，绘图一个圆形，并在其中间绘制一个较小的圆形，然后选择第二个圆形并移动，则会删除第一个圆形与第二个圆形重叠的部分，如图 2-3 所示。

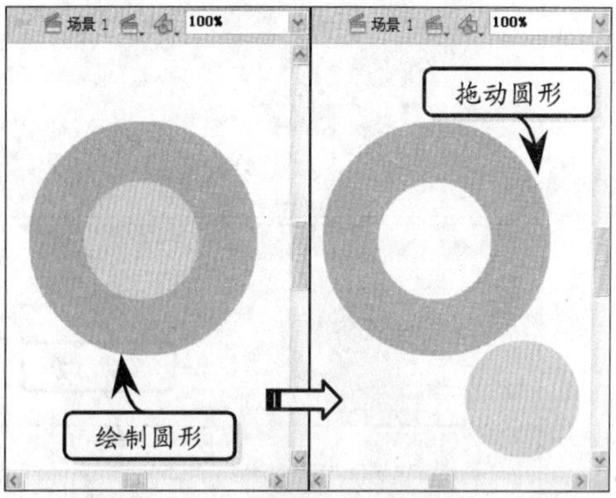

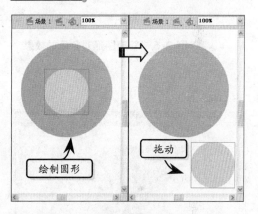

提 示

当在同一图层中绘制图形时，如果图形的颜色不同，并且有重叠部分，那么重叠部分将具有后绘制图形的颜色，并且不再属于之前绘制图形对象。

❑ **对象绘制图形**

使用该方式绘制图形时，可以将多个图形绘制成独立的对象，这些对象在叠加时不会自动合并，这样在分离或重新排列图形外观时，可以使图形重叠但不改变其外观。而且，Flash 可以对每个图形对象单独进行处理。

使用这种绘图方式，需要在启用绘图工具之后，在工具箱的选项区中单击【对象绘制】按钮◎，同时，对于绘制的图形来讲，Flash会在该图形周围添加矩形边框，如图 2-4 所示。

图 2-3　移动圆形后删除对象的效果

图 2-4　使用对象绘制方式创建图形

注 意

只有在使用铅笔、线条、钢笔、刷子、椭圆、矩形和多边形工具，才能启用【对象绘制】功能。当【对象绘制】功能被激活时，按快捷键 J 可以在【合并绘制】与【对象绘制】之间切换。

用户可以将"合并绘制"方式绘制的图形转化为"对象绘制"方式下的图形对象。方法是选择"合并绘制"方式创建的图形对象，然后执行【修改】|【合并对象】|【联合】命令即可完成。转换后的形状被视为基于矢量的绘制对象，与其他对象叠加时不会改变外观，如图 2-5 所示。

在合并绘制图形方式下，当使用铅笔、钢笔、线条、椭圆、矩形或刷子工具，绘制一条与另一条直线或已涂色形状交叉的直线时，重叠直线会在交叉点处分成线段，此时可以使用选择工具分别选择、移动每条线段，并可以改变其形状，如图 2-6 所示。

另外，当在图形和线条上涂色时，底下部分就会被上面部分所替换。同种颜色的颜料将会合并在一起，不同颜色的颜料仍保持不同，此功能主要用于创建蒙版、剪切块和其他底片图像。例如，将未组合的图像移动到绿色矩形上面，然后取消对该图形的选择，再将图形的填充部分从矩形上面移开，如图 2-7 所示。

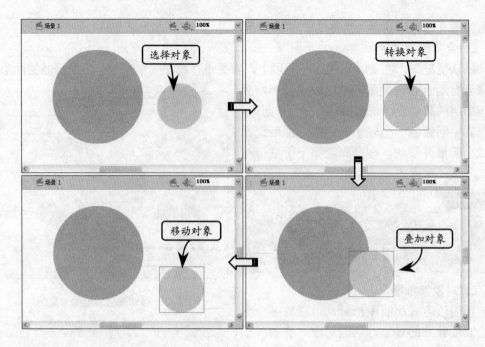

图 2-5　转换图形对象后的效果

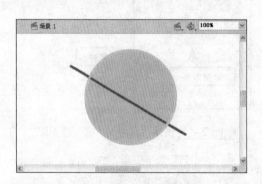

图 2-6　重叠线条被分成线段

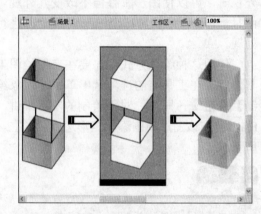

图 2-7　创建的剪切块

技　巧

在绘制图形时，为了避免由于重叠形状或线条而意外改变它们，可以使用【对象绘制】功能来绘制形状，或者将绘制的形状进行组合，也可以将绘制的对象分布在不同的图层上。

2.2.2　线条工具

线条是组成矢量图形最基本的单位，任何图形都是由线条组成的。【线条工具】用来绘制各种角度的直线，它没有辅助选项，其笔触格式可以在【属性】检查器中设置。

要使用【线条工具】绘制直线，首先在工具箱中单击【线条工具】按钮，然后在【属性】面板中，根据需要设置线条的笔触颜色、笔触高度和笔触样式，如图 2-8 所示。

在【属性】面板中，用户还可以设置直线的端点类型，以及多条直线交叉时接合点的类型，它们分别包含三种类型的端点和接合点。【属性】面板中各选项的含义如下所示。

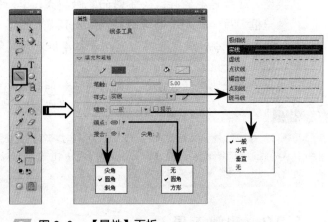

图 2-8 【属性】面板

1. 端点

端点选项用于设置直线或曲线的开始点及终止点的样式，主要分为无端点、圆角端点和方型端点，如图 2-9 所示。

2. 接合点

接合点也可称为拐角点，即多条直线交叉时的接合位置，主要分为尖角、圆角、斜角，如图 2-10 所示。

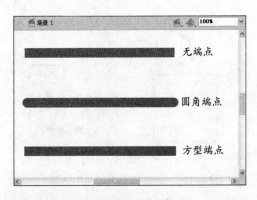

图 2-9 端点的三种效果

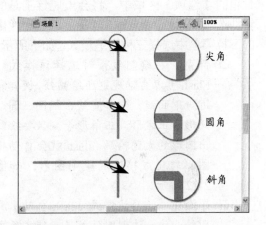

图 2-10 三种类型的接合点

3. 笔触提示

启用【缩放】后面的【提示】复选框，可以在全像素下调整直线锚点和曲线锚点，防止出现模糊的垂直或水平线。

在绘制直线时，除了可以在【样式】下拉列表框中选择笔触样式外，还可以单击【编辑笔触样式】按钮，打开【笔触样式】对话框，然后在【类型】下拉列表框中选择一种样式。例如选择虚线，设置虚线间距为 10，在【预览窗口】即可看到虚线的效果，如图 2-11 所示。

在该对话框中，各个选项的含义如下所示。

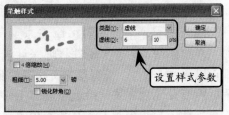

图 2-11 【笔触样式】对话框

- ❏ **类型**　选择笔触的样式。不同的笔触样式，其对话框的选项也会发生变化。
- ❏ **预览框**　用于显示所选笔触样式以及预览修改后的效果。
- ❏ **4 倍缩放**　启用该复选框，可以放大 4 倍来预览笔触样式。
- ❏ **粗细**　用于设置笔触的大小。
- ❏ **锐化转角**　启用该复选框，可以使笔触的拐角变得尖锐。

技 巧

绘制直线时，将光标移动到场景中，当变成十字形时，单击并拖曳鼠标。如果同时按住 Shift 键，可以绘制水平线、45° 斜线和竖直线；如果同时按住 Alt 键，可以绘制任意角度的直线。当直线达到所需的长度和角度时，释放鼠标即可。

2.2.3　铅笔工具

【铅笔工具】用于绘制简单的矢量图形、运动路径等，其使用方法与【线条工具】相似。单击【铅笔工具】按钮后，在工具箱的【选项】区域中，将会出现该工具的辅助选项按钮。单击该按钮，可以在弹出的下拉菜单中选择三种铅笔模式，如下所示。

- ❏ **伸直**　在绘制线条时选择该模式，Flash 可以自动规则所绘曲线，使其贴近规则曲线，例如直线、椭圆、圆、矩形、正方形、三角形等。只要绘制出图形的大致轮廓，Flash 就会自动将图形转化成接近的规则图形，如图 2-12 所示。

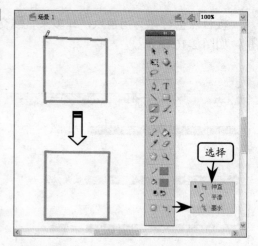

图 2-12　伸直模式下的绘图效果

- ❏ **平滑化**　选择该模式，Flash 自动平滑所绘曲线，达到圆弧效果，使线条更加光滑。因为它易于控制，又可以处理线条的整体效果，所以用户可以尽情地绘制，如图 2-13 所示。
- ❏ **墨水**　选择该模式，绘制图形时 Flash 完全保留徒手绘制的曲线模式，不加任何更改，使绘制的线条更加接近于手写的感觉，如图 2-14 所示。

在绘制图形时，无论选择哪一种模式，都可以通过【属性】检查器定义线条的颜色、笔触高度及笔触样式。铅笔工具的【属性】检查器选项与【线条工具】基本相同，只是多了一项【平滑】选项，该选项只有在【平滑】模式下才可用。

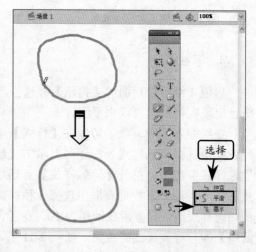

图 2-13　平滑模式下的绘图效果

2.2.4 椭圆工具和基本椭圆工具

在 Flash CS4 中，可以使用两种工具绘制圆形，即椭圆工具和基本椭圆工具。下面就来介绍这两种类型椭圆工具的使用方法。

1．椭圆工具

在 Flash 中，使用【椭圆工具】⚪可以绘制正圆和椭圆。在工具箱中按住【矩形工具】按钮□不放，从弹出的下拉菜单中单击【椭圆工具】按钮⚪。然后，在【属性】检查器中定义圆形的填充颜色、边框颜色、宽度和样式。设置完毕后，在舞台中单击并拖动鼠标，即可绘制椭圆，如图 2-15 所示。

在【属性】检查器中，除了可以定义椭圆的笔触颜色、笔触样式及填充颜色外，还可以定义椭圆的开始角度、结束角度和内径，下面就来介绍一下这几个选项的含义及功能。

❑ **开始角度和结束角度**

【开始角度】和【结束角度】选项用于指定椭圆开始点和结束点的角度。通过这两个选项，可以轻松地将椭圆或圆的形状修改为扇形、半圆形及其他有创意的形状，如图 2-16 所示。

❑ **内径**

【内径】选项用于指定椭圆的内径（即内侧椭圆）。用户可以在文本框中输入内径的数值，或者拖动滑块设置为相应的内径大小，允许输入的内径数值范围为 0～99，表示删除椭圆填充的百分比，如图 2-17 所示。

❑ **闭合路径**

该复选框用于指定椭圆的路径是否闭合。如果指定了内径，则包含多个路径；如果指定了一条开放的路径，但未对生成的形状应用任何填充，则仅绘制笔触，如图 2-18 所示。默认情况下，Flash 启用【闭合路径】复选框。

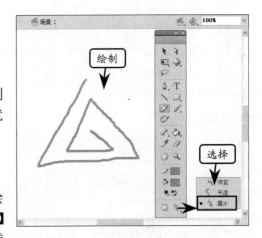

图 2-14 墨水模式下的绘图效果

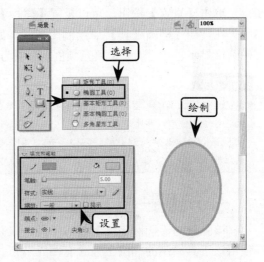

图 2-15 绘制椭圆

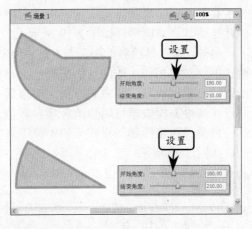

图 2-16 绘制扇形

图 2-17　设置内径值后的椭圆效果

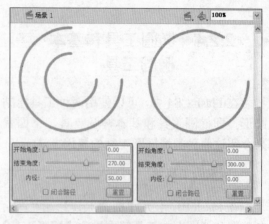

图 2-18　绘制开放路径的图形

❑ 重置

单击【重置】按钮，可以重置【属性】检查器中【椭圆工具】的所有参数选项。

在使用【椭圆工具】 绘制图形时，如果【笔触颜色】选项为无色时，绘制出来的椭圆仅显示色块；如果【填充颜色】选项为无色时，绘制出来的椭圆则显示为轮廓线条。

> **技　巧**
>
> 在使用椭圆工具绘制图形时，同时按住 Shift 键不放进行绘制，可以将形状限制为圆形；如果同时按住 Shift 键和 Alt 键绘制图形，可以从中心绘制椭圆或圆形。

2. 基本椭圆工具

该工具与【椭圆工具】基本相同，只是使用该工具绘制的椭圆上包含有图元节点，用户可以在【属性】检查器上设置椭圆的【开始角度】和【结束角度】，也可以在启用【选择工具】 后，直接在绘图窗口中使用鼠标指针拖动节点来调整，如图 2-19 所示。

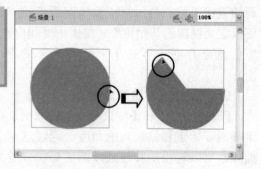

图 2-19　调整节点改变椭圆

另外，该工具绘制的图形与"对象绘制"模式下的对象相似，即图形的周围包含有矩形边框。不同的是，选中基本椭圆对象后，通过【属性】检查器可以修改各项参数值，这一点是"对象绘制"模式下的对象不具备的，如图 2-20 所示。

> **提　示**
>
> 在使用这两个椭圆工具绘图时，只要选择其中一个，【属性】检查器中将会保留上次编辑的图元对象的值。例如修改了椭圆后，绘制另一个椭圆。

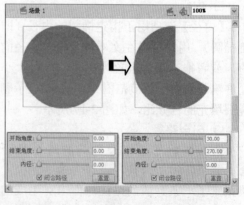

图 2-20　设置【开始角度】和【结束角度】

2.2.5 矩形工具和基本矩形工具

这两个工具主要用来绘制矩形和正方形，绘制矩形的方法与绘制椭圆基本相同。首先在工具箱中单击【矩形工具】按钮□或【基本矩形工具】按钮□，在【属性】检查器中选择填充色、笔触颜色、笔触高度以及样式。然后，将光标移动到舞台中，当光标变成十字形时，单击并拖动即可绘制矩形，如图2-21所示。

使用【矩形工具】□或【基本矩形工具】□绘制圆角矩形时，其4个拐角的圆角值均可以单独调整。方法是在【属性】检查器中单击 按钮进行解锁，以激活每个拐角的微调框，然后设置每一个拐角的圆角值即可。另外，对于基本矩形，除了可以在【属性】检查器中设置圆角值外，还可以通过鼠标拖动节点来手动调整，这一点与基本椭圆完全相同，如图2-22所示。

> **提　示**
>
> 单击【属性】检查器上的【重置】按钮，可以重新设置所有圆角的参数值。

2.2.6 多角星形工具

【多角星形工具】□用于绘制多边形及星形，该工具使用方法非常简单。单击工具箱中的【多角星形工具】按钮□，然后移动鼠标到舞台中单击并拖动，即可绘制出一个多边形，如图2-23所示。

在默认情况下，使用该工具绘制的图形为五边形。如果想要绘制其他边数的图形或者星形，需要在【工具设置】对话框中定义。方法是单击【属性】检查器中的【选项】按钮，在弹出的【工具设置】对话框中设置【样式】、【边数】和【星形顶点大小】即可。例如设置【边数】为3，可以绘制三角形；选择【星形】样式，可以绘制星形对象，如图2-24所示。

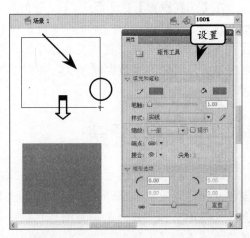

图2-21　绘制矩形

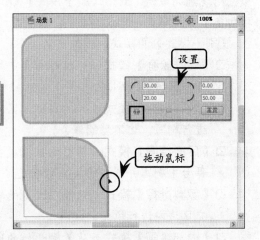

图2-22　绘制圆角矩形

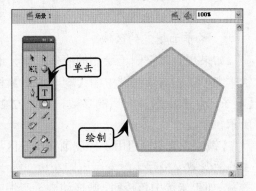

图2-23　绘制多边形

在【工具设置】对话框中，【星形顶点大小】选项是指星形多边形角的度数，范围为 0~1 之间的小数。在该文本框中输入的数字越大，其角的度数也就越大，如图 2-25 所示。

2.2.7 刷子工具

【刷子工具】 用于绘制矢量色块或者创建一些特殊效果。在 Flash 中，使用该工具创建的图形实际上是一个填充图形。单击工具箱中的【刷子工具】 按钮，在选项区域中会出现辅助按钮，其中【刷子模式】 选项包含了 5 种模式，其效果如图 2-26 所示。

【刷子模式】的模式选项的含义如下。

- 【标准绘画】模式 可以在舞台中的任何区域进行刷写。
- 【颜料填充】模式 只能在填充区域进行刷写，但不影响线条。
- 【后面绘画】模式 使用这种模式在舞台中刷写并不影响线条和填充。
- 【颜料选择】模式 只能在选定的填充区域内进行填充。
- 【内部绘画】模式 从笔触开始的地方进行填充，并不影响线条。如果开始刷写的地方没有填充，刷写将不影响前面填充的区域。

如果想要调整刷子绘制的线条粗细、形状，则可以在选项区域中的【刷子大小】和【刷子形状】中选择合适的参数，如图 2-27 所示。

【锁定填充】按钮用于控制渐变填充区域的刷写效果。当选中该按钮时，刷子拖动产生的渐变效果将起于渐变范围的左边而终于渐变范围的右边，与刷子的起点和终点没有关系；如果未选中该按钮，则拖动刷子产生的渐变效果是一个完整的渐变过程，如图 2-28 所示。

图 2-24 绘制特殊多边形

图 2-25 设置星形顶点大小

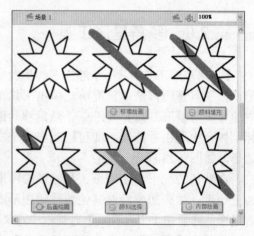

图 2-26 【刷子】工具的 5 种模式

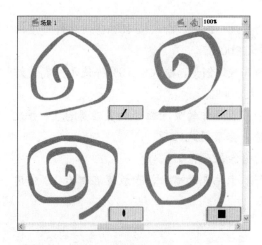

图 2-27　刷子形状

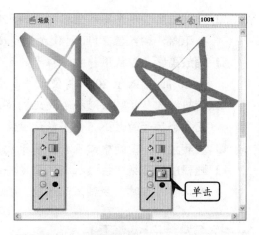

图 2-28　锁定填充

2.2.8　喷涂刷工具

【喷涂刷工具】 是一种修饰性绘图工具，其作用类似于粒子喷射器，使用它可以一次将形状图案"刷"到舞台上。默认情况下，喷涂刷使用当前选定的填充颜色喷射粒子点。

单击工具箱中的【喷涂刷工具】按钮，在【属性】检查器中选择默认喷涂点的填充颜色，然后在舞台中单击即可喷涂形状图案，如图 2-29 所示。

另外，还可以将【库】面板中的元件作为粒子喷涂在舞台上。方法是选择【喷涂刷工具】 后，单击【属性】检查器中的【编辑】按钮　编辑...　，在弹出的【交换元件】对话框中选择一个元件即可，如图 2-30 所示。

在喷涂刷工具的【属性】检查器中，各个选项的含义如下所示。

❑ 编辑　单击该按钮可以打开【交换元件】对话框，在其中选择影片剪辑或图形元件以用作喷涂刷粒子。选择【库】面板中的某个元件时，其名称将显示在编辑按钮的左侧。

❑ 颜色选取器　选择用于默认粒子喷涂的填充颜色。使用【库】中的元件作为喷涂粒子时，将禁用颜色选取器。

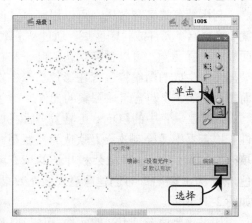

图 2-29　喷涂形状图案

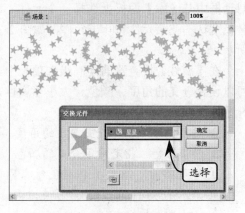

图 2-30　喷涂元件图案

❑ **缩放宽度** 缩放用作喷涂粒子的元件的宽度。例如，输入值 10%将使元件宽度缩小 10%；输入值 200%将使元件宽度增大 200%。

❑ **缩放高度** 缩放用作喷涂粒子的元件的高度。例如，输入值 10%将使元件高度缩小 10%；输入值 200%将使元件高度增大 200%。

❑ **随机缩放** 指定按随机缩放比例将每个基于元件的喷涂粒子放置在舞台上，并改变每个粒子的大小。使用默认喷涂点时，会禁用此选项。

❑ **旋转元件** 围绕中心点旋转基于元件的喷涂粒子。

❑ **随机旋转** 指定按随机旋转角度将每个基于元件的喷涂粒子放置在舞台上。使用默认喷涂点时，会禁用此选项。

2.2.9 Deco 工具

Deco 工具也是一种修饰性绘图工具，可以将创建的图形转变为复杂的几何图案，以创建万花筒效果。

1. 应用藤蔓式填充效果

利用藤蔓式填充效果，可以用藤蔓式图案填充舞台、元件或封闭区域。通过从【库】面板中选择元件，可以替换默认的叶子和花朵插图。生成的图案将包含在影片剪辑中，而影片剪辑本身包含组成图案的元件。

选择工具箱中的【Deco 工具】后，【属性】检查器中【绘制效果】默认为"藤蔓式填充"，此时可以选择花朵和叶子的填充颜色，然后单击舞台即可创建藤蔓式填充效果，如图 2-31 所示。

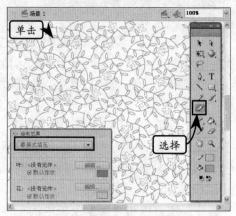

图 2-31 藤蔓式填充效果

如果想要填充自定义的元件，可以在【属性】检查器中单击【编辑】按钮，在弹出的对话框中从【库】面板上选择一个元件，以替换默认的花朵元件和叶子元件，如图 2-32 所示。

在【属性】检查器的【高级选项】中，可以设置分支的角度、颜色、大小等属性，介绍如下所示。

❑ **分支角度** 指定分支图案的角度。

❑ **分支颜色** 指定用于分支的颜色。

❑ **图案缩放** 缩放操作会使对象同时沿水平方向(沿 x 轴)和垂直方向(沿 y 轴)放大或缩小。

图 2-32 替换显示元件

- ❑ **段长度**　指定叶子节点和花朵节点之间的段的长度。
- ❑ **动画图案**　指定效果的每次迭代都绘制到时间轴中的新帧。在绘制花朵图案时，此选项将创建花朵图案的逐帧动画序列。
- ❑ **帧步骤**　指定绘制效果时每秒要横跨的帧数。

2．应用网格填充效果

使用网格填充效果，可以用【库】中的元件填充舞台、元件或封闭区域。将网格填充绘制到舞台后，如果移动填充元件或调整其大小，则网格填充将随之移动或调整大小。

选择【Deco 工具】后，在【属性】检查器中选择"网格填充"绘制效果，然后单击舞台即可填充网格效果，如图 2-33 所示。

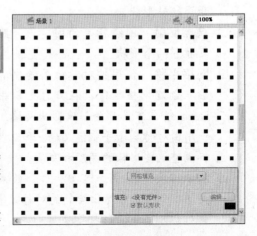

图 2-33　网格填充效果

单击【属性】检查器中的【编辑】按钮选择一个元件，然后单击舞台即可将该元件填充整个舞台，如图 2-34 所示。

选择"网格填充"绘制效果后，【属性】检查器的【高级选项】会显示以下选项，其含义如下。

- ❑ **水平间距**　指定网格填充中所用形状之间的水平距离（以像素为单位）。
- ❑ **垂直间距**　指定网格填充中所用形状之间的垂直距离（以像素为单位）。
- ❑ **图案缩放**　可使对象同时沿水平方向（沿 x 轴）和垂直方向（沿 y 轴）放大或缩小。

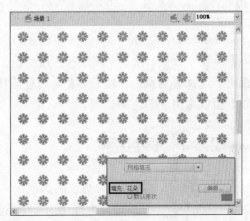

图 2-34　填充自定义元件

3．应用对称刷子效果

使用对称效果，可以围绕中心点对称排列元件。在舞台上绘制元件时，将显示一组手柄。可以使用手柄通过增加元件数、添加对称内容或者编辑和修改效果的方式来控制对称效果。

选择【Deco 工具】后，在【属性】检查器中选择"对称刷子"绘制效果。然后，调整舞台中的手柄，以指定显示元件的数量。最后单击舞台并拖动即可创建对称效果，如图 2-35 所示。

选择"对称刷子"绘制效果后，【属性】检查器的【高级选项】会显示以下选项，其含义如下。

❑ **绕点旋转** 围绕指定的固定点旋转对称中的形状。默认参考点是对称的中心点。若要围绕对象的中心点旋转对象，需要按圆形运动进行拖动。

❑ **跨线反射** 跨指定的不可见线条等距离翻转形状。

❑ **跨点反射** 围绕指定的固定点等距离放置两个形状。

❑ **网格平移** 使用按对称效果绘制的形状创建网格。每次在舞台上单击 Deco 绘画工具都会创建形状网格。使用由对称刷子手柄定义的 x 和 y 坐标调整这些形状的高度和宽度。

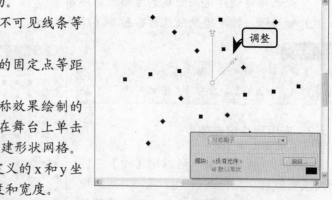

图 2-35　对称刷子效果

❑ **测试冲突** 不管如何增加对称效果内的实例数，可防止绘制的对称效果中的形状相互冲突。取消选择此选项后，会将对称效果中的形状重叠。

2.3　选取颜色

在 Flash 中绘制图形首先必须设置颜色，可以在【调色板】窗口、【颜色】面板和【样本】面板中选择、创建、修改和应用颜色。在通常情况下，【调色板】窗口和【颜色】面板用于选择笔触颜色和填充颜色，以便应用于待创建对象或舞台中现有的对象；而【样本】面板多用于颜色的管理。

2.3.1　调色板

每个 Flash 文件都包含自己的调色板，调色板存储在 Flash 文档中，但不影响文件的大小。Flash 将文件的调色板显示为【填充颜色】控件和【笔触颜色】控件。默认的调色板是 216 色的 Web 安全调色板。要向当前调色板添加颜色，可以使用【颜色】面板。

要通过【调色板】选择颜色，首先单击工具箱中的【填充颜色】控件或【笔触颜色】控件，然后在弹出的颜色选择器中选择颜色，如图 2-36 所示。

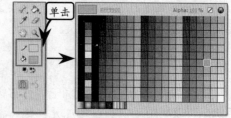

图 2-36　调色板

在【调色板】中单击右上角的【颜色选择器】按钮，打开【颜色】对话框。在该对话框的【基本颜色】选项组或【自定义颜色】选项组中可以选取系统自带或自定义的颜色，如图 2-37 所示。

另外，在对话框的右下角可以依次定义颜色的【色调】、【饱和度】和【亮度】以及【红】、【绿】、【蓝】颜色值。同时，通过预览窗口可以看到调整的结果。设置完成后，单击【添加到自定义颜色】按钮，即可将该颜色添加到【自定义颜色】选项组中，如图 2-38 所示。

2.3.2 【颜色】面板

在 Flash CS4 中，通过【颜色】面板可以精确设置颜色，也可以通过该面板改变绘图工具的笔触颜色或填充颜色。在设置填充颜色时，可以设置线性和放射性渐变填充来创建多色渐变。通常，选择【窗口】|【颜色】选项（快捷键 Shift+F9），打开【颜色】面板，如图 2-39 所示。

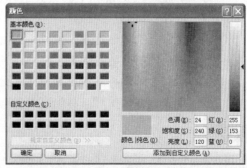

图 2-37　【颜色】对话框

该面板中，各个选项的含义如下所示。

❑ **笔触颜色**　启用该控件，可以更改图形对象的笔触或边框的颜色。

❑ **填充颜色**　启用该控件，可以更改填充颜色，即填充形状的颜色区域。

❑ **【类型】下拉列表**　通过此列表可以选择填充样式，主要包括如下 5 种。

➢ **无**　删除填充。

➢ **纯色**　指定一种单一的填充颜色。

➢ **线性**　产生一种沿线性轨道混合的渐变。

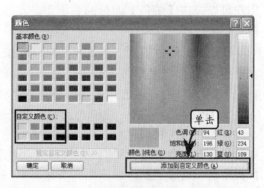

图 2-38　添加自定义颜色

➢ **放射状**　产生从一个中心焦点出发沿环形轨道向外混合的渐变。

➢ **位图**　用可选的位图图像平铺所选的填充区域，其外观类似于形状内填充了重复图像的马赛克图案。

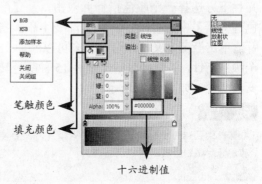

图 2-39　【颜色】面板

❑ **线性 RGB**　启用该复选框，可以更改填充的红、绿和蓝（RGB）的色密度。

❑ **Alpha**　该值设置实心填充，或者渐变填充当前所选滑块的不透明度。如果 Alpha 值为 0%，则创建的填充不可见（即透明）；如果 Alpha 值为 100%，则创建的填充不透明。

❑ **十六进制值**　显示当前颜色的十六进制值（也叫做 HEX 值）。要使用十六进制值更改颜色，可以直接输入一个新值。十六进制颜色值是 6 位的字母数字组合，代表一种颜色。

❑ **溢出**　通过该列表框，可以控制超出线性或放射状渐变限制进行应用的颜色，包括以下 3 种溢出样式。

➤ **扩展**　默认情况下，系统选择该选项，可以将指定的颜色应用于渐变末端之外。

➤ **镜像**　选择该选项，可以利用反射镜像效果使渐变颜色填充形状。指定的渐变色以下面的模式重复：从渐变的开始到结束，再以相反的顺序从渐变的结束到开始，再从渐变的开始到结束，直到所选形状填充完毕。

➤ **重复**　该选项可以从渐变的开始到结束重复渐变，直到所选形状填充完毕。

另外，利用【颜色】面板还可以在 RGB 和 HSB 模式下创建和编辑纯色和渐变填充。用户可以单击【颜色】面板的右上角，在弹出的选项菜单中选择 RGB 或者 HSB 颜色模式。

❏ **RGB 颜色模式**　在该模式中，R 值是指颜色滑块中红色显示的分量，G 值是指颜色滑块中绿色显示的分量，B 值是指颜色滑块中蓝色显示的分量。通过设置红色、绿色、蓝色三色颜色分量的色阶范围，来确定一种类型的颜色。

❏ **HSB 颜色模式**　该模式主要基于色相、饱和度、亮度来选择颜色。

无论在哪一种颜色模式下，利用【颜色】面板都可以创建出任何一种类型的颜色。如果已经在舞台中选择了对象，则在【颜色】面板中所做的颜色更改会应用到所选对象。

用户可以自定义渐变的颜色，从渐变定义栏下方选择一个颜色指针并双击，从【颜色选择器】中选择颜色。要向渐变中添加指针，单击渐变定义栏即可。最多可以添加 15 个颜色指针，从而可以创建多达 15 种颜色转变的渐变，如图 2-40 所示。

图 2-40　渐变指针

2.3.3 【样本】面板

【样本】面板与调色板中显示的颜色一样，主要用于管理和控制【颜色】面板和【调色板】中的色块。通过该面板快捷菜单中的命令，可以复制、删除调色板中的颜色，以及导入和导出调色板等。

1. 复制、删除和清除颜色

在使用颜色填充对象时，用户不仅可以设置颜色，还可以复制、删除以及清除【调

Flash CS4 中文版标准教程

色板】中的某个颜色。这样，不仅为创建相同颜色的对象提供了方便，而且能够将复制的颜色用于其他对象的填充中。

如果要复制或删除颜色，首先执行【窗口】|【样本】命令，打开【样式】面板。在该面板中单击要复制或删除的颜色，然后从面板菜单中执行【直接复制样本】命令或【删除样本】命令即可，如图2-41所示。

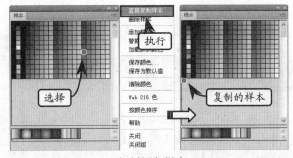

复制颜色样本

如果从调色板中清除所有颜色，则可以执行【清除颜色】命令。此操作将从调色板中删除黑白两色以外的所有颜色，如图2-42所示。

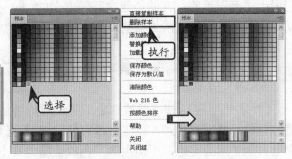

删除颜色样本

图2-41 直接复制和删除颜色样本

2. 导入和导出调色板

用户不仅可以通过当前面板中的颜色填充对象，还可以在 Flash 文件之间导入导出 RGB 颜色和渐变，在此过程中，用户可以使用 Flash 颜色设置文件（CLR文件）。

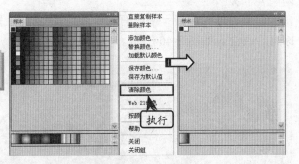

图2-42 清除颜色

如果要将导入的颜色附加到当前的【调色板】中，可以通过【样本】面板右上角的【添加颜色】菜单命令，在打开的对话框中选择所需的色样文件即可，如图2-43所示。

如果想要导出颜色，可以在【样本】面

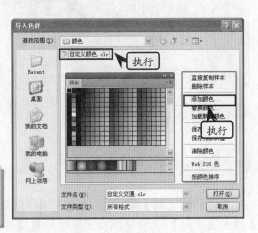

图2-43 添加颜色

板的菜单中执行【保存颜色】命令，然后在打开的对话框中为调色板输入一个名称即可，如图 2-44 所示。

2.4 填充图形

　　Flash CS4 填充图形的工具主要包括【墨水瓶工具】、【颜料桶工具】、【滴管工具】和【填充变形工具】。在这些工具中，有的是专门用于填充图形的，有的还包含其他方面的功能，本节来介绍这些工具的使用方法。

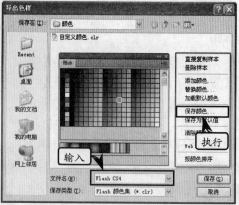

图 2-44　导出颜色

2.4.1　墨水瓶工具

　　【墨水瓶工具】 可以给选定的矢量图形增加边线，还可以修改线条或形状轮廓的笔触颜色、宽度和样式，该工具没有辅助选项。【墨水瓶工具】不能改变图形的填充色，而且只能使用固定色，不能用渐变色或位图方式上色。

　　在工具箱中单击【墨水瓶工具】按钮 ，然后在【属性】检查器中设置笔触颜色、宽度和样式。设置好线条的属性后，在要添加边线的图形上单击，即可为图形增加边线，如图 2-45 所示。

　　如果用鼠标单击一个已有轮廓线的图形，则【墨水瓶工具】的属性将替换该轮廓线原有的属性，如图 2-46 所示。

图 2-45　使用墨水瓶工具

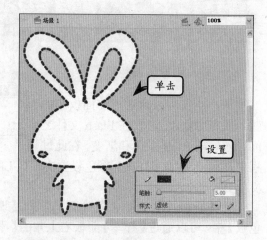

图 2-46　替换轮廓线

2.4.2　颜料桶工具

　　【颜料桶工具】 用于填充未填色的轮廓线或者改变现有色块的颜色，它的作用与【墨水瓶工具】 恰好相反。其辅助选项中包括两个按钮，一个是【空隙大小】按钮 ，另一个是【锁定填充】按钮 ，如图 2-47 所示。

在工具箱中单击【颜料桶工具】按钮 ，在其【属性】
面板中选择要填充的颜色，该颜色可以是纯色、渐变色和位图。
然后，将光标移到要填充颜色的图形中单击即可填充，如图
2-48 所示。

如果图形中有缺口，没有形成闭合，可以使用【空隙大小】
按钮，针对缺口的大小进行选择填充。在工具箱的选项区域中，
单击【空隙大小】按钮，然后在下拉菜单中选择合适的选项进
行填充即可，如图 2-49 所示。

在【空隙大小】菜单中，各个选项的含义如下。

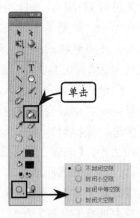

- ❑ **不封闭空隙**　只有区域完全闭合时才能填充。
- ❑ **封闭小空隙**　系统忽略一些小的缺口进行填充。
- ❑ **封闭中等空隙**　系统将忽略一些中等空隙，然后进行
  填充。
- ❑ **封闭大空隙**　系统可以忽略一些较大的空隙，并对其进行填充。

图 2-47　辅助选项

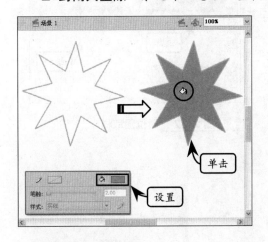

图 2-48　填充颜色

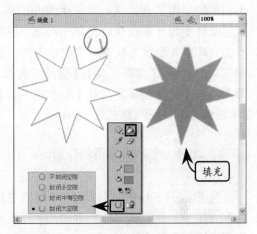

图 2-49　为不同的空隙尺寸进行填充

同时，还可以使用【锁定填充】按钮
对填充颜色进行锁定，功能类似于【刷子工
具】中的锁定填充。

2.4.3　滴管工具

在绘图工具箱中，【滴管工具】 的作
用是拾取工作区中已经存在的颜色及样式属
性，并将其应用于其他对象中。该工具没有
辅助选项，使用也非常简单，只要将滴管移
动到需要取色的线条或图形中单击即可，如
图 2-50 所示。

当使用【滴管工具】 在线条或者图形

图 2-50　吸取颜色

内部进行取样时，光标的形状各不相同，如图 2-51 所示。如果单击线条，会进入墨水瓶填色状态，并将笔触的颜色、线宽及样式属性自动设置为【滴管工具】 ![滴管图标] 所选位置的属性。同样，单击图形内部会立即进入颜料桶状态，其属性设置也会自动具有采样位置的属性。在空白工作区进行采样时，该工具无效。

另外，【滴管工具】 ![滴管图标] 还可以对位图进行取样，并以此属性填充其他的线条或图形。使用【滴管工具】 ![滴管图标] 单击位图，然后在【颜色】面板中选择【类型】为"位图"即可，如图 2-52 所示。

在使用【滴管工具】 ![滴管图标] 时，如果按住 Shift 键再选色，则会将所选区域的属性应用于每一个相关的绘图工具。例如，按住 Shift 键，当鼠标指针变为 ![图标] 形状时单击某一线条，这时，不会立即进入墨水瓶状态，依次单击所有的绘图工具，会发现【线条工具】、【椭圆工具】、【矩形工具】、【铅笔工具】以及【墨水瓶工具】的【笔触颜色】等属性都已改变。

2.4.4 渐变变形工具

在 Flash CS4 中，可以使用【渐变变形工具】 ![图标] 来调整填充的大小、方向、中心以及变形渐变填充和位图填充。

在工具箱中选择【渐变变形工具】 ![图标] ，然后单击填充区域，如果图形使用线性渐变填充，则会出现两条水平线；如果使用放射状渐变填充，则会出现一个渐变圆圈以及 4 个圆形或方形手柄，如图 2-53 所示。

使用渐变线的方向手柄、距离手柄和中心手柄，可以移动渐变线的中心、调整渐变线的距离以及改变渐变线的倾斜方向，如图 2-54 所示。

使用渐变圆可以对放射状渐变填充图形进行修改，拖动圆中心手柄，可以改变亮点的位置；拖动圆周上的长宽手柄，可以调整渐变圆的长宽比；拖动圆周上的大小手柄和方向手柄，可以改变渐变圆的大小和倾斜方向，如图

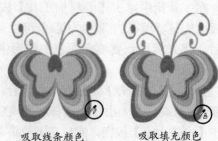

吸取线条颜色　　　　吸取填充颜色

图 2-51 【滴管工具】不同状态

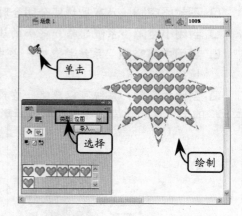

图 2-52 对位图取样

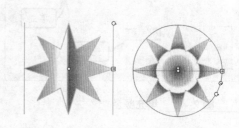

图 2-53 线性和放射状渐变填充

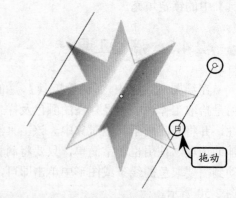

图 2-54 调整线性渐变色

2-55 所示。

2.4.5 使用面板填充图形

在 Flash CS4 中，可以选择特定的颜色，还可以自定义颜色。为了获得更多的颜色效果，需要借助【颜色】面板和【样本】面板。

默认情况下，颜色分为两种，一种是用于笔触颜色的单色调色板，共 252 种颜色；另一种是用于填充颜色、包含单色和渐变色的复合调色板，除了 252 种颜色外，还有 7 种线性渐变和放射渐变颜色，如图 2-56 所示。

在该调色板内选择一种颜色之后，它将出现在颜色框内，并且在颜色值文本框中显示与之对应的十六进制数值。如果选择了矩形、椭圆等可以绘制填充图形的工具后，在调色板的右上角会出现一个 ☑ 按钮，单击该按钮将绘制无边框或者无填充色的图形，如图 2-57 所示。

如果单击调色板右上角的 ● 按钮，将会弹出如图 2-58 所示的对话框，用户可以根据需要自定义颜色。在色调、饱和度、亮度文本框中输入数值；或者在红、绿、蓝文本框中输入数值，还可以在右侧色彩选择区域内选择一种颜色。然后单击【添加到自定义颜色】按钮，新的颜色将出现在【自定义颜色】栏的颜色框内。

另外，还可以在【颜色】面板中调整渐变颜色。渐变色是由起始颜色和目标颜色决定的，拖动代表上述颜色的滑块，可以改变渐变的起始位置和终止位置，从而调整渐变距离，方法是执行【窗口】|【颜色】命令，打开如图 2-59 所示的面板。

在该面板中，各个参数的设置方法如下所述。

❑ 在【填充样式】下拉列表中，指定当前创建的渐变样式是线性渐变还是放射状渐变。

❑ 如果要修改渐变颜色，可以在横向颜色条上单击某一色块，然后在指标位置选择合适的颜色。或者拖动右侧的滑块进行选择，但是这两种方法选择的颜色不够精

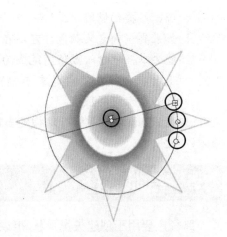

图 2-55　调整放射状渐变色

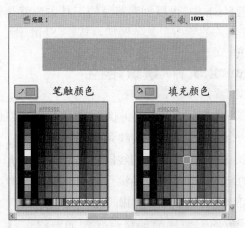

图 2-56　定义笔触和填充颜色

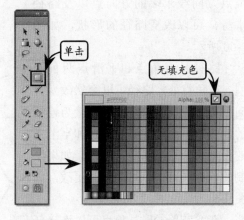

图 2-57　无填充色按钮

确，不提倡使用。

❑ 如果要精确定义颜色，可以在红、绿、蓝文本框中输入数值，范围为0~255。或者在面板左下角的文本框中输入颜色的十六进制数值。

❑ 在Alpha文本框中可以指定当前颜色的透明度。

2.5 绘制路径

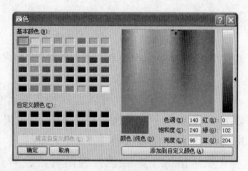

图2-58 【颜色】对话框

路径主要用于创建矢量形状和线条，并可以使用路径工具的编辑功能创建精确的形状，从而提高Flash在图像编辑领域的综合实力。在Flash中，可以创建路径的工具主要就是钢笔工具。

2.5.1 认识路径

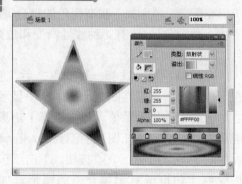

图2-59 渐变色

在Flash中，绘制线条或形状时，将创建一个名为"路径"的线条。路径由一个或多个直线段或曲线段组成。线段的起始点和结束点由锚点标记。路径可以是闭合的（例如圆），也可以是开放的，有明显的终点（例如波浪线）。通过拖动路径的锚点、显示在锚点方向线末端的方向点以及路径本身，可以改变路径的形状，如图2-60所示。

路径具有角点和平滑点两种类型。在角点处，路径可以突然改变方向；在平滑点处，路径段连接为连续的曲线。用户可以通过角点和平滑点的任意组合绘制路径。另外，如果绘制的点类型有误，可以随时更改，如图2-61所示。

在绘制路径时，角点可以连接任何两条直线段或曲线段，而平滑点始终连接两条曲线段，如图2-62所示。

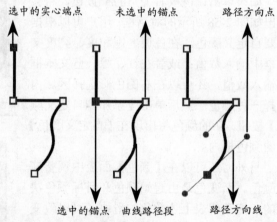

图2-60 路径的各个部分

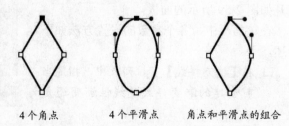

图2-61 路径上的点

注　意

不能将触点和平滑点与直线段和曲线段相混淆。

在绘制或修改路径时，选择连接曲线段的锚点或线段本身，连接线段的锚点会显示方向手柄，其由方向线组成，方向线在方向点处结束。方向线的角度和长度决定曲线段的形状和大小，移动方向点将改变曲线的形状，如图 2-63 所示。方向线不显示在最终图像上。

在曲线段上，平滑点始终具有两条方向线，它们一起作为单个直线单元移动。在平滑点上移动方向线时，点两侧的曲线段同步调整，保持该锚点处的连续曲线。相比之下，角点可以有两条、一条或没有方向线，具体取决于它分别连接两条、一条还是没有连接曲线段。角点方向线通过使用不同角度来保持拐角，当在角点上移动方向线时，只调整与方向线同侧的曲线段，如图 2-64 所示。

另外，在具体操作中，方向线始终与锚点处的曲线相切（与半径垂直），每条方向线的角度决定曲线的斜率，而每条方向线的长度决定曲线的高度或深度，如图 2-65 所示。

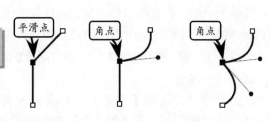

图 2-62　使用角点绘制的路径

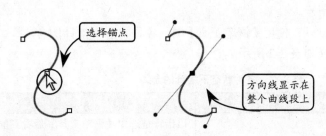

图 2-63　选中曲线段后显示的方向线

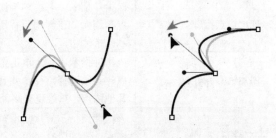

图 2-64　调整平滑点和角点上方向线

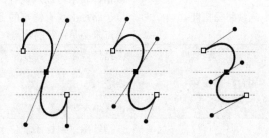

图 2-65　调整方向线的大小

● 2.5.2　钢笔工具

在 Flash 中，要绘制精确的路径将比较复杂的图像与背景分离，例如直线或平滑流畅的曲线，可以使用钢笔工具。

1．使用钢笔工具绘制图形

在使用【钢笔工具】绘制图形时，单击可以在直线段上创建点，拖动可以在曲线段上创建点。用户可以通过调整线条上的点来调整直线段和曲线段。同时，也可以将曲线段转换为直线，将直线转换为曲线，并显示用其他 Flash 绘图工具在线条上创建的点，例如铅笔、刷子、线条、椭圆或矩形工具在线条上创建的点，可以调整这些线条。

在工具箱中，选择【钢笔工具】 后没有辅助选项，笔触样式可以在【属性】检查器中设置。在绘图的过程中，【钢笔工具】会显示为不同的指针样式，它们反映当前的绘制状态，如图 2-66 所示。

图 2-66　钢笔工具在绘图区的指针形状

在使用【钢笔工具】时，各种状态下指针的含义如表 2-2 所示。

表 2-2　各种状态下指针的含义

指针状态	含义及功能
初始锚点指针	该指针是选中【钢笔工具】后看到的第一个指针，指示下一次在舞台上单击鼠标将创建初始锚点，它是新路径的开始（所有新路径都以初始锚点开始），可以终止任何现有的绘画路径
连续锚点指针	该指针指示下一次单击鼠标将创建一个锚点，并用一条直线与前一个锚点相连接。在创建所有用户定义的锚点（路径的初始锚点除外）时，显示此指针
添加锚点指针	该指针指示下一次单击鼠标将向现有路径添加一个锚点。如果要添加锚点，必须选择路径，并且【钢笔工具】不能位于现有锚点的上方。根据其他锚点，重绘现有路径，一次只能添加一个锚点
删除锚点指针	该指针指示下一次在现有路径上单击鼠标将删除一个锚点。如果要删除锚点，必须选择路径，并且指针必须位于现有锚点的上方。根据删除的锚点，重绘现有路径，一次只能删除一个锚点
连续路径指针	该指针表示可以从现有锚点扩展新路径。如果要激活此指针，鼠标必须位于路径上现有锚点的上方。仅在当前未绘制路径时，此指针才可用。锚点未必是路径的终点；任何锚点都可以是连续路径的位置
闭合路径指针	该指针表示在正绘制的路径的起始点处闭合路径。只能闭合当前正在绘制的路径，并且现有锚点必须是同一个路径的起始锚点。最后生成的闭合路径没有将任何指定的填充颜色设置，应用于封闭形状，用户可以通过【填充工具】来单独向该闭合路径填充颜色
连接路径指针	该指针除了鼠标不能位于同一个路径的初始锚点上方外，与闭合路径工具基本相同。该指针必须位于唯一路径的任一端点上方，可以选中路径段，也可以不选中
回缩贝赛尔手柄指针	该指针是当鼠标位于显示其贝赛尔手柄的锚点上方时显示。单击鼠标将回缩贝赛尔手柄，并使得穿过锚点的弯曲路径恢复为直线段
转换锚点指针	该指针可以将不带方向线的转角点转换为带有独立方向线的转角点。如果要启用【转换锚点】工具，可以按 C 键

使用【钢笔工具】绘制最简单的路径就是直线，方法是单击【钢笔工具】创建两个锚点，继续单击可以创建由转角点连接的直线段组成的路径，如图 2-67 所示。在使用【钢

笔工具】绘制直线时，按住 Shift 键单击可以将该线段限制在 45° 的角度。

图 2-67 绘制直线段

技 巧

在使用【钢笔工具】绘制路径时，如果要完成一条开放路径，可以双击最后一个点，然后单击工具箱中的【钢笔工具】，或者按住 Ctrl 键单击路径外任何位置；如果要绘制闭合路径，可以将【钢笔工具】放置于第一个锚点上，当位置正确时，【钢笔工具】显示指针，此时单击或拖动即可闭合路径。

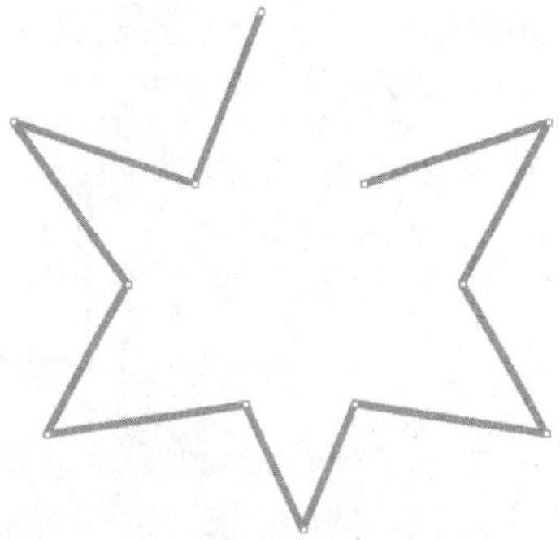

如果要使用【钢笔工具】创建曲线，可以在曲线改变方向的位置处添加锚点，并拖动构成曲线的方向线。方向线的长度和斜率决定了曲线的形状。

使用【钢笔工具】创建第一个锚点，同时按住鼠标键向下拖动，显示出方向线。然后确定第二个锚点的位置，单击并拖动鼠标，以绘制曲线。如果要绘制 C 形曲线，就向上拖动第二个平滑点；如果要绘制 S 形曲线，就向下拖动第二个平滑点，如图 2-68 所示。

图 2-68 绘制曲线段

注 意

在绘制曲线时，使用尽可能少的锚点调整曲线，可以更容易编辑曲线并且系统可以更快显示和打印它们；如果使用过多点还会在曲线中造成不必要的凸起。

2. 设置钢笔工具的首选参数

在使用【钢笔工具】时，用户可以通过执行【编辑】|【首选参数】命令，打开【首选参数】对话框。然后，在【类别】列表框中选择【绘画】选项，打开【钢笔工具】面板，在此面板中可以启用【钢笔工具】的形状特征，如图 2-69 所示。

图 2-69 【首选参数】对话框

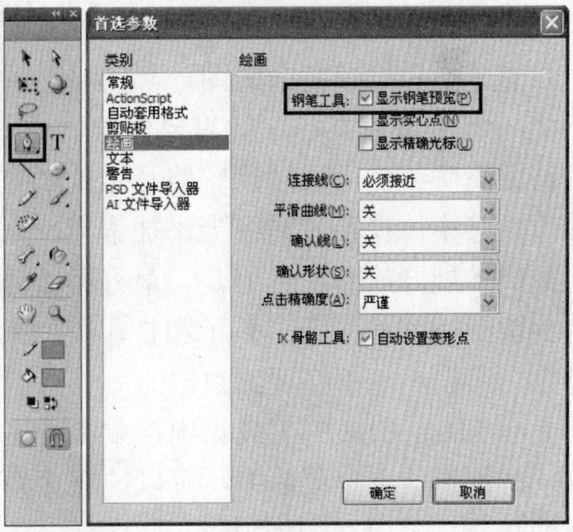

在【绘画】选项面板中共包含了 3 个控制钢笔形状特征的复选框，其含义如下所示。

- ❑ **显示钢笔预览** 选中该复选框，可以在绘制曲线时显示预览效果。当绘制下一个节点时，Flash 会根据光标的位置显示出曲线的形状，如图 2-70 所示。
- ❑ **显示实心点** 该复选框是系统默认选项，选中后绘制的曲线，其节点以实心矩形点显示，否则以空心矩形点显示，如图 2-71 所示。

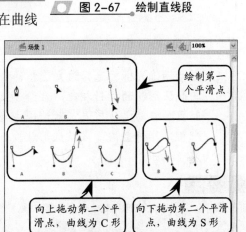

使用钢笔工具绘制节点

图 2-70　显示钢笔预览效果

图 2-71　显示实心点效果

❏ **显示精确光标**　选择该复选框，将选择【钢笔工具】之后的鼠标指针变成十字形，与默认形状的指针相比，在绘制曲线时更加容易定位节点。取消选中该复选框，指针会恢复成默认形状，如图2-72 所示。

技　巧

如果要在十字准线指针和默认的【钢笔工具】图标之间进行切换，可以按 Caps Lock 键。

2.5.3　编辑路径

对于结构比较复杂的图形，【钢笔工具】不能一步绘制到位，这就需要先绘制出大致

图 2-72　显示精确光标效果

的路径轮廓，然后通过调整路径上的锚点，对其进行细致的修改。其中，在路径曲线上添加锚点可以更好地控制路径，也可以扩展开放路径，但是，最好不要添加不必要的点。点越少路径越容易编辑、显示和打印；如果需要降低路径的复杂性，可以删除不必要的点。

在 Flash CS4 的工具箱中，单击【钢笔工具】按钮不放，从弹出的下拉菜单中，可以选择【添加锚点工具】或【删除锚点工具】，如图 2-73 所示。

在绘制路径的过程中，将【钢笔工具】放置在选中的路径上时，指针会变为添加锚点形状；当将【钢笔工具】放置在锚点上时，指针会变为删除锚点的形状，如图 2-74 所示。

在默认情况下，选定的曲线点显示为空心圆圈，选定的

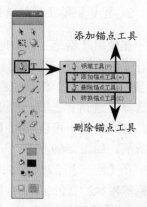

添加锚点工具

删除锚点工具

图 2-73　添加或删除锚点工具

转角点显示为空心正方形。如果要将线条中的线段从直线段转换为曲线段或者从曲线段转换为直线段，可以将转角点转换为曲线点或者将曲线点转换为转角点，如图 2-75 所示。

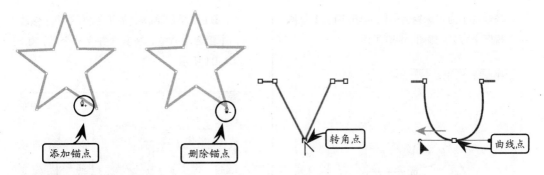

图 2-74　添加或删除锚点　　图 2-75　曲线点和转角点

2.6　课堂练习：绘制简单树木

在 Flash 中，许多复杂的图形多数是使用【线条工具】、【选择工具】和【颜料桶工具】绘制完成的。本例将利用这些工具绘制一棵简单的小树，效果如图 2-76 所示。在制作过程中着重学习图形轮廓的绘制、图形形状的调整以及对象颜色的填充操作。

操作步骤

1. 新建 Flash 文档，选择工具箱中的【线条工具】，并启用【对象绘制】按钮和【贴紧至对象】按钮。然后，在舞台中绘制一个任意多边形，如图 2-77 所示。

图 2-76　简单树木

注　意

单击【贴紧至对象】按钮，可以绘制封闭图形，以便于进一步填充图形。

2. 选择工具箱中的【选择工具】，将鼠标移动到线条上，当指针的右下角出现一段 90°角的线段时，按 Ctrl 键，单击并拖动鼠标以调整线条，如图 2-78 所示。

3. 使用【选择工具】继续调整线条的转角度和弧度，使其呈现出一个不规则的多边形形状，如图 2-79 所示。

4. 选择所有线条，在【属性】检查器中设置【笔

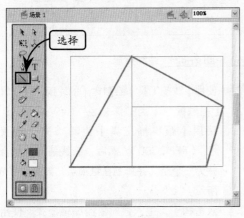

图 2-77　绘制多边形形状

触颜色】为"深绿色"（#409640）；【笔触高度】为2，如图2-80所示。

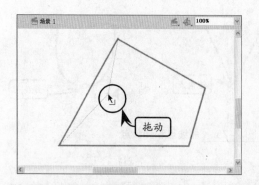

图 2-78　调整线条

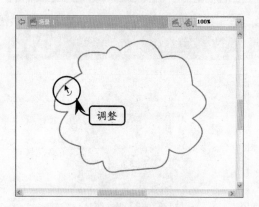

图 2-79　继续调整多边形形状

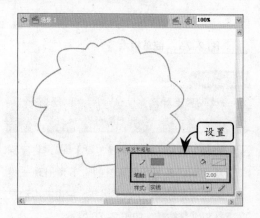

图 2-80　设置线条属性

5　选择【颜料桶工具】 ，在【属性】检查器中设置【填充颜色】为"淡绿色"（#99FF65），单击线条内的空白区域为其填

充颜色。然后选择线条和色块，执行【修改】|【组合】命令，将其合并为一个组，如图2-81所示。

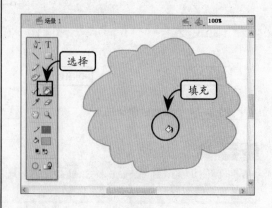

图 2-81　填充颜色

6　为了使树木看起来有层次感，根据上述步骤，在舞台中再绘制一个较小的多边形，并更改【填充颜色】为"深绿色"（#53C229）。然后，将其合并为一个组，并排列在上一层，如图2-82所示。

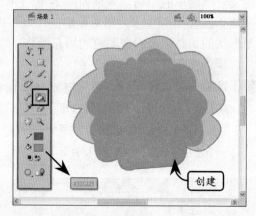

图 2-82　绘制树冠

7　使用【线条工具】绘制树干的轮廓，并设置【笔触颜色】为"深褐色"（#9A4D00）；使用【颜料桶工具】为其填充"土黄色"（#FFCC00）。然后，将线条和色块合并为一个组，并排列在最顶层，如图2-83所示。

8　双击树干，进入该对象的编辑模式。使用【选择工具】选择树干右半部分，按 Ctrl + C

键复制，再按 Ctrl + V 键粘贴，利用键盘上的方向键将其向左上移动少许。然后，在【属性】检查器中设置【填充颜色】为"暗黄色"（#CC9900），并对其边框形状进行调整，如图 2-84 所示。

图 2-83　绘制树干

9　使用【选择工具】选择复制的树干中重叠的线条，按 Delete 键将其删除，然后返回场景 1，如图 2-85 所示。

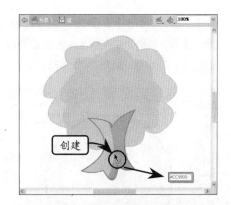

图 2-84　复制并设置树干颜色

图 2-85　返回场景 1

2.7　课堂练习：绘制笑脸表情

本例将制作一个笑脸表情，如图 2-86 所示。在制作过程中，让读者综合练习了形状的绘制、颜色的渐变、调色板等基本工具，着重掌握【椭圆工具】、【选择工具】的使用，并熟悉【颜色面板】中渐变颜色的调整。

图 2-86　笑脸表情

操作步骤

1　新建文档。选择【椭圆工具】，启用【对象绘制】按钮，在【属性】检查器中设置【笔触颜色】为"黑色"（#000000）；【笔触高度】为 2。然后，按住 Shift 键不放拖动鼠标，创建一个正圆对象，如图 2-87 所示。

提　示

绘制正圆对象的边框需要使用黑色，而填充颜色则可以使用任意一个色彩，因为在下面的操作中需要对其重新设置。

2　使用【选择工具】选择正圆对象。在【颜色】面板的【类型】下拉列表中选择"放射状"选项。然后，在面板的底部设置 Alpha 透明度和渐变色，如图 2-88 所示。

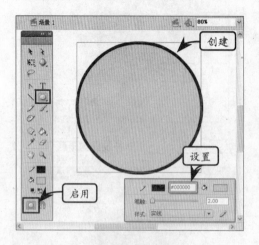

图 2-87　创建正圆对象

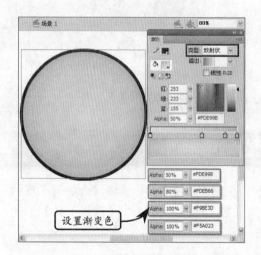

图 2-88　设置圆形的填充颜色

3　选择工具箱中的【渐变变形工具】，单击正圆对象。然后，调整正圆的高光位置，如图 2-89 所示。

注　意

当【渐变变形工具】选择正圆对象时，可以通过调整出现在正圆对象上面的控制节点改变高光点的位置。

4　选择【椭圆工具】，设置【填充颜色】为"白色"（#FFFFFF），禁用【笔触颜色】，

在正圆对象的顶部创建一个椭圆形。然后，在【颜色】面板中选择【类型】为"放射状"，并设置其 Alpha 透明度和渐变色，如图 2-90 所示。

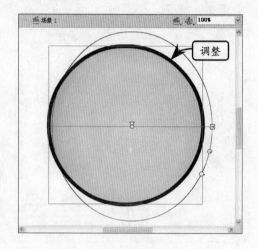

图 2-89　调整渐变色

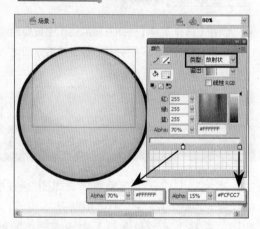

图 2-90　绘制透明椭圆

5　选择【椭圆工具】，设置【填充颜色】为"黑色"（#000000），并禁用【笔触颜色】。然后，在正圆上绘制一个椭圆，作为笑脸表情的"左眼"，如图 2-91 所示。

提　示

如果用户在绘制对象时，启用过【对象绘制】按钮，在以后的操作过程中只要不将其禁用，那么在接下来绘制图形时将一直使用该功能。

6　使用【选择工具】选择"左眼"，按住 Ctrl 键，向右拖动鼠标进行复制，当拖动至

如图 2-92 所示位置时，释放鼠标。

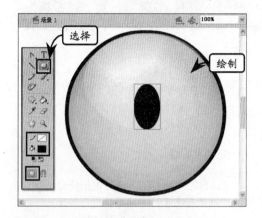

图 2-91 绘制右眼

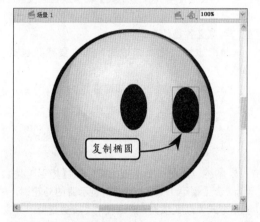

图 2-92 复制椭圆

7　使用【任意变形工具】选择"左眼"，将鼠标放置于右上角的控制节点并逆时针旋转，调整效果如图 2-93 所示。

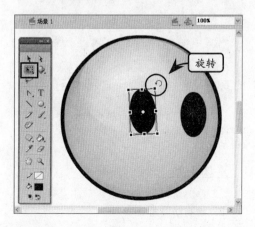

图 2-93 对"左眼"进行旋转

8　绘制两个椭圆对象，并将其上半部分重叠。使用【选择工具】选择这两个椭圆对象，按 Ctrl+B 键将其打散。然后，选择上面的椭圆并删除，可以得到"嘴巴"形状，如图 2-94 所示。

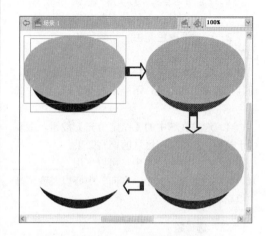

图 2-94 绘制"嘴巴"形状

注　意

最下面椭圆对象的颜色一定为黑色，而最上面的椭圆颜色可以是任意颜色。

9　按 Ctrl+G 键，将"嘴巴"图形转换为组。然后，使用【选择工具】将其移动到"笑脸"上面，并对其旋转，如图 2-95 所示。

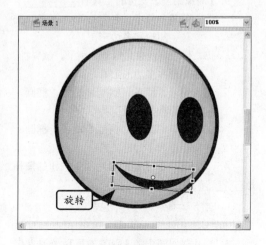

图 2-95 旋转"嘴巴"图形

一、填空题

1．【对象绘制】允许将图形绘制成_____，而且在叠加时不会自动合并。

2．一般渐变色是由起始颜色和_____颜色决定的。

3．【墨水瓶工具】不能改变图形的____，而且只能使用固定色，不能用渐变色或位图方式上色。

4．选项区域中的【锁定填充】按钮，主要用于控制_____区域的刷写效果。

5．在 Flash CS4 中，可以使用_____来调整对象填充的大小、方向、中心以及变形渐变填充和位图填充。

二、选择题

1．下列有关于编辑图形说法不正确的是____。

  A．缩放　　　　B．旋转
  C．导入　　　　D．对齐

2．下面不能同时绘制填充和笔触的工具是_____。

  A．椭圆工具
  B．矩形工具
  C．钢笔工具
  D．刷子工具

3．【对象绘制】支持的工具有_____。

  A．铅笔、线条、任意变形、刷子、椭圆、矩形和多边形工具
  B．铅笔、线条、钢笔、刷子、颜料桶、矩形和多边形工具
  C．铅笔、线条、钢笔、刷子、椭圆、矩形和墨水瓶工具
  D．铅笔、线条、钢笔、刷子、椭圆、矩形和多边形工具

4．工具箱中的【贴紧到对象】按钮的图标是_____。

  A．▢　　　　B．◫
  C．🧲　　　　D．◯

5．单击工具箱中的【刷子工具】，在选项区域中会出现辅助按钮，其中【刷子模式】选项不

包含_____模式。

  A．艺术绘画
  B．标准绘画
  C．颜料填充、后面绘画
  D．颜料选择、内部绘画

三、问答题

1．自定义颜色的方法可根据需要进行自由选择，试述有哪 3 种方法可供用户参考？

2．概述将文字转换为图形的简单步骤。

3．使用【填充变形工具】调节线性渐变色、放射状渐变色与位图填充时，其周围控制点有哪些，其意义各是什么？

4．如何柔化填充边缘？其主要参数包括哪些？

5．如何在路径中添加锚点？

四、上机练习

1．绘制电脑图标

本练习绘制一个电脑图标，通过【矩形工具】▢结合【钢笔工具】🖋绘制显示器的外轮廓，填充方式为渐变填充，然后使用【渐变变形工具】🔲调整渐变，最终完成显示器的绘制，效果如图2-96所示。

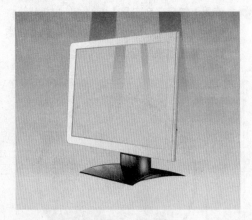

图 2-96　绘制电脑图标

2．绘制动漫角色

本练习绘制一个动漫角色米老鼠，主要使用

【椭圆工具】○、【铅笔工具】✎等绘图工具进行绘制的，然后使用【选择工具】▶和【部分选取工具】▶对轮廓进行修改，最后用【颜料桶工具】△填充颜色，最终效果如图 2-97 所示。

图 2-97　绘制米老鼠

第 3 章

编辑图形

　　仅仅使用绘图工具创建的图形是无法满足大多数动画需求的，这时就需要对图形进行简单的编辑。在编辑图形之前，首先要选择图形。不同的图形编辑效果，需要使用不同的工具来选择。通过简单的图形编辑，比如复制、移动、对齐、排列、编组等操作，能够帮助用户制作组合图形。

　　本章将向用户介绍利用选择工具、编辑工具和操作工具来编辑对象的方法，以及编辑过程中需要注意的事项。

本章学习要点：

➢ 选择对象
➢ 编辑对象
➢ 修改对象
➢ 变形对象
➢ 使用文本工具

3.1 选择对象

在 Flash 中，编辑任何一个对象，都需要先选择它。也就是说，选取对象是编辑对象的基本操作。利用选择工具，用户可以只选择对象的笔触，也可以只选择其填充，还可以将若干个单个对象组成一组，然后作为一个对象来处理。同时，选择对象或笔触时，Flash 会用选择框来加亮显示它们。

在 Flash CS4 中，可以使用不同的选择工具来选择对象，主要包含三种：【选择工具】、【部分选取工具】及【套索工具】。本节介绍这三种工具的功能及使用方法。

3.1.1 选择工具

该工具主要用来选取或者调整场景中的图形对象，并能够对各种动画对象进行选择、拖动、改变尺寸等操作。利用该工具选择对象，主要包括以下几种操作方法。

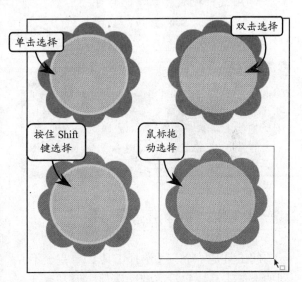

图 3-1 使用不同的方法选择对象

- ❑ 单击可以选择某个色块或者某条曲线。
- ❑ 双击可以选择整个色块以及与其相连的其他色块和曲线等。
- ❑ 如果在选择过程中按住 Shift 键，则可以同时选择多个动画对象，也就是选择多个不同的色块和曲线。
- ❑ 在舞台上单击鼠标并拖动区域，可以选择区域中的所有对象，如图 3-1 所示。

在 Flash 中，当选择了某个对象时，在【属性】检查器中会显示与其相关的信息，如下所示。

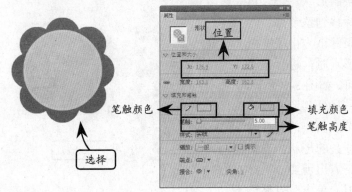

- ❑ 对象的笔触和填充、像素尺寸以及对象的变形点的 x 和 y 坐标。
- ❑ 如果选择了多个项目。所选项目组的像素尺寸以及 x 和 y 坐标。

图 3-2 【属性】检查器

通过【属性】检查器显示的内容，可以改变所选形状的笔触和填充，如图 3-2 所示。

使用【选择工具】可以对动画对象完成以下两种操作。

□ 选择对象后，直接使用鼠标拖放到舞台的其他位置。

□ 不选择对象，而是直接使用鼠标拖放对象，此时可以改变对象的形状，如图3-3所示。

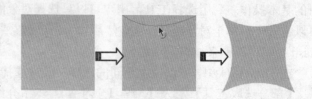

图 3-3　使用【选择工具】调整对象形状

技 巧

当选择某个对象后，在工具箱的选项区域中，会列出【选择工具】　的辅助选项按钮。其中，【对齐对象】按钮　用于在绘制和移动对象时，自动和最近的网格交叉点或者对象的中心重合，在绘制图形时非常有用。

3.1.2　部分选择工具

此工具是一个与【选择工具】　完全不同的选取工具，它没有辅助选项，但具有智能化的矢量特性，在选择矢量图形时，单击对象的轮廓线，即可将其选中，并且会在该对象的四周出现许多节点，如图3-4所示。

单击

图 3-4　使用【部分选取工具】选择对象

如果要改变某条线条的形状，可以将光标移到该节点上，当指针下方出现空白矩形点时，进行拖动即可，如图3-5所示。

另外，还可以调整节点两侧的滑杆改变线条的形状；当指针下方出现实心矩形点时，单击可以移动该对象，如图 3-6 所示。

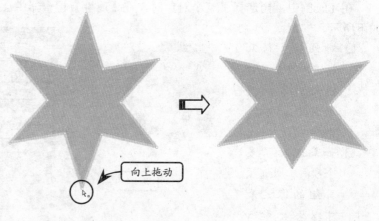

向上拖动

图 3-5　使用【部分选取工具】改变对象

Flash CS4 中文版标准教程

3.1.3 套索工具

该工具适合选择对象的局部或者选择舞台中不规则的区域。通常，在工具箱中选择该工具后，通过启用选项区域中的【多边形模式】按钮 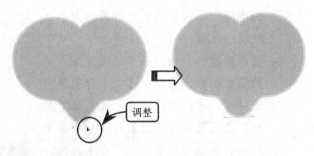，可以在不规则和直边选择模式之间切换。

在 Flash 中，启用【套索工具】可以创建三种形状的选择区域，如下所示。

图 3-6 使用【部分选取工具】调整对象

1. 不规则选择区域

使用【套索工具】在舞台上单击并拖动鼠标，将会沿鼠标轨迹形成一条任意曲线，如图 3-7 所示。拖放鼠标后，系统会自动连接起始点，在起始点之间的区域将被选中，该方法适合绘制不规则的平滑区域。

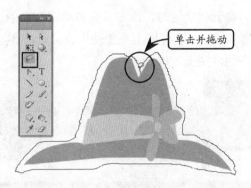

图 3-7 选择不规则的平滑区域

2. 直边选择区域

在工具栏的选项区域中，单击【多边形模式】按钮，然后在对象的顶点上单击即可，如图 3-8 所示。结束选择时，在终点位置双击鼠标，即可将各个顶点之间用直线连接起来，该方法适合绘制直边选择区域。

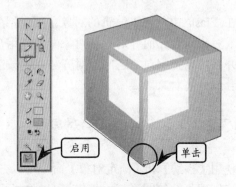

图 3-8 绘制直边选择区域

3. 不规则和直边都有的选择区域

【套索工具】与【多边形模式】功能可以结合使用。首先取消【多边形模式】按钮，如果要绘制一条不规则线段，则在舞台上拖动【套索工具】，当需要绘制直线段时，按住 Alt 键，然后单击设置每条新线段的起点和终点。绘制完毕后，通过释放鼠标按键或者双击选择区域线的起始端可以闭合选择区域，如图 3-9 所示。

在 Flash 中，除了通过创建不规则区域或直边区域来选择对象外，还可以通过工具箱中选项区域的【魔术棒】和【魔术棒属性】按钮来选择对象，它们的功能如下所示。

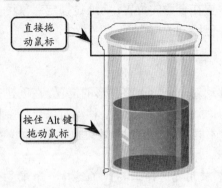

图 3-9 绘制不规则和直边都有的选择区域

❑ **魔术棒** 该按钮用于选择图形中颜色
　　相似的区域。

❑ **魔术棒属性** 该按钮用来设置魔术棒
　　的属性参数。当使用【魔术棒】进行
　　选择时，可以单击【魔术棒属性】按
　　钮，在【魔术棒设置】对话框中设置
　　相应的参数，然后再单击要选择的对
　　象，如图 3-10 所示。

　　在创建选区时，该工具有自动闭合功能。
一般情况下，在位图上不能使用该工具，但在
填充的位图上可以。

图 3-10 使用【魔术棒属性】设置参数

技 巧

如果想要选择当前文件中的所有对象，执行【修改】|【全选】命令或者右击鼠标执行【全选】命令即可。如果要取消已选取的对象，可以单击对象以外的空白区域，或者右击鼠标执行【取消全选】命令。

3.2　编辑对象

　　在 Flash 中，可以编辑的对象主要包括矢量图形、字符、元件、实例、位图等图形对象或对象组合。而针对这些对象，允许用户执行选择、复制、移动、缩放和旋转等操作，并且可以指定对象之间的对齐方式、改变对象的叠放顺序、移动对象的中心点，以及组合或分离对象。

3.2.1　移动和锁定对象

　　使用【移动】和【锁定对象】命令可以方便用户创建复杂的图形。通过移动可以将每个图形放置在合适的位置；而通过锁定对象可以保护好已绘制的图像。

1. 移动对象

　　移动对象可以调整图形的位置，在创建复杂图形时，使其互不影响。移动对象包括多种情况，不同的方式得到的效果也不尽相同，如下所示。

❑ 使用【选择工具】选择一个或多个
　　对象，将鼠标放在对象上，通过拖动
　　将对象移动到新位置，如图 3-11 所示。

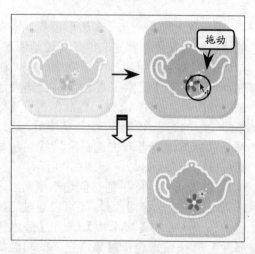

图 3-11 任意移动对象

❑ 在移动对象的同时按住 Alt 键，则可以复制对象并拖动其副本，如图 3-12 所示。

❑ 在移动对象时按住 Shift 键拖动，可以将对象的移动方向限制为 45° 的倍数，如图 3-13 所示。

❑ 在选择对象之后，按一次方向键则可以将所选对象移动 1 个像素，若按 Shift 键和方向键，则使所选对象一次移动 10 个像素，如图 3-14 所示。

提 示

选择【贴紧至像素】时，可使用方向键以文档像素网格（而不是以屏幕像素）为像素增量移动对象。

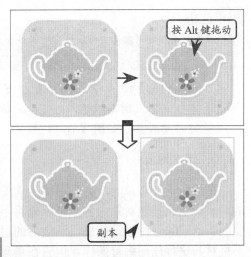

图 3-12 移动并复制对象

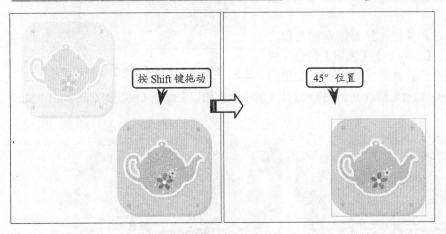

图 3-13 以 45° 的倍数移动对象

❑ 在【属性】检查器的 X 和 Y 文本框中输入所需移动的数值，按 Enter 键即可移动对象，如图 3-15 所示。

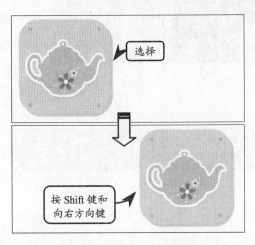

图 3-14 使用向右方向键移动对象

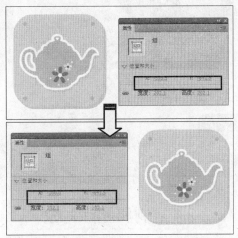

图 3-15 使用【属性】检查器移动对象

【属性】检查器使用在【文档属性】对话框中为【标尺单位】选项指定的单位，而且其单位是相对于舞台左上角而言的。

❑ 在【信息】面板右上角的 X 和 Y 文本框中输入所需数值，按 Enter 键也可移动对象，如图 3-16 所示。

2. 锁定对象

在编辑动画对象时，为了避免当前编辑的对象影响到其他对象内容，可以先将不需要编辑的对象暂时锁定起来。锁定后的对象不可对其进行任何编辑操作，但它在场景还是可见的。而当需要对其编辑时，可以对其解锁。

锁定对象时，首先选择要锁定的对象，执行【修改】|【排列】|【锁定】命令（快捷键 Ctrl＋Alt＋L），如图 3-17 所示。如果要

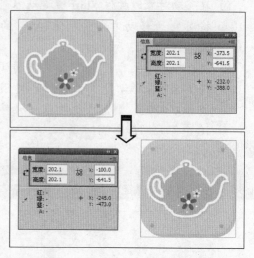

图 3-16 使用【信息】面板移动对象

取消锁定的对象，执行【修改】|【排列】|【解除全部锁定】命令（快捷键 Ctrl＋Alt＋Shift＋L）即可。

锁定前　　　　　　　锁定后

图 3-17 锁定对象

区分图像是否锁定，可以使用鼠标拖动该对象。如果单击该对象发现被选中，而且可以移动，则说明图像未被锁定；反之，如果该图像不能被选择，则说明该图像处于锁定状态。

3.2.2 复制和删除对象

如果需要在图层、场景或其他 Flash 文件之间复制对象，应使用粘贴技巧，结合该

命令以及复制命令，可以得到对象的副本。

选择需要复制的对象，执行【编辑】|【复制】命令（快捷键 Ctrl＋C）或【剪切】命令（快捷键 Ctrl＋X），然后执行【粘贴】命令（快捷键 Ctrl＋V），可以实现对象的复制操作，如图 3-18 所示。

技 巧

右击对象，在弹出的菜单中执行【复制】或者【剪切】命令，然后执行【粘贴】命令，也可完成对象的复制操作。

图 3-18　复制对象

如果执行【编辑】|【粘贴到当前位置】命令（快捷键 Ctrl+Shift+V），则粘贴后的图形对象与原对象重合。此时，通过移动对象可以查看粘贴后的图形对象，如图 3-19 所示。

在对象处于被选择的状态下，执行【直接复制】命令（快捷键 Ctrl+D），可以快速完成对象的复制操作，如图 3-20 所示。

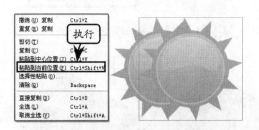

图 3-19　粘贴到当前位置

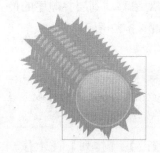

图 3-20　直接复制对象

删除不需要的对象时，可以将其从文件中删除，但删除舞台上的实例并不会从【库】面板中删除元件。

选择需要删除的一个或多个对象，执行【编辑】|【清除】命令，或者按 Delete 键或 Backspace 键即可，如图 3-21 所示。

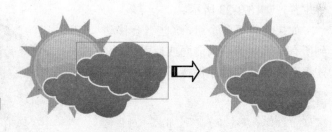

图 3-21　删除云朵

提 示

用户还可以执行【编辑】|【剪切】命令，将选中的对象删除。

3.2.3　排列和对齐对象

在同一图层内，Flash 会根据对象的创建顺序层叠对象，将最新创建的对象放在最上面。而绘制的线条和形状总是排列在组和元件的下面，用户可以通过【排列】命令改变对象与对象之间的层叠顺序，从而对其精确定位；而【对齐】命令则使各个对象按一定的方式互相对齐或者分布于页面中，从而使对象整齐、精确地控制在舞台中的位置。

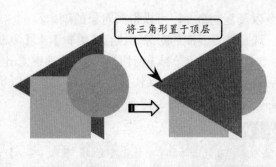
将三角形置于顶层

1. 排列对象

在同一图层中，Flash 会根据对象的创建顺序层叠对象，当需要调整各个对象之间的层叠顺序时，可以进行如下操作。

首先选择对象，执行【修改】|【排列】|【置于顶层】或者【置于底层】命令，可以将对象移动到层叠顺序的最前或最后，如图3-22所示。

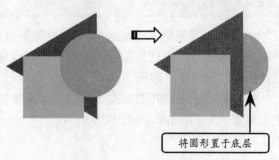
将圆形置于底层

图 3-22　改变图形层叠顺序

> **提　示**
>
> 绘制出的线条和形状总是层叠在组和元件的下面。要将它们移动到堆的上面，必须组合它们或者将它们变成元件。

执行【修改】|【排列】|【上移一层】或者【下移一层】命令，则可以将对象在层叠顺序中向上或向下移动一个位置，如图3-23所示。

如果选择了多个组，这些组会移动到所有未选中的组的前面或后面，而这些组之间的相对顺序保持不变。

将矩形上移一层

> **提　示**
>
> 图层也会影响层叠顺序。第2图层上的任何内容都会在第1图层上任何内容之前，依次类推。如果需要更改图层的顺序，可以在时间轴中将层名拖动到新位置。

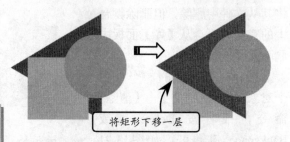
将矩形下移一层

图 3-23　向上或向下排列图形对象

2. 对齐对象

使用【对齐】面板可以调整多个对象之间的相对位置，能够精确操作对象。执行【修改】|【对齐】命令（快捷键 Ctrl＋K），打开【对齐】面板，如图3-24所示。在该面板中，按钮上的灰、白方块代表了对象，线条代表了基准

图 3-24　【对齐】面板

点。通过这些按钮，可以对所选对象应用一个或多个对齐命令。

【对齐】面板提供了 18 个控制按钮，与【对齐】子菜单中的命令相互对应，并且根据按钮的特点和功能，可以将它们分为 5 个选项，每个选项的功能如表 3-1 所示。

表 3-1　【对齐】面板各个选项

选项名称	选项内容
对齐	包括左对齐、右对齐、水平中齐、垂直中齐、上对齐和底对齐按钮，主要用来将对象向左、右、水平、垂直、向上、向下进行对齐
分布	包括顶部分布、垂直居中分布、底部分布、左侧分布、水平居中分布和右侧分布按钮，可以将所选对象按照中心间距或者边缘间距相等的方式分布
间隔	包括垂直平均间隔和水平平均间隔按钮，用于调整对象间的距离
匹配大小	包括匹配宽度、匹配高度、匹配宽和高按钮，可以调整所选对象的大小，使所有对象水平或垂直尺寸与所选最大对象的尺寸一致
相对于舞台	包括对齐/相对舞台分布按钮，使所选对象与舞台对齐

除了利用【对齐】面板对齐对象外，还可以使用工具箱中的【贴紧至对象】按钮。在绘制图形时，单击此按钮，可以轻松地对齐操作的对象。例如在绘制花瓣内的脉络时，可以先单击【贴紧至对象】按钮，然后使用【线条工具】进行绘画，它会自动和中心的圆进行对齐，如图 3-25 所示。

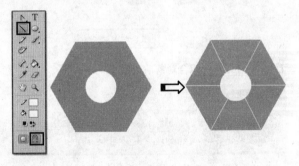

图 3-25　精确对齐图形

3.2.4　组合对象

将多个元素组合为一个对象之后，可以像操作一个对象一样操作这个组，而不用再单独处理每一项，这样会易于处理。把形状组合在一起还可以防止它们与其他形状混在一起或是出现漏掉某一个。

1. 选择组对象

选择某个组时，【属性】检查器会显示该组的 X 和 Y 坐标及其像素尺寸。用户可以在不取消组合的情况对其编辑，也能够在组中选择单个对象进行编辑，如图 3-26 所示。

2. 组合和取消组合对象

图 3-26　选择组中的单个对象

选择需要组合的多个对象，执行【修改】|【组合】命令（快捷键 Ctrl+G）即可将其组合成组；若需要取消组合，执行【修改】|【取消组合】命令（快捷键 Ctrl+ Shift+G）即可，如图 3-27 所示。

3. 编辑组或组中的对象

选择要编辑的组，执行【编辑】|【编辑所选项目】命令，或者使用【选取工具】 ![箭头] 双击该组，进入该对象工作区，此时对象处于被选择状态，用户即可操作，如图 3-28 所示。

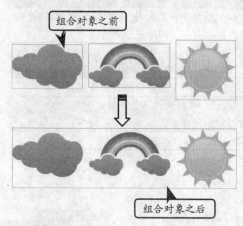

图 3-27 组合对象前后效果

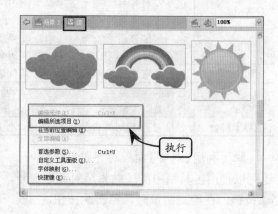

图 3-28 编辑组对象

Flash CS4 中文版标准教程

提 示

在此操作过程中，页面上不属于该组的部分将变暗，表明不属于该组的元素是不可访问的。

当用户执行【编辑】|【全部编辑】命令，或者使用【选取工具】 ![箭头] 双击舞台上的空白处，Flash 将组作为单个实体复原其状态，如图 3-29 所示，此时用户可以处理舞台中的任意元素。

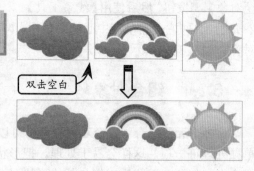

图 3-29 使编辑组恢复原状态

4. 分离组和对象

将组、实例和位图分离为单独的可编辑元素，能够极大地减小导入图形的文件大小。选择需要分离组、位图或元件，执行【修改】|【分离】命令（快捷键 Ctrl＋B）即可，如图 3-30 所示。

注 意

分离对象会对对象产生以下影响：切断元件实例到其主元件的链接；放弃动画元件中除当前帧之外的所有帧；将位图转换成填充；在应用于文本块时，会将每个字符放入单独的文本块中；应用于单个文本字符时，会将字符转换成轮廓。

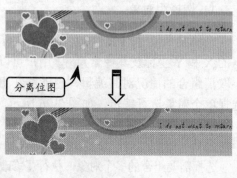

图 3-30 分离对象

不要将【分离】命令和【取消组合】命令混淆。尽管可以在分离组或对象后立即执

行【编辑】|【撤销】命令，但分离操作是完全不可逆的，而【取消组合】命令可以将组合的对象分开，并将组合的元素返回到组合之前的状态。它不会分离位图、实例或文字，或将文字转换成轮廓。

提　示

不建议分离动画元件或补间动画内的组，这可能会引起无法预料的结果。分离复杂的元件和长文本块需要很长时间。若要正确分离复杂对象，则可能需要增加应用程序的内存分配。

3.3　变形对象

使用【任意变形工具】、【变形】面板或者执行【修改】|【变形】命令，可以将图形对象、组、文本块和实例进行变形。根据所选元素的类型，可以任意变形、旋转、倾斜、缩放或扭曲该元素。在对对象、组、文本框或实例进行变形时，该项目的【属性】面板会显示其尺寸和位置。

3.3.1　任意变形对象

将对象进行任意变形，可以单独执行某个变形操作，也可以将移动、旋转、缩放、倾斜和扭曲等多个变形操作组合在一起执行。

在舞台上选择图形对象、组、实例或文本块，单击【任意变形工具】，在所选内容的周围移动指针，指针会发生变化，指明哪种变形功能可用。另外，还可以通过工具箱中【任意变形工具】下面的各个选项进行所需操作，如图3-31所示。

图3-31　【任意变形工具】的各操作

注　意

【任意变形工具】不能变形元件、位图、视频对象、声音、渐变或文本。如果多项选区包含以上任意一项，则只能扭曲形状对象。要将文本块变形，首先要将字符转换成形状对象。

1．移动对象

若要移动所选内容，要将指针放在边框内的对象上，然后将该对象拖动到新位置，如图3-32所示。在移动对象过程中不要拖动变形点。

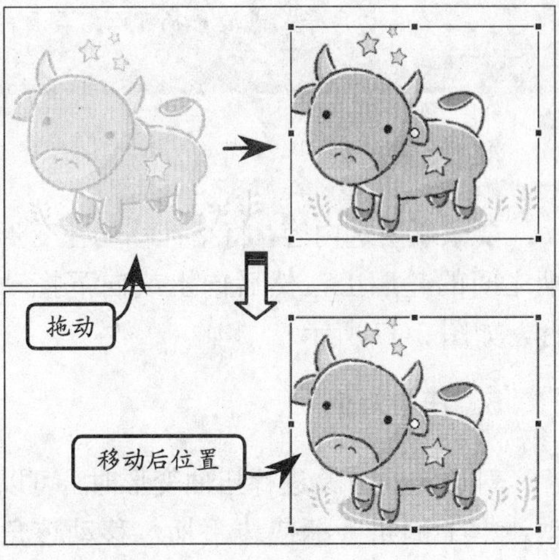

图3-32　移动对象

2．旋转对象

若要设置旋转或缩放的中心，可以将变形点拖到新位置。若要旋转所选内容，将指

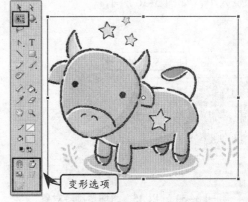

针放在角手柄的外侧并拖动，此时所选内容将会围绕变形点旋转，如图 3-33 所示。

按住 Shift 键并拖动可以以 45° 为增量对对象进行旋转，如图 3-34 所示。

若要围绕对角旋转，可以按住 Alt 键并拖动，如图 3-35 所示。

3. 缩放对象

缩放所选内容，沿对角方向拖动角手柄可以沿着两个方向缩放尺寸。按住 Shift 键拖动可以按比例调整大小，如图 3-36 所示。

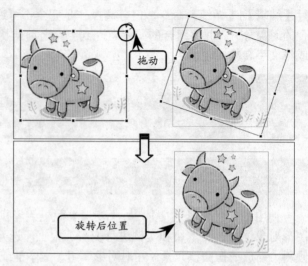

图 3-33 旋转对象

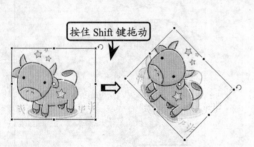

图 3-34 以 45° 为增量旋转对象　　　**图 3-35** 对角旋转

> **提 示**
>
> 水平或垂直拖动角手柄或边手柄可以沿各自的方向进行缩放。

4. 倾斜对象

要倾斜所选内容，将指针移动在变形手柄之间的轮廓上，然后向上或向下拖动鼠标，如图 3-37 所示。

5. 扭曲对象

对选定的对象进行扭曲变形时，可以拖动边框上的角手柄或边手柄，移动该角或边，然后重新对齐相邻的边。按住 Ctrl 键单击拖动边的中点，可以任意移动整个边，如图 3-38 所示。

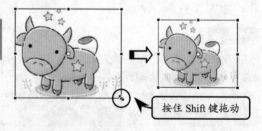

图 3-36 缩放对象

图 3-37 倾斜对象

【扭曲】命令不能修改元件、图元形状、位图、视频对象、声音、渐变、对象组或文本。如果多项选区包含以上任意一项，则只能扭曲形状对象。若要修改文本，首先要将字符转换为形状对象。

按住 Shift 键和 Ctrl 键并单击和拖动角点可以将扭曲限制为锥化，即该角和相邻角沿相反方向移动相同距离，如图 3-39 所示。

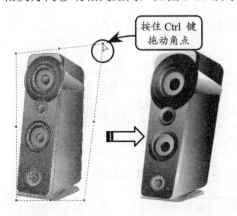

按住 Ctrl 键
拖动角点

按住 Shift 键
和 Ctrl 键

图 3-38　扭曲对象　　　　　　　　　　　　图 3-39　锥化对象

对所选对象执行【修改】|【变形】|【扭曲】命令，同样在对象的周围出现控制节点，此时对其进行调整即可。若要结束以上所有变形操作，可以单击所选对象以外的地方。

3.3.2　编辑变形点

在执行拖动变形操作期间会显示变形手柄，该变形手柄是一个矩形（除非用【扭曲】命令或者【封套】功能键修改过），矩形的边缘最初与舞台的边缘平行对齐。它位于每个角和每个边的中点，如图 3-40 所示。在拖动时，可以通过该变形手柄进行预览。

1. 移动变形点

在变形期间，所选对象的中心会出现一个变形点。变形点最初与对象的中心点对齐。变形点可以移动，而且移动后还可以返回到默认位置以及移动默认原点。默认情况下，对于缩放、倾斜或者旋转图形对象、组和文本块，与被拖动的点相对的点就是原点。

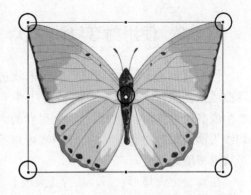

图 3-40　拖动变形手柄

若要移动变形点，可以选择【任意变形工具】或者执行【修改】|【变形】命令，

在所选图形对象中拖动变形点，如图 3-41
所示。

2．重新对齐变形点

若要使变形点与元素的中心点重新
对齐，则可以双击变形点，如图 3-42
所示。

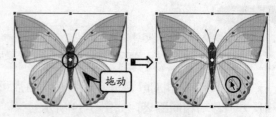

图 3-41　移动变形点位置

3．更改变形点

如果要切换缩放或倾斜变形的原点，
可以在变形期间拖动所选对象控制点的
同时按住 Alt 键，如图 3-43 所示。

4．跟踪变形点

若要在【信息】面板中显示变形点的
坐标，可以单击【注册/变形点】按钮，
该按钮的右下方会变成一个圆圈，表示已
显示注册点坐标。在选中了中心方框时，
【信息】面板中坐标网格右边的 X 和 Y 值
将显示变形点的 X 和 Y 坐标，如图 3-44
所示。

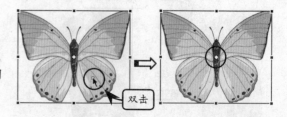

图 3-42　变形点与元素的中心点重新对齐

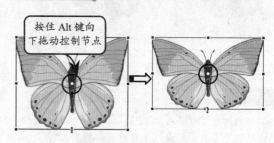

图 3-43　切换缩放变形的原点

提　示

默认情况下，【注册/变形点】按钮处于注册模式下，
并且 X 和 Y 值显示当前选区左上角相对于舞台左上
角的位置。

3.3.3　使用封套修改形状

使用【封套】　功能键可以对形状进行
弯曲或扭曲操作。封套是一个边框，其中包含
一个或多个对象，当用户通过调整封套的点和
切线手柄来编辑封套形状时，该封套内对象的
形状也将随之改变。

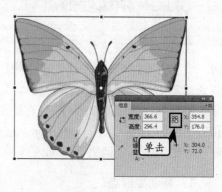

图 3-44　跟踪变形点

在舞台上选择形状后，执行【修改】|【变形】|【封套】命令，或者单击【封套】按
钮　，通过调整封套的点和切线手柄来编辑封套形状，如图 3-45 所示。

注　意

【封套】　功能键不能修改元件、位图、视频对象、声音、渐变、对象组或文本。如果多项选区包
含以上任意一项，则只能扭曲形状对象。若要修改文本，首先要将字符转换为形状对象。

3.3.4 精确变形对象

使用【任意变形工具】 ![] 可以方便快捷地操作对象，但是不能控制其精确度。而通过设置【变形】面板中的各项参数，可以精确地进行缩放、旋转、倾斜和翻转等操作。

1. 缩放对象

缩放对象时可以沿水平方向、垂直方向或同时沿两个方向放大或缩小对象。首先选择舞台上的一个或多个图形对象，执行【窗口】|【变形】命令（快捷键 Ctrl+T），然后在面板中设置【缩放高度】和【缩放宽度】参数，默认为按等比例缩放对象，如图 3-46 所示。

如果取消【约束】按钮 ![]，则在改变对象形状时不会保持其长宽比例不变，如图 3-47 所示。

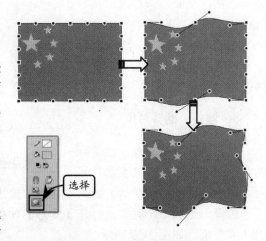

图 3-45　封套功能修改形状

> **注　意**
>
> 在同时改变很多对象的大小时，边框边缘附近的项目可能移动到舞台外面。如果出现这种情况，可以执行【视图】|【剪贴板】命令，以查看超出舞台边缘的元素。

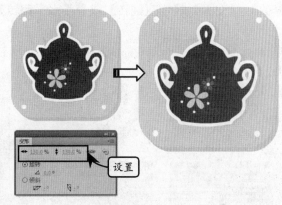

图 3-46　按比例缩放对象

2. 精确旋转对象

旋转对象会使该对象围绕其变形点旋转。变形点与注册点对齐，默认位于对象的中心，通过拖动可以移动该点。

使用【任意变形工具】 ![] 调整对象的变形点，并在【变形】面板中精确设置旋转角度，并且在同一操作中可以复制、缩放对象，如图 3-48 所示。

图 3-47　不按比例缩放对象

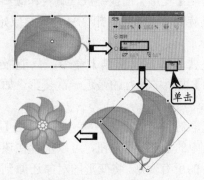

图 3-48　旋转并复制对象

选择一个或多个对象，执行【修改】|【变形】|【顺时针旋转90°】或者【逆时针旋转90°】命令，可以进行顺时针与逆时针旋转，如图3-49所示。

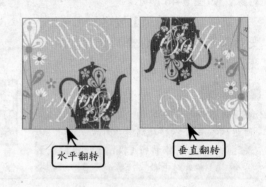

顺时针旋转 90°　　逆时针旋转 90°

图 3-49　对象旋转 90°

3. 倾斜、翻转对象

倾斜对象可以通过沿一个或两个轴倾斜对象来使之变形，还可以通过拖动或在【变形】面板中输入数值进行操作。

选择一个或多个对象，打开【变形】面板，启用【倾斜】单选按钮，输入水平和垂直角度数值，如图3-50所示。

可以沿垂直或水平轴翻转对象，而不改变其在舞台上的相对位置。选择对象，执行【修改】|【变形】|【垂直翻转】或者【水平翻转】命令即可，如图3-51所示。

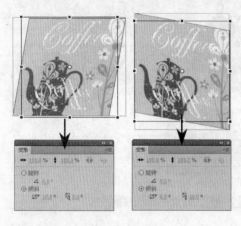

图 3-50　倾斜对象

水平翻转　　垂直翻转

图 3-51　翻转对象

3.3.5　还原变形对象

在使用【变形】面板缩放、旋转和倾斜实例、组以及文字时，Flash 会保存对象的初始大小及旋转值，当用户想恢复对象的原始状态时，则可以删除已经应用的变形并还原初始值。

执行【编辑】|【撤销】命令，只能撤销在【变形】面板中执行的最近一次变形，如图3-52所示。

在变形对象仍处于选中状态时，单击【变形】面板中的【重置】按钮，可以重置在该面板中执行的所有变形，将变形的对象还原到初始状态，如图3-53所示。

图 3-52　撤销最近一次变形

3.4 优化对象

修改、合并对象能够在优化形状的基础上，通过【伸直】、【平滑】以及【优化】命令减少用来定义元素的曲线数量，这样不仅能够对曲线和填充的轮廓进行改进，而且能够减小 Flash 文档和导出 Flash 影片的大小。而【联合】、【交集】、【打孔】、【裁切】命令则可以改变现有对象的形状，得到新的图形，有利于创建较为复杂的对象。

图 3-53 还原到初始状态

3.4.1 伸直和平滑线条

【伸直】命令和【平滑】命令通常用于改变线条和形状轮廓的形状。【伸直】命令能够调整所绘制的任意图形的线条，该命令在不影响已有直线段的情况下，将已经绘制的线条和曲线调整为平直，使形状的外观更完美，而且它不会影响连接到其他元素的形状，如图 3-54 所示。

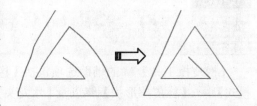

图 3-54 应用【伸直】调整形状

【平滑】操作可以使曲线在变柔和的基础上减少曲线整体方向上的突起或其他变化。同时还会减少曲线中的线段数，如图 3-55 所示。不过，平滑只是相对的，它并不影响直线段。如果在改变大量非常短的曲线段的形状时遇上困难，该操作尤其有用。

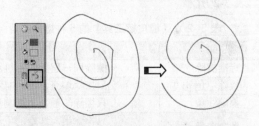

图 3-55 应用【平滑】调整形状

> **提 示**
>
> 根据每条线段的原始曲直程度，重复应用【平滑】和【伸直】操作会使每条线段更平滑、更直。

3.4.2 优化曲线

【优化】功能通过减少用于定义这些元素的曲线数量来改进曲线和填充轮廓，并且能够减小 Flash 文档和导出 Flash 影片的大小。该功能可以对相同元素进行多次优化。

选择需要优化的对象，执行【修改】|【形状】|【优化】命令，通过设置【优化强度】参数，可以指定形状的平滑程度，精确的结果取决于所选定的曲线，如图 3-56 所示。

启用【显示总计消息】复选框，则可以在平滑操作完成时显一个指示优化程度的警告对话框。

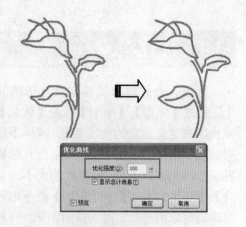

3.4.3 擦除图形

使用【橡皮擦工具】 ✐ 可以快速擦除舞台上的内容，也可以擦除个别笔触或填充区域。在使用该工具时，还可以自定义橡皮擦工具的擦除模式，以便只擦除笔触、多个填充区域或单个填充区域。但是，【橡皮擦工具】只能应用于场景中的对象。

在擦除对象时，需要单击【橡皮擦工具】按钮 ✐，并在工具栏的【选项】区域中设置其大小、形状的参数，然后将光标移动到所要擦除的地方单击并拖动鼠标，直到擦除完毕释放鼠标即可，如图 3-57 所示。

图 3-56 优化曲线

技 巧

双击【橡皮擦工具】 ✐ 可以快速删除舞台上的所有内容。

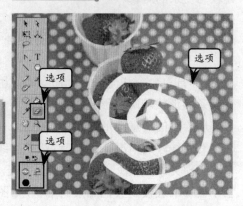

图 3-57 使用【橡皮擦工具】

【橡皮擦工具】 ✐ 的辅助选项包括【橡皮擦模式】 ⟳、【橡皮擦形状】 ● 以及【水龙头】 ▱。而其中的【橡皮擦模式】 ⟳ 提供了 5 种类型，如表 3-2 所示。

表 3-2 【橡皮擦工具】的 5 种擦除类型

类　　型	图标	说　　明
标准擦除	⟳	擦除同一层上的笔触和填充
擦除填色	○	只擦除填充，不影响笔触
擦除线条	◎	只擦除笔触，不影响填充
擦除所选填充	◎	只擦除当前选定的填充，不影响笔触（不论笔触是否被选中）。（以这种模式使用橡皮擦工具之前，选择要擦除的填充。）
内部擦除	◎	只擦除橡皮擦笔触开始处的填充。如果从空白点开始擦除，则不会擦除任何内容。以这种模式使用橡皮擦并不影响笔触

使用各种擦除模式后的效果如图 3-58 所示。

【橡皮擦形状】 ● 选项用于设置橡皮擦的大小和形状，通过调整橡皮擦的大小和形状，从而可以提高擦除对象的精确度和控制擦除效果，如图 3-59 所示。

【水龙头】 ▱ 选项用来擦除图形中的线条或者填充颜色，在对象中单击即可擦除，其效果如图 3-60 所示。

3.4.4 修改形状

在 Flash 中可以修改形状，方法是将线条转换为填充区域、扩散填充对象的形状或通过修改曲线形状以柔化填充形状的边缘。虽然这样可能会增大文件大小，但是却可以加快一些动画的绘制。

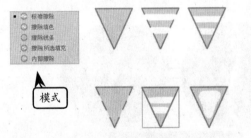

图 3-58　应用【橡皮擦模式】效果

图 3-59　橡皮擦的形状与大小

将线条转换为填充

选择一条或多条线后，执行【修改】|【形状】|【将线条转换为填充】命令，可以将线条转换为填充，这样就可以使用渐变来填充线条，如图 3-61 所示。

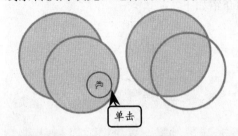

图 3-60　应用水龙头擦除后的效果

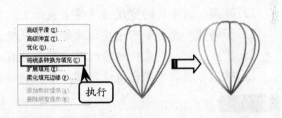

图 3-61　转换线条并填充渐变色

选择一个填充形状，执行【修改】|【形状】|【扩展填充】命令，并设置【扩展填充】中的【距离】数值以及【方向】，如图 3-62 所示。

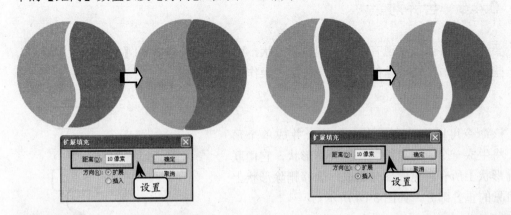

图 3-62　执行【扩展填充】命令

提　示

【扩展】可以放大形状，而【插入】则缩小形状。该功能在没有笔触且不包含很多细节的小型单色填充形状上使用效果最好。

选择一个填充形状，执行【修改】|【形状】|【柔化填充边缘】命令，并设置【柔化填充边缘】对话框中的各选项参数，如图 3-63 所示。

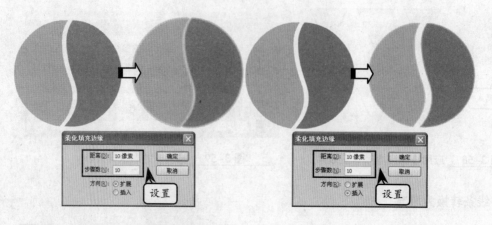

图 3-63 执行【柔化填充边缘】命令

在【柔化填充边缘】对话框中，各个选项的介绍如下。
- ❏ **距离** 指柔边的宽度（用像素表示）。
- ❏ **步骤数** 指控制用于柔边效果的曲线数。
- ❏ **扩展** 指控制柔化边缘时放大形状的程度。
- ❏ **插入** 指控制柔化边缘时缩小形状的程度。

提 示

使用的步骤数越多，效果就越平滑。增加步骤数还会使文件变大并降低绘画速度。【柔化填充边缘】功能在没有笔触的单一填充形状上使用效果最好，但可能增加 Flash 文档和生成的 SWF 文件的文件大小。

3.4.5 合并对象

要通过合并或改变现有对象来创建新形状，可以执行【修改】|【合并对象】命令，在一些情况下，所选对象的层叠顺序决定了操作的工作方式。

1. 联合

该命令可以将两个或多个形状合并成单个形状。将生成一个"对象绘制"的模型形状，它由联合前形状上所有可见的部分组成，能够删除形状上不可见的重叠部分，如图 3-64 所示。

注 意

与使用【修改】|【组】不同，无法分离使用【联合】命令合成的形状。

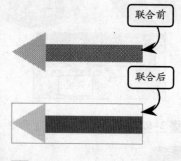

图 3-64 【联合】命令

2．交集

该命令能够创建两个或多个对象的交集。生成的"对象绘制"形状由合并形状的重叠部分组成。将删除形状上任何不重叠的部分。生成的形状使用层叠顺序中最上面形状的填充和笔触，如图3-65所示。

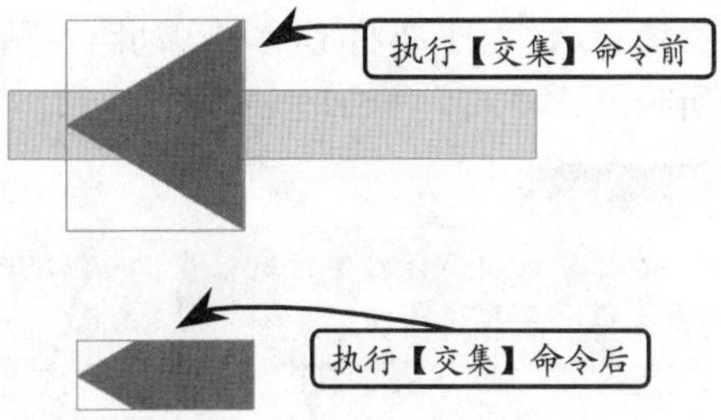

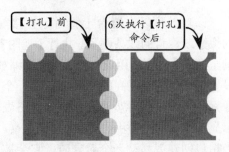

执行【交集】命令前

执行【交集】命令后

图 3-65　【交集】命令

3．打孔

该命令将删除所选对象的某些部分，这些部分由所选对象与另一个对象的重叠部分定义。而且将删除由最上面形状覆盖的形状的任何部分，并完全删除最上面的形状，如图 3-66所示。生成的形状保持为独立的对象，不会合并为单个对象。

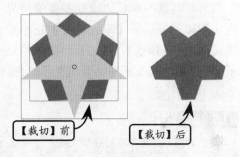

【打孔】前　　6次执行【打孔】命令后

图 3-66　【打孔】命令

4．裁切

该命令可以使用一个对象的形状裁切另一个对象。前面或最上面的对象定义裁切区域的形状，并且将保留与最上面的形状重叠的任何下层形状部分，而删除下层形状的所有其他部分，并完全删除最上面的形状，如图3-67所示。生成的形状保持为独立的对象，不会合并为单个对象。

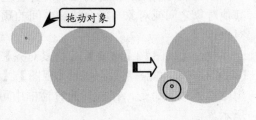

【裁切】前　　　　　【裁切】后

图 3-67　【裁切】命令

3.5　使用贴紧功能

如果想要让各个元素彼此自动对齐，可以使用贴紧功能。Flash 提供了在舞台上贴紧对齐对象的三种方法，即贴紧对象功能、贴紧像素功能和贴紧对齐功能。

3.5.1　使用贴紧对象功能

该功能可以让对象沿着舞台中其他对象的边缘直接与它们对齐的对象贴紧。执行【视图】|【贴紧至对象】命令或者在操作之前单击【选取工具】的【贴紧至对象】按钮，此时拖动元素时指针下面会出现一个黑色的

拖动对象

图 3-68　启用【贴紧至对象】功能

小环，当对象处于另一个对象的贴紧距离内时，该小环会变大，如图3-68所示。

在移动对象或改变其形状时使用该功能，则对象上选取工具的位置为贴紧环提供了

参考点，这对于要将形状与运动路径贴紧，从而制作动画的情况是特别有用的，如图 3-69 所示。

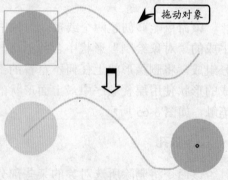

提 示

要在贴紧时更好地控制对象位置，可以从对象的转角或中心点开始拖动。

3.5.2　使用贴紧像素功能

该功能可以在舞台上将对象直接与单独的像素或像素的线条贴紧。执行【视图】|【贴紧至像素】命令启用该功能，当视图缩放比率设置为 400%或更高的时候会出现一个像素网格，如图 3-70 所示。像素网格表示显示在 Flash 应用程序中的单个像素，当用户创建或移动一个对象时，它会被限定到像素网格内。

如果创建的形状边缘处于像素边界内（例如，使用的【笔触宽度】是小数形式，如 1.5 像素），则贴紧至像素是贴紧至像素边界，而不是贴紧至形状边缘，如图 3-71 所示。

图 3-69　使用【贴紧至对象】功能

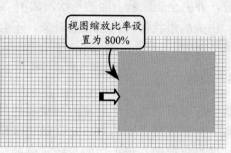

图 3-70　使用【贴紧至像素】命令创建对象

提 示

若要暂时隐藏像素网格，按住 X 键；当释放 X 键时，像素网格会重新出现。

3.5.3　使用贴紧对齐功能

该功能可以按照指定的贴紧对齐容差，即对象与其他对象之间或对象与舞台边缘之间的预设边界对齐对象。

执行【视图】|【贴紧】|【贴紧对齐】命令，启用【贴紧对齐】功能。然后，执行【视图】|【贴紧】|【编辑贴紧方式】命令，在打开的对话框中可以设置【贴紧对齐】的各个选项，如图 3-72 所示。

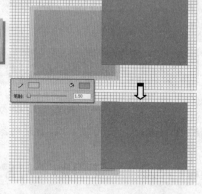

图 3-71　使对象贴紧至像素

提 示

所有【贴紧对齐】设置均以像素为度量单位。

当选择【贴紧对齐】设置时，可以设置对象的水平或垂直边缘之间以及对象边缘和舞台边界之间的贴紧对齐容差。也可以在对象的水平和垂直中心之间打开贴紧对齐功能。

打开【贴紧对齐】之后，则可以将对象拖到指定的贴紧对齐容差位置，而此时点线将出现在舞台上。如果将【水平】和【垂直】贴紧对齐的【对象间距】设置为"30 像素"，则当用户正在拖动的对象距另一个对象正好是 30 像素时，点线将沿着该对象边缘出现，如图 3-73 所示。

如果启用【水平居中对齐】与【垂直居中对齐】复选框，则当用户精确对齐两个对象的水平中心顶点和垂直中心顶点时，点线将沿着这些顶点出现。

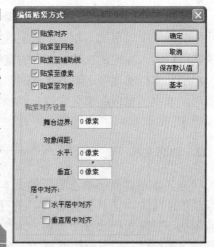

3.6　文本工具

文本是 Flash 动画中不可缺少的组成部分，在一些成功的网页上，经常会看到利用文字制作的特效动画。在 Flash 中，使用【文本工具】可以创建以下 3 种类型的文本字段。

❑ **静态文本字段**　显示不会动态更改字符的文本。

❑ **动态文本字段**　显示动态更新的文本，例如体育得分、股票报价或者天气报告。

❑ **输入文本字段**　用户可以将文本输入到表单或者调查表中。

创建文本后，可以设置文本的方向、字体、颜色、间距、对齐等属性。另外，还可以将文本转换为图形，对文本进行旋转、缩放、倾斜和翻转等变形操作。

图 3-72　【编辑贴紧方式】对话框

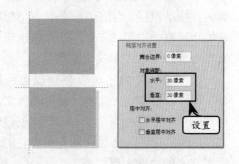

图 3-73　【贴紧对齐】对象

3.6.1　创建文本

创建文本的方法十分简单，只需单击工具箱中的【文本工具】按钮，然后在舞台中进行拖动即可。

1. 静态文本

静态文本包括可扩展文本块和固定文本块。固定文本块是指当输入的文字达到文本框的宽度后，将自动进行换行。可扩展文本块是指文本框的宽度无限，在输入的文字达到文本框的宽度后，不会自动进行换行，而是延伸文本框的宽度。

创建静态文本的方法非常简单，先单击工具箱中的【文本工具】按钮，在【属性】检查器中设置字体的大小、颜色、间距等参数。然后，在舞台中当光标变成一个右下角带有 T 的十字形状时单击，将会出现一个右上角带有小圆圈的矩形框，此时在矩形框中输入文本即可，如图 3-74 所示。

图 3-74　创建静态文本

如果将带有 T 的十字光标放在舞台中单击并拖动出一个矩形文本框，那么在这个文本框内就可以输入固定的文本，文本的宽度就是这个矩形文本框的宽度。如果文本的宽度超过了矩形文本框的宽度，那么它将自动换行，如图 3-75 所示。

2．动态文本

动态文本可以显示动态更新的文本。单击工具箱中的【文本工具】按钮 T，在【属性】检查器的下拉菜单中选择"动态文本"选项。然后，将光标移动到舞台中并单击，会出现一个右下角带有小圆圈的矩形框。如果在场景中单击并拖动鼠标，会出现一个右下角带有小方块的矩形框，如图 3-76 所示。这也正是动态文本与静态文本在形式上的区别。

在 Flash 中除了可以创建以上两种文本外，还可以创建输入文本。使用输入文本是一种对应用程序进行修改的入口。在创建输入文本时，为其设置一个相应的变量，它的功能与动态文本的功能大致相似。

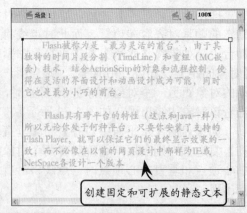

图 3-75　固定和可扩展的静态文本块

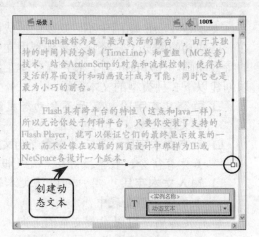

图 3-76　创建动态文本

3.6.2　设置文本属性

在创建文本时，用户可以在【属性】检查器中对文本的属性进行设置，包括文本的字体、大小、颜色和对齐方式等。当再次创建文本时，其属性由当前【属性】检查器中的参数决定。在创建好文本后，还可以对文本的属性进行修改。

在 Flash 中可以通过两种方法修改文本的属性，一种是通过【属性】检查器中的参数；另一种是使用菜单中的命令，如图 3-77 所示。

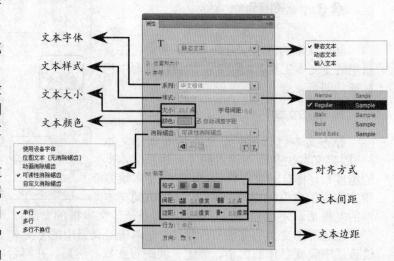

图 3-77　文本【属性】检查器

在【属性】检查器中修改文本的属性，首先使用【文本工具】![T]选择要修改的文本，然后在【系列】、【大小】、【颜色】等选项中修改即可。如果没有找到合适的选项，还可以直接输入需要的尺寸和数值，如图 3-78 所示。

如果创建的是动态文本，除了与静态文本【属性】检查器中相同的部分外，单击【字符嵌入】按钮，还可以选择能够嵌入字体轮廓的字符等，如图 3-79 所示。

在制作动画时，适当地调整文字的颜色，可以使制作的动画更加引人注目。用户可以直接在【属性】检查器的【文本（填充）颜色】中进行选择，或者执行【窗口】|【样本】命令，在打开的【样本】面板中进行设置，如图 3-80 所示。

在编辑动画时，为了使文本与动画能够很好地融合在一起，使文字在动画中可以更加整洁、美观，需要对文本的格式进行调整。在调整之前，首先要选择该文本，然后打开【属性】检查器中的【段落】选项，如图 3-81 所示。

文本的【缩进】是指一段文字的第一个字符与页边距之间的距离；【行距】是指在一段文字中行与行之间的距离；【左边距】是指一段文字与文本框左边的距离；【右边距】是一段文字与文本框右边的距离，如图 3-82 所示。

图 3-78　修改文本的属性

图 3-79　动态文本【属性】检查器

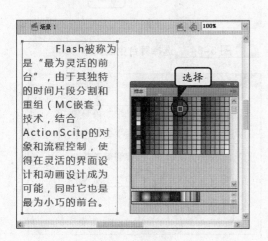

图 3-80　调整文本颜色

图 3-81　打开【段落】选项

利用【属性】检查器中的【方向】按钮![Ab]，可以调整文本的方向，使其垂直显示，如图 3-83 所示。

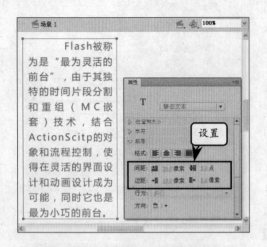

图 3-82 设置文本的间距和边距

图 3-83 改变文本方向

改变文字方向的操作方法是：选中要修改的文本，单击【方向】按钮，在弹出的下拉菜单中列出 3 种排列选项，其中【水平】是指正常的输入方式，文字从水平方向开始，由左至右进行排列；【垂直，从左向右】是指文字从左向右垂直排列；【垂直，从右向左】是指文字从右向左垂直排列。

3.6.3 编辑文本

在创建完一段文本后，有时并不能够满足动画的需求，此时就需要对其进行编辑修改，以达到预期的效果。对文本的编辑有两种方式：一种是将文本作为一个整体，对其进行移动、旋转、对齐等操作；另一种是将文本作为文本块，对文字进行修改。

使用第一种方法对文本进行编辑时，选择工具箱中的【选择工具】，然后将光标移动到文本上单击，在该文本外出现一个边框，说明文本已被选中，如图 3-84 所示。

如果要对文本中的一个或几个文字进行修改，可以使用第二种方法进行编辑。在工具箱中选择【文本工具】，然后在舞台中单击文本，这时可以看到文本被文本框包围，并且在文本框中出现闪动的光标，这就说明用户可以对单个文字进行编辑，如图 3-85 所示。

当文本处于编辑状态下，可以对文本进行如下操作。

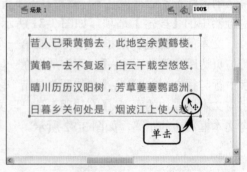

图 3-84 选择舞台中的文本

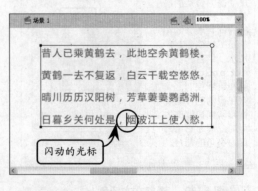

图 3-85 选择文本和文本的编辑状态

- 单击并拖动鼠标选择所要修改的文字，然后在【属性】检查器中，根据需要对选中的文字进行字体、颜色、大小、间距等设置。
- 单击并拖动鼠标选择所要修改的文字，然后右击鼠标执行【复制】命令或者【剪切】命令，可以复制或者删除文本。
- 在要插入文字的地方单击，这时可以看到一个闪动的光标。右击鼠标，执行【粘贴】命令就可将剪切或复制的文字粘贴到插入点。

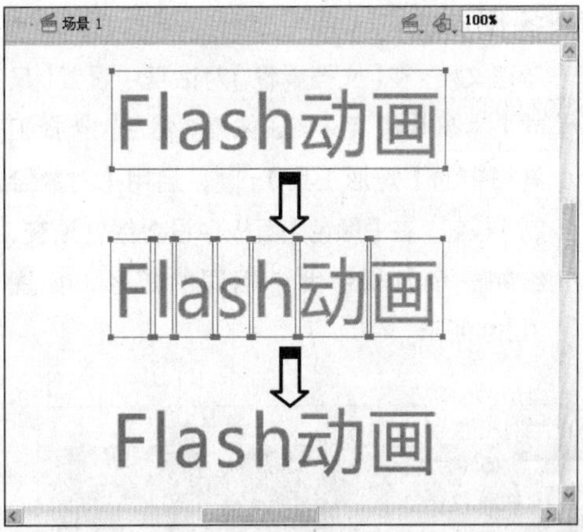

图 3-86   分离文本

3.6.4   将文本转换为图形

在 Flash 中，将文本转换为图形是非常重要的。如果要想让文字也具有动感，像处理图形那样简捷方便，必须将文字转换为图形后，才能制作一些动态效果，例如文字的渐变、淡入、淡出等。

选择要转换的文本，该文本必须是整个文本框。然后，执行【修改】|【分离】命令（快捷键 Ctrl＋B），即可将文本进行分离。如果是两个或者两个以上的字符，则执行两次该操作，如图 3-86 所示。

当文本被分离后，就变成了图形。这时把光标放在字母轮廓的边缘上，就可以看到在鼠标指针的右下角出现一个直角线，单击并拖动鼠标，字母的形状将会发生变化，这说明文本已转换为图形，如图 3-87 所示。

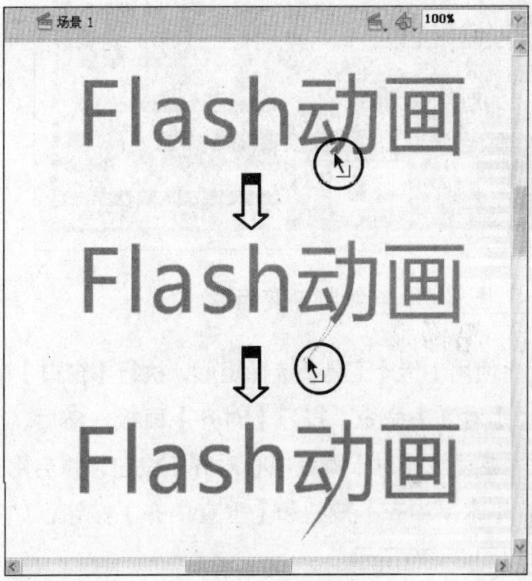

图 3-87   文本转换为图形

3.7   课堂练习：制作路标

本例使用【矩形工具】绘制出一个标牌，然后通过【任意变形工具】将其进行复制，得到一行标牌，在此基础上结合【对齐】面板、【变形】面板，制作如图 3-88 所示指示路标。

图 3-88   路标

操作步骤

1. 新建文档,在【文档属性】对话框中设置【尺寸】为 500 像素 × 400 像素。然后,选择工具箱中的【矩形工具】 ,启用【对象绘制】按钮,在【颜色】面板中设置线性渐变,绘制一个与舞台大小相同的矩形,如图 3-89 所示。

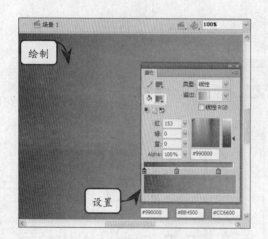

图 3-89　绘制渐变矩形

2. 使用【选择工具】选择矩形,执行【窗口】|【对齐】命令,打开【对齐】面板。然后,启用【相对于舞台中心对齐】按钮,并启用【水平中齐】按钮和【垂直中齐】按钮,如图 3-90 所示。

图 3-90　将矩形相对于舞台中心对齐

3. 选择【矩形工具】 ,在【属性】检查器中设置【边角半径】为 10,在舞台中绘制

一个圆角矩形。然后,使用【任意变形工具】选择该矩形,并将中心点拖动至右边中间的节点位置,如图 3-91 所示。

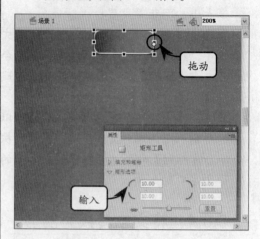

图 3-91　绘制圆角矩形

4. 打开【变形】面板,启用【旋转】选项,设置旋转角度数值,然后单击【复制并应用变形】按钮 ,依次类推,得到如图 3-92 所示效果。

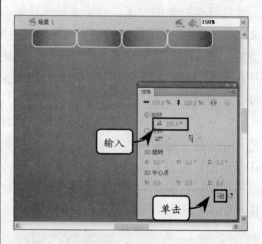

图 3-92　复制圆角矩形

5. 使用【选择工具】选择所有小矩形并将其组合。按住 Alt 键,向下拖动鼠标,出现"+"号,当第二排矩形上边线框与第一排下边线框重叠时,释放鼠标,依次类推对其复制,得到如图 3-93 所示效果。

6. 按住 Shift 键,将复制后的矩形拖动至舞台之外。然后按两次 Ctrl+B 键,将其打散为图形，如图 3-94 所示。

图 3-93 将矩形群组后并复制

图 3-94 将矩形打散

注 意

在此过程中用户必须将绘制的墙面矩形拖动至舞台之外，然后才能将其打散，否则打散后的所有图形将位于舞台中大矩形的下一层，操作十分困难。

7 使用【选择工具】选择在舞台外面的矩形部分，并按 Delete 键删除，得到右侧边缘较齐的墙面，如图 3-95 所示。

8 在右侧墙面处于被选中的状态下，按 Ctrl+G 键组合图形。打开【对齐】面板，启用【相

对于舞台中心对齐】按钮，单击【右中齐】按钮，并在【属性】面板中设置矩形的【高】，如图 3-96 所示。

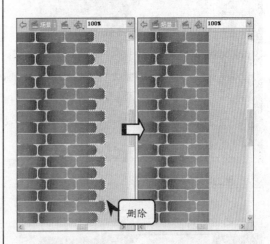

图 3-95 制作右侧较齐的墙面

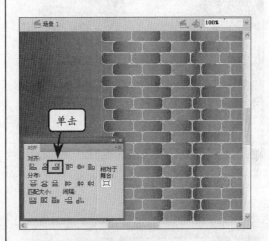

图 3-96 调整墙面位置

9 使用【矩形工具】绘制任意大小的白色矩形，打开【变形】面板，启用【倾斜】选项，并设置【倾斜角度】为-45°，如图 3-97 所示。

10 选择该矩形，在【属性】检查器中设置其大小。然后，在【对齐】面板中设置其相对于舞台水平中齐与上对齐，如图 3-98 所示。

11 复制该白色矩形，使用【任意变形工具】将其选择，然后拖动中心点至底边缘的中点，如图 3-99 所示。

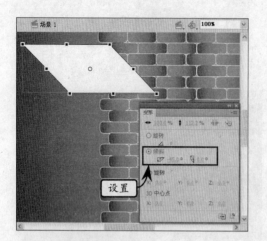

图 3-97 倾斜矩形

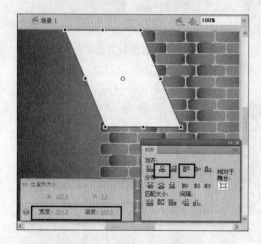

图 3-98 调整矩形大小与位置

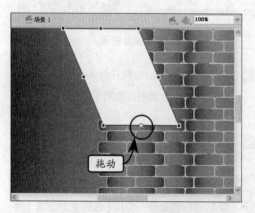

图 3-99 调整节点位置

12 执行【修改】|【变形】|【垂直翻转】命令,

将白色矩形副本垂直翻转,如图 3-100 所示。

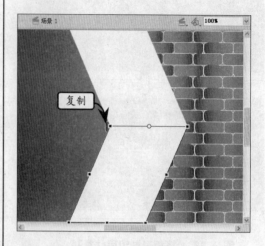

图 3-100 垂直翻转矩形

13 在舞台的左侧再绘制一个白色矩形,并在【对齐】面板中设置其相对于舞台中心左中齐与垂直中齐,如图 3-101 所示。

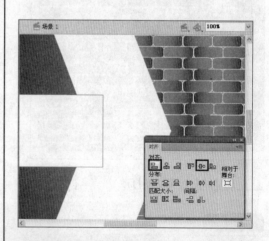

图 3-101 绘制指示标牌

14 选择【文本工具】 T ,在【属性】检查器中设置【字体】为 Verdana、【大小】为 42;【颜色】为"棕色"(#990000)。然后,在舞台中输入 Ku Bar,如图 3-102 所示。

15 对文字进行复制并粘贴,改变复制后文字的颜色为黑色,执行【排列】|【下移一层】命令,如图 3-103 所示。

图 3-102　输入文字

图 3-103　添加阴影

3.8　课堂练习：制作邮票

　　本练习通过【矩形工具】、【选择工具】，以及自定义线条形状和【将线条转换为填充】命令制作邮票的锯齿形状，然后导入素材图像，即可制作完成一个邮票，如图 3-104 所示。

操作步骤

1　新建文档，在【文档属性】对话框中设置【背景颜色】为"黑色"（#000000）。然后，将素材"鸟语花香.jpg"导入至舞台中央，如图 3-105 所示。

图 3-104　邮票

3-106 所示。

图 3-105　导入图像

2　使用【矩形工具】在图像的下面绘制一个四周略大的白色矩形，其【笔触颜色】为"红色"（#FF0000）；【笔触高度】为 10，如图

图 3-106　绘制矩形

3　使用【选择工具】双击红色边框，然后在【属

性】检查器中单击【编辑笔触样式】按钮，在弹出的对话框中设置【类型】、【点距】和【粗细】参数，如图 3-107 所示。

图 3-107　设置笔触样式

4　选择矩形的红色边框，执行【修改】|【形状】|【将线条转换为填充】命令，如图 3-108 所示。

5　单击舞台中任意空白区域，然后使用【选择工具】选中所有红色圆形，按 Delete 键将其删除，如图 3-109 所示。

图 3-108　将线条转换为填充

图 3-109　删除红色圆形

3.9　课堂练习：制作多彩文字

在 Flash 中可以制作出多种色彩渐变的文字效果，比如文本整体色彩渐变，或者文本某个区域的色彩渐变。本例将制作如图 3-110 所示效果的渐变文字，其制作较为简单，使用【文本工具】输入文字内容并将其打散，然后使用【颜色】面板对文字进行渐变色彩设置。

操作步骤

1　在 Flash 中执行【文件】|【新建】命令（快捷键 Ctrl + N），打开【新建文档】对话框。然后，在【类型】列表中选择【Flash 文件】选项，新建一个 Flash 文档，如图 3-111 所示。

2　执行【修改】|【文档】命令（快捷键 Ctrl + J），打开【文档属性】对话框，设置【尺寸】为

图 3-110　渐变文字效果

600 像素×450 像素。然后，执行【文件】|【保存】命令（快捷键 Ctrl + S），打开【另存为】对话框，保存文档名称为"渐变文字"，如图 3-112 所示。

图 3-111 新建 Flash 文档

图 3-112 更改文档属性并保存

3 选择【文本工具】 ⊤ ，在【属性】检查器中设置【系列】为 Ravie；【大小】为 60；【颜色】为"黑色"（#000000）。然后，在舞台中输入文本 my friend，如图 3-113 所示。

图 3-113 输入文本

4 使用【选择工具】 ▶ 选择该文本，执行【修改】丨【分离】命令（快捷键 Ctrl + B），将文本拆分为单个的文字。然后，再次执行相同的命令，将单个的文字分离成图形，如图 3-114 所示。

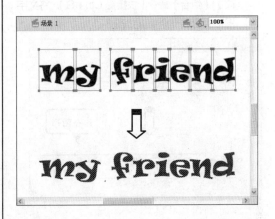

图 3-114 分离文本

技 巧

右击文本，在弹出的菜单中执行【分离】命令，也可将文字分离。

5 选择分离的文本，打开【颜色】面板，单击【填充颜色】按钮，在【类型】下拉列表中选择"线性"选项。然后，在面板底部调整其渐变色，如图 3-115 所示。

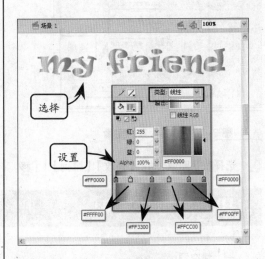

图 3-115 设置渐变颜色

6 使用【选择工具】选择文本图形，执行【修改】|【组合】命令（快捷键 Ctrl + G），将文字图形组合成一个组，如图 3-116 所示。

组合图形

图 3-116 组合文字图形

7 执行【文件】|【导入】|【导入到舞台】命令（快捷键 Ctrl + R），打开【导入】对话框。然后，选择素材图像 bg.jpg，单击【打开】按钮将其导入到舞台中，如图 3-117 所示。

选择

图 3-117 导入素材图像

8 选择背景图像，执行【修改】|【排列】|【移

至底层】命令，将背景图像排列在最底层，以显示渐变文字图形，如图 3-118 所示。

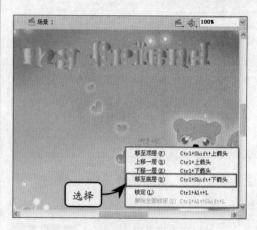

移至顶层 (F)	Ctrl+Shift+上箭头
上移一层 (R)	Ctrl+上箭头
下移一层 (E)	Ctrl+下箭头
移至底层 (B)	Ctrl+Shift+下箭头
锁定 (L)	Ctrl+Alt+L
解除全部锁定 (U)	Ctrl+Alt+Shift+L

选择

图 3-118 排列图像顺序

9 使用相同的方法，制作白色文字图形，并对其组合。然后，将其排列在渐变文字图形的下面，如图 3-119 所示。

图 3-119 制作白色文字阴影

3.10 思考与练习

一、填空题

1. 如果要在选择对象的同时编辑该对象，可以使用_____。

2. 使用【任意变形工具】选择对象时会出现_____个控制句柄。

3. 【变形】面板在设置对象的宽与高的百分比时，如果百分比的数值大于_____，那么对象就放大。

4. 在场景中选择要组合的对象，可以按快捷键_____进行组合。

5. 在使用【变形】面板缩放、旋转和倾斜实例、组以及字体时，可以通过该面板中的_____按钮，将变形的对象还原到初始状态。

二、选择题

1. 魔术棒用于选择图形中_____相似的区域。

    A. 颜色　　　　B. 形状
    C. 大小　　　　D. 坐标

2. 旋转对象可以用_____面板设置。

    A.【对齐】　　B.【变形】
    C.【信息】　　D.【属性】

3. 下列哪个是打开【变形】面板的快捷键？

_____

    A. Ctrl+J　　　B. Ctrl+R
    C. Ctrl+T　　　D. Ctrl+G

4. 下列哪个选项不属于贴紧功能的内容？

_____

    A. 使用对象贴紧功能
    B. 使用像素贴紧功能
    C. 使用贴紧对齐功能
    D. 相对于舞台中心对齐

5. 在 Flash 中锁定对象的快捷键是

_____

    A. Ctrl+S　　　　B. Ctrl+Alt+B
    C. Ctrl+Alt+L　　D. Ctrl+Alt+Shift+L

三、问答题

1.【套索工具】的两种选取方式是什么？
2. 简述锁定和解除锁定对象的方法。
3. 优化曲线的步骤是什么？
4. 简述将线条转换为填充的作用与方法。
5. 简述【橡皮擦工具】擦除对象的 5 种类型。

四、上机练习

1. 绘制花朵

练习使用【平滑】功能修改对象形状，首先使用【铅笔工具】绘制花朵，并对其进行填充。然后，使用【选择工具】选择该形状，通过单击【平滑】按钮3 次，使花朵的线框变得平滑，如图 3-120 所示。

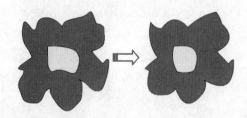

图 3-120　绘制花朵

2. 绘制正方体

在舞台中绘制一个正方形，复制该正方形并调整位置。然后，将这 3 个正方形填充为不同的颜色。最后，使用【任意变形工具】分别对其进行缩放、倾斜、扭曲变形，从而得到立方体，如图 3-121 所示。

图 3-121　制作立方体

第 4 章

使用图层

为了方便后期的动画制作，在创建动画角色的过程中，需要有意识地将不同的矢量图形放置在相应的图层中。灵活运用图层，不仅能够更好地组织和管理图层，而且可以轻松地制作出动感丰富、效果精彩的 Flash 动画。

本章主要介绍图层的基本概念、类型和特点；导入图形的方式以及编辑导入的图形。通过本章知识点不仅能够使用图层，而且能够编辑导入的图形图像，对其充分利用，创作出更多精彩的动画。

本章学习要点：

➢ 图层的类型
➢ 设置图层属性
➢ 创建引导层与遮罩层
➢ 导入位图的方式
➢ 编辑导入的图像

4.1 创建普通图层

图层是 Flash 中一个非常重要的概念，灵活运用图层，可以帮助用户制作出更多效果精彩的动画。在操作过程中，不仅可以根据需要创建多个图层，而且能够通过图层文件夹更好地组织和管理这些图层。

4.1.1 图层的概述

图层类似于一张透明的薄纸，每张纸上绘制着一些图形或文字，而一幅作品就是由许多张这样的薄纸叠合在一起而形成的。它可以帮助用户组织文档中的插图，可以在图层上绘制和编辑对象，而不会影响其他图层上的对象，如图 4-1 所示。

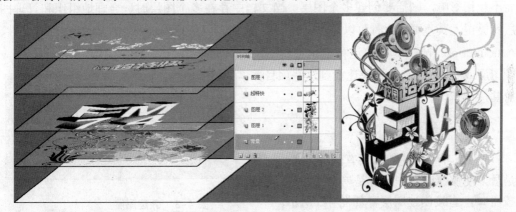

图 4-1 图层

图层具有独立性，当改变其中任意一个图层的对象时，其他图层的对象将保持不变。例如 Flash 包含有 3 个图层，只修改图层 2 中的内容，而不会影响到其他图层中的内容，如图 4-2 所示。

在 Flash 的图层内容中，主要包括普通图层、遮罩层、被遮罩层、运动引导层、被引导层、静态引导层以及文件夹，其各项内容如下。

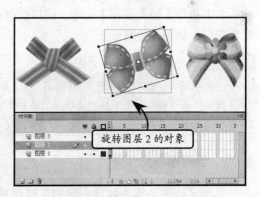

图 4-2 图层的独立性

- ❑ **普通图层** 指普通状态的图层，这种类型的图名称的前面将出现普通图层图标。
- ❑ **遮罩层** 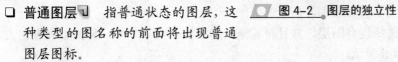 指放置遮罩物的图层，该图层是利用本图层中的遮罩物来对下面图层的被遮罩物进行遮挡。
- ❑ **被遮罩层** 该图层是与遮罩层对应的、用来放置被遮罩物的图层。
- ❑ **运动引导层** 在引导层中可以设置运动路径，用来引导被引导层中的图形对象依照运动路标。如果引导图层下没有任何图层可以成为被引导层，则会出现一个引导层图标。

- ❑ **被引导层**⤶ 该图层与其上面的引导层相辅相成，当上一个图层被设定为引导层时，这个图层会自动转变成被引导层，并且图层名称会自动进行缩排。
- ❑ **静态引导层**✎ 该图层在绘制时能够帮助对齐对象。该引导层不会导出，因此不会显示在发布的 SWF 文件中。任何图层都可以作为引导层。
- ❑ **文件夹**📁 主要用于组织和管理图层。

4.1.2 创建图层及图层文件夹

创建 Flash 文档时，默认只包含一个图层。要在文档中组织插图、动画和其他元素，而不互相影响，则需要创建多个图层。当文档中存在多个图层时，合理地组织和管理图层就显得尤其重要，此时可以通过创建图层文件夹，将图层放入其中，而且对声音文件、ActionScript、帧标签和帧注释分别使用不同的图层或文件夹，有助于快速找到这些项目并对其进行编辑。

1．创建图层

在 Flash 中创建新图层有两种方式，一种是最方便快捷的方法，就是单击【新建图层】按钮▫，直接创建图层，如图 4-3 所示。

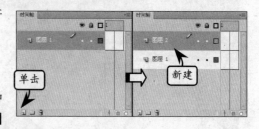

图 4-3 新建图层

还有一种方法是，右击现有图层，在弹出的菜单中执行【插入图层】命令，同样能够创建新图层，如图 4-4 所示。

技 巧

选择某一图层后，执行【插入】|【时间轴】|【图层】命令，在弹出的菜单中执行【插入图层】命令，也可以创建新的图层。

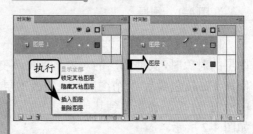

图 4-4 使用命令图层

2．创建图层文件夹

图层文件夹是帮助管理图层的最佳途径。单击图层底部的【新建文件夹】按钮▫，即可创建"文件夹 1"，如图 4-5 所示。

此时，可以选择现有图层，并且将其拖入到"文件夹 1"中，使图层包含在"文件夹 1"中，如图 4-6 所示。

技 巧

选择文件夹后，执行【插入】|【时间轴】|【图层文件夹】命令或者右击时间轴中的一个图层名称，执行【插入文件夹】命令，都可以创建新的图层文件夹。

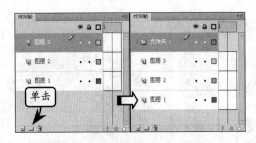

图 4-5　创建图层文件夹

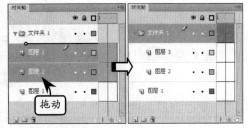

图 4-6　拖动图层

4.1.3　查看图层和图层文件夹

在图层与图层文件夹中，可以选择各种方式来查看其中的内容，并且还可以更改图层显示的高度，以及图层中内容轮廓显示的颜色等信息。

1. 显示或隐藏图层或文件夹

需要显示或隐藏图层或文件夹时，可以通过单击时间轴中该图层或文件夹名称右侧的"眼睛"图标 👁 进行操作，如图 4-7 所示。

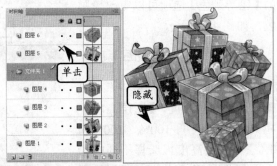

图 4-7　隐藏图层

如果单击文件夹名称右侧的"眼睛"图标 👁，则会隐藏该文件夹中所有图层的内容，如图 4-8 所示。

如果想要隐藏时间轴中的所有图层和文件夹，可以单击图层列表顶部的"眼睛"图标 👁；再次单击该图标，即可全部显示，如图 4-9 所示。

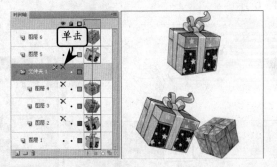

图 4-8　隐藏文件夹

> **提　示**
>
> 如果要隐藏除当前图层或文件夹以外的所有图层和文件夹，可以按住 Alt 键单击图层或文件夹名称右侧的"眼睛"图标 👁。

2. 以轮廓查看图层上的内容

在【时间轴】面板的图层中，还可以查看图层内容的轮廓线效果，方法是单击该图层中的【轮廓】图标 □ 即可，如图 4-10 所示。

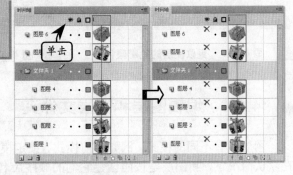

图 4-9　隐藏所有图层及文件夹

如果想要让所有图层中的对象显示轮廓线效果，可以单击图层顶部的【轮廓】图标█即可，如图 4-11 所示。

3．更改图层的轮廓颜色

更改图层高度更改图层的轮廓颜色可以方便用户清晰地查看对象的组织线条。双击时间轴中图层的图标或者右击该图层名称执行【属性】命令。然后，在【图层属性】对话框中的【轮廓颜色】选项可以更改轮廓颜色，如图 4-12 所示。

图 4-10　显示轮廓线

4．更改时间轴中的图层高度

在【图层属性】对话框中，可以设置图层的显示高度。【图层高度】下拉列表中提供了 100%、200% 和 300% 三种图层高度，选择不同的选项，图层会呈现相应的高度，如图 4-13 所示。

图 4-11　显示所有图层中的轮廓线

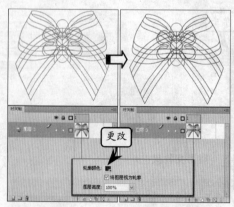

图 4-12　更改图层的轮廓颜色

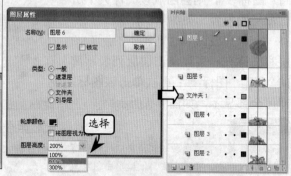

图 4-13　更改图层高度

4.1.4　编辑图层和图层文件夹

图层具有不同的模式，例如当前模式、锁定模式，用户能够以不同的方式对其操作。在默认情况下，新图层是按照创建它们的顺序命名的，如"图层 1"、"图层 2"，依次类推。用户可以根据需要重命名、复制和删除图层以及图层文件夹，还可以通过锁定防止对它们进行编辑。

1. 图层模式

图层的当前模式和锁定模式与操作该图层上的对象有直接关系。简单地说，当图层处于当前模式时，可以编辑图层上的对象；而当图层处于锁定模式时，则不可以编辑图层上的对象。

❑ **当前模式**

当前模式是指当前图层处于编辑状态。判断一个图层是否处于当前模式的方法就是查看在该图层名称栏中是否显示一个铅笔图标 ✏。如果显示该图标时，则表明该图层可以编辑，如图 4-14 所示。

図 4-14　当前图层处于编辑状态

❑ **锁定模式**

在舞台中编辑多个对象时为了防止误操作，可以将一个或多个图层锁定，这样就无法对其进行修改。但是，图层上的对象在舞台中依然可见，并且被锁定后的图层将显示一个锁定标志，如图 4-15 所示。

図 4-15　锁定模式

提 示

当单击所有图层上方的【锁定】按钮🔒后，会将所有图层锁定。

2. 选择图层或文件夹

在操作某一图层的对象之前，首先要选择该图层。选择图层的方法很多，既可以单击该图层，也可以通过单击舞台中的图形对象来选择图层，如图 4-16 所示。

图层文件夹的选择，只能通过单击【时间轴】面板中的文件夹名称来实现，如图 4-17 所示。选择了某个图层文件夹，并不代表选择了该文件夹中的所有图层。

図 4-16　选择图层

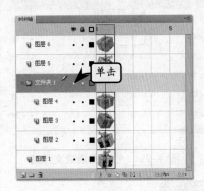

図 4-17　选择图层文件夹

如果想要选择连续的图层或文件夹，可以按住 Shift 键在时间轴中单击它们的名称；

如果想要选择不连续的图层或文件夹，则可以按住 Ctrl 键单击时间轴中它们的名称，如图 4-18 所示。

3．重命名图层或文件夹

为了更好地反映图层的内容，可以对图层进行重命名。双击时间轴中图层或者文件夹的名称，当文本框底色变成白色而文字呈蓝色时，输入新的名称即可，如图 4-19 所示。

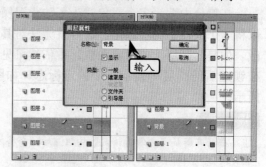

图 4-18　选择多个图层或文件夹

右击图层或文件夹的名称，执行【属性】命令，在【图层属性】对话框的【名称】文本框中输入新名称，如图 4-20 所示。

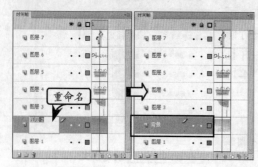

图 4-19　重命名图层

图 4-20　输入图层名称

4．锁定图层或图层文件夹

如果想要锁定某一图层或文件夹，可以单击该图层或文件夹名称右侧的"锁定"列，如图 4-21 所示。如果要解锁该图层或文件夹，则再次单击"锁定"列即可。

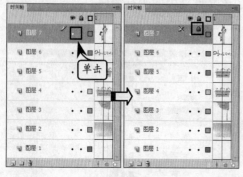

图 4-21　锁定图层或文件夹

提　示

锁定文件夹后，该文件夹中所有图层上的对象也将被锁定。

如果要同时锁定所有图层和文件夹，可以单击"挂锁"图标 🔒，如图 4-22 所示。如

Flash CS4 中文版标准教程

果要解锁所有图层和文件夹，再次单击该图标即可。

　　如果想要锁定除当前图层或文件夹以外的所有图层或文件夹，可以按住 Alt 键单击
该图层或文件夹名称右侧的"锁定"列，如图 4-23 所示。如果要解锁所有图层或文件夹，
再次按住 Alt 键单击即可。

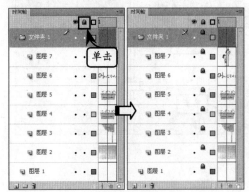

图 4-22　锁定所有图层和文件夹

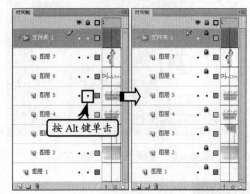

图 4-23　锁定其他图层及文件夹

5. 复制图层和图层文件夹的内容

　　在制作动画时，复制图层或者复制图层文件夹的内容可以减少大量的烦琐工作，提
高工作效率。

❑ **复制图层内容**

　　右击时间轴中所需复制
的图层名称，执行【编辑】|
【时间轴】|【复制帧】命令，
然后创建新图层，并选择该
图层中的帧，执行【编辑】|
【时间轴】|【粘贴帧】命令
即可，如图 4-24 所示。

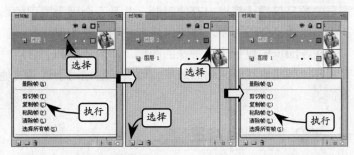

图 4-24　复制图层内容

❑ **复制图层文件夹
内容**

　　选择整个文件夹，执行
【编辑】|【时间轴】|【复制
帧】命令，然后创建新的文
件夹，在其处于被选择的状
态下，执行【编辑】|【时间
轴】|【粘贴帧】命令，如图
4-25 所示。

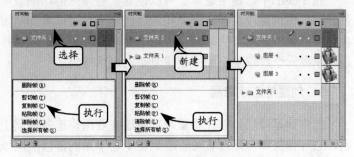

图 4-25　复制图层文件夹内容

6. 删除图层或文件夹

选择需要删除的图层或文件夹，单击【删除】按钮 即可删除，如图 4-26 所示。右击图层或文件夹的名称，执行【删除】命令，也可以删除图层或文件夹。

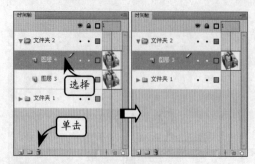
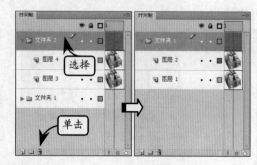

图 4-26 删除图层或文件夹

4.2 创建特殊图层

在创建 Flash 动画时，可以根据图形和动画的需要在动画中加入并组织多个图层。图层的数目仅受计算机内存的限制，并且不会因为图层的增加而影响最终输出动画文件的大小。为了便于控制，建议用户多使用一些图层。

在 Flash 中包括两种特殊的图层，即遮罩层和引导层。遮罩层经常用来制作灯光、过渡等一些比较复杂的动画效果；而引导层则用于辅导其他图层中对象的运动轨迹或者定位。

4.2.1 创建遮罩层

在 Flash 中，使用遮罩层可以创建一些特殊的动画效果，如百叶窗、聚光灯等。在创建时，使用遮罩层创建一个孔，通过这个孔可以看到遮罩层下面的内容。其中，遮罩项目可以是填充的形状、文字对象、图形元件的实例或影片剪辑。用户也可以将多个图层组织在一个遮罩层下面来创建复杂的遮罩效果。

1. 创建静态遮罩层

要创建遮罩层，首先将遮罩项目放在要用作遮罩的层上。遮罩项目与填充或笔触不同，它好像蒙版，透过它可以看到位于它下面的链接层区域。除了透过遮罩项目显示的内容之外，其他内容都会被遮罩层的其余部分隐藏起来。一个遮罩层只能包含一个遮罩

项目。按钮内部不能有遮罩层，也不能将一个遮罩
应用于另一个遮罩。

　　选择或创建一个图层作为被遮罩层，在该图层
中应该包含将出现在遮罩中的对象，例如一个风景
图像，如图 4-27 所示。

　　在被遮罩层上面新建"图层 2"，该层将作为遮
罩层。然后，在该层上创建填充形状、文字或元件
的实例。例如绘制一个五角星形状，如图 4-28 所示。

在遮罩层中，Flash 会忽略遮罩层中的位图、渐变色、透明、
颜色和线条样式，因此，在遮罩层中的任何填充区域都是
完全透明的，而任何非填充区域都是不透明的。

图 4-27　创建被遮罩层中的对象

　　在【时间轴】面板中右击"图层 2"，在弹出的
菜单中执行【遮罩层】命令，该图层将转换为遮罩层，如图 4-29 所示。

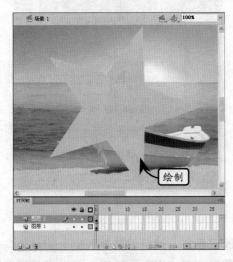

图 4-28　创建遮罩层中的图形对象

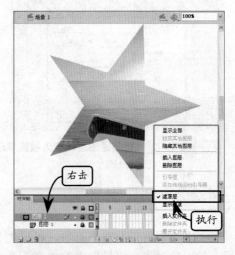

图 4-29　显示遮罩效果

当创建遮罩层后，遮罩层与被遮罩层同时被锁定。要想重新编辑其中的内容，需要对该图层进行
解锁。

2. 遮罩层与普通图层的关联

　　在创建遮罩后，如果想要遮住更多的图
层，可以通过以下方法。

　　❑ 选择被遮罩层，单击【新建图层】按
　　　　钮新建图层，则该图层默认为被遮罩
　　　　层，如图 4-30 所示。

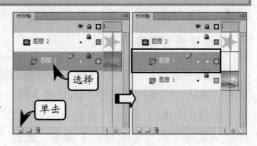

图 4-30　新建被遮罩层

- 在【时间轴】面板中，将现有的图层直接拖放到遮罩层下面，也可创建被遮罩层，如图 4-31 所示。
- 在遮罩层下面新建一个图层，执行【修改】|【时间轴】|【图层属性】命令，在弹出的对话框中启用【类型】中的【被遮罩】单选按钮，如图 4-32 所示。

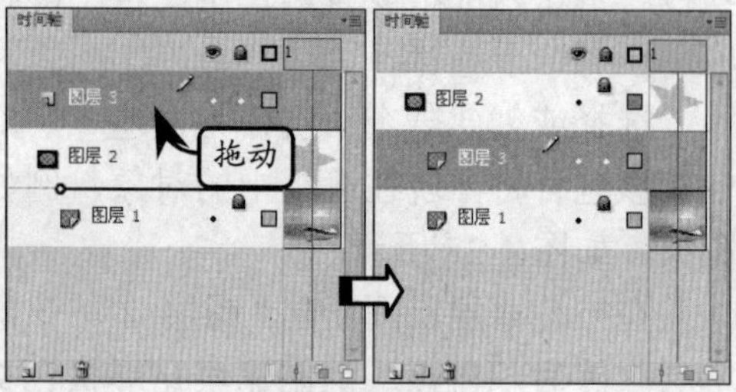

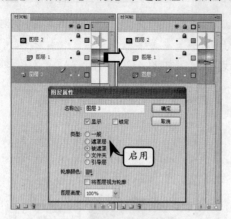

如果要断开图层和遮罩层的关联，可以选择要断开关联的图层，然后将该图层拖到遮罩层的上面；或者执行【修改】|【时间轴】|【图层属性】命令，在【图层属性】对话框的【类型】中启用【一般】单选按钮，如图 4-33 所示。

图 4-31　拖动图层

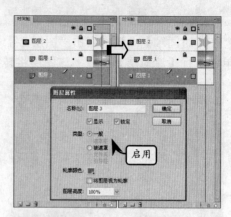

图 4-32　将普通图层转换为被遮罩层

图 4-33　转换为普通图层

4.2.2　创建引导层

为了在绘画时帮助对齐对象，可以创建普通引导层，然后将其他图层上的对象与引导层上的对象对齐。引导层中的内容不会出现在发布的 SWF 动画中，可以将任何图层用作引导层，它是用层名称左侧的辅助线图标表示的。

另外，在 Flash 中还可以创建运动引导层，用来控制运动补间动画中对象的移动情况。这样用户不仅仅可以制作沿直线移动的动画，也能做出沿曲线移动的动画。

1. 普通引导层

该图层由直尺图标表示，起到辅助静态定位的作用，它是在普通图层的基础上建立的。

在【时间轴】面板中右击"图层 2"，在弹出的菜单中执行【引导层】命令，此时"图层 2"将被转换为普通引导层，如图 4-34 所示。

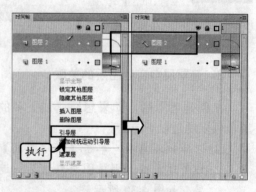

图 4-34　创建普通引导层

2. 运动引导层

运动引导层是用来控制运动补间动画中对象的移动情况，这样能够做出沿曲线移动的动画。该图层用弧线图标 表示，在制作动画时起到运动路径的引导作用。

在【时间轴】面板中右击"图层 1"，在弹出的菜单中执行【添加传统运动引导层】命令，此时，将会在"图层 1"上面创建一个传统运动引导层，如图 4-35 所示。使用【铅笔工具】或者【钢笔工具】可以在该图层中绘制运动路径。

图 4-35 创建传统运动引导层

一个运动引导层可以与一个或多个图层关联，只要将图层拖动到引导层的下面即可。但是，运动引导层不能与普通引导层关联，如图 4-36 所示。

注 意

将一个普通图层拖到普通引导层下时，就会将该普通引导层转换为运动引导层。为了防止意外转换引导层，可以将所有的普通引导层放在图层序列的底部。

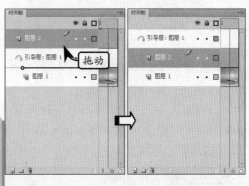

图 4-36 将多个图层与运动引导层关联

4.3 导入外部图像

在 Flash 中，除了绘制图形外，还可以通过【导入】命令将其他软件制作的图像导入到文档中进行编辑。导入的图像可以是矢量图也可以是位图。如果导入的是矢量图形，Flash 可以直接对其进行编辑；如果导入的是位图，可以将其分离为像素，或者转换为矢量图后再进行编辑。

4.3.1 认识矢量图与位图

矢量图是一种由图形所需的坐标、形状、颜色等几何与非几何数据集合组成的图形。它不需要使用大量的单个像素点建立图像，而是用数学方程、数字形式对画面进行描述。由于矢量图的这种特性，所以矢量图占用的空间很小，而且方便修改与编辑。

矢量图的显示与实际的分辨率无关。如果把图形放大，不仅不会出现任何失真或锯齿现象，而且可能会看起来更加清晰。

提 示

矢量图的优点是可以无限放大，而不会发生任何变化，适合于以线条定位为主的图形绘制，所以矢量图多用于印刷业。

位图也可称为点阵图，是由许多像素点组成的，它的像素点排列形状为矩形，对于每一个像素，都有其特定的坐标和颜色值。由于位图存储的是像素点信息，因此分辨率高或色彩富有的点阵图就需要更大的存储空间。

对于一个位图来说，其像素总数是一定的，放大位图就是将一个个像素点放大，从现象上看就是分辨率变小了，因此，画面就显得比较粗糙。图 4-37 所示分别为矢量图与位图放大后的效果。

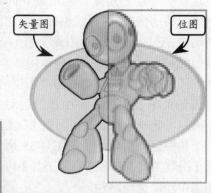

提 示

> 位图的清晰度依赖于分辨率。分辨率越高，则同样尺寸的位图所包含的像素点就越多，图像就越清晰。此外，由于每幅位图生成后其像素点的总数和每个像素的性质已经确定，因此对位图进行编辑、修改时相对要困难一些。

图 4-37　对比效果

4.3.2　可导入的图像格式

在 Flash CS4 中可以导入不同的矢量或位图文件格式，具体取决于系统是否安装了 QuickTime 4 或更高版本。在 Windows 平台下，无论是否安装了 QuickTime 4，都可以导入以下矢量或位图文件格式，如表 4-1 所示。

表 4-1　导入文件的格式

文 件 格 式	文件扩展名	说　明
Adobe Illustrator（版本 10 或更低版本）	.ai	Adobe Illustrator AI 文件作为矢量图形导入到 Flash 中（除非包括位图文件）。Flash 可导入版本 10 或更低版本的 Adobe Illustrator AI 文件。如果链接了 Illustrator 中的栅格文件，则只有 JPEG、GIF 或 PNG 以保留的本机格式导入。所有其他文件都在 Flash 中转换为 PNG 格式。另外，转换为 PNG 取决于安装的 QuickTime 的版本
Adobe Photoshop	.psd	Photoshop 格式（PSD）是默认的 Photoshop 文件格式。Flash 可以直接导入 PSD 文件并保留许多 Photoshop 功能，并可在 Flash 中保持 PSD 文件的图像质量和可编辑性
FreeHand	.fh	可以将版本 7 或更高版本中的 FreeHand 文件直接导入 Flash。要创建导入到 Flash 中的矢量图形，FreeHand 是很好的选择，因为这样可以保留 FreeHand 图层、文本块、库元件和页面，还可以选择要导入的页面范围
AutoCAD DXF	.dxf	Flash 支持 AutoCAD 10 中的 AutoCAD DXF 格式。DXF 是 AutoCAD 绘制软件的原始内部程序格式。由于这一格式不支持填充，它主要应用于草图计划和简略图的绘画上。这一格式可以被大多数其他 CAD、3D 和建模程序转换图像到其他的程序中
Bitmap	.bmp	BMP 图像文件是一种 Windows 标准的点阵式图形文件格式，这种格式的特点是包含的图像信息较丰富，几乎不进行压缩，但占用磁盘空间较大

文 件 格 式	文件扩展名	说　　明
JPEG	.jpg	JPEG 是图像采用无损压缩的位图图像类型。限制在 256 色（或更少）的调色板。不推荐作为高质量的 Flash 输出格式，更不用说在网络上使用了
PICT	.pct，.pict	PICT 可以用在许多 Windows 的应用程序上，可变的位深和支持 Alpha 通道的压缩设置（当无损压缩时要使用 32 位存储）。可以包含矢量和位图图像，理想的高品质图像格式
PNG	.png	PNG 是唯一支持透明度（Alpha 通道）的跨平台位图格式。除非通过输入帧标签 #Static 来标记要导出的其他关键帧，否则 Flash 会将 SWF 文件中的第一帧导出为 PNG 文件
Enhanced Metafile	.emf	增强的 Metafile 是 Windows 所有的格式，支持位图和矢量图像，这个格式偶尔用于导入矢量图形，专业图像处理工作不推荐使用这一格式
Windows Metafile	.wmf	它是 Windows 所有的格式，支持矢量和位图图像。这个格式通常用于导入矢量图形

4.3.3　导入外部图像方式

在制作动画时，除了可以使用绘制工具绘制矢量图形外，还可以使用导入的外部素材图像。Flash 提供了以下 3 种方式用来导入矢量图形和位图图像。

1. 导入到舞台

导入到舞台是指将其他软件制作的图形图像导入到当前舞台中。在使用时，首先要执行【文件】|【导入】|【导入到舞台】命令（快捷键 Ctrl＋R），在弹出对话框中选择所要导入的图像，单击【打开】命令，即可将图像导入到舞台上，如图 4-38 所示。

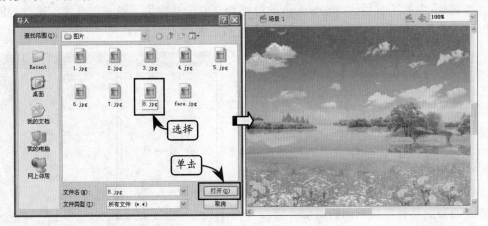

图 4-38　将图像导入到舞台

2. 导入到库

当导入多个图像进行编辑时，如果全部导入到舞台中，那么这些图形将会重叠在一起，不利于修改。因此可以将其导入到【库】面板中，再分别进行编辑。将图形导入到【库】中还可以节省文件大小，方便用户多次调用。

执行【文件】|【导入】|【导入到库】命令，在弹出的【导入】对话框中，选择所要导入的图像，然后单击【打开】命令，即可将该图像导入到库中，如图 4-39 所示。

3. 打开外部库

当外部已有一个库时，用户可以直接进行调用。方法是执行【文件】|【导入】|【打开外部库】命令（快捷键 Ctrl＋Shift＋O），在弹出的【作为库打开】对话框中选取外部库，单击【打开】命令，即可在外部库提供的项目中进行编辑和使用，如图 4-40 所示。

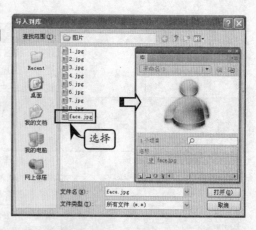

图 4-39　导入到库

4.3.4　导入 PSD 分层图像

一起使用 Photoshop 和 Flash 可以创建有视觉吸引力的基于 Web 的应用程序、动画或交互式消息元素。使用 Photoshop 可以创建静止的图像和插图，从而获得更高程度的创造性控制。使用 Flash 可以将这些静止的图像组合到一起，并将它们用到交互式内容中。

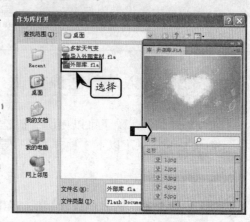

图 4-40　打开外部库

与 Flash 中的工具相比，Photoshop 的绘画和选取工具提供了更高程度的创造性控制。可以使用 Photoshop 来创建插图，然后将完成的图像导入到 Flash 中。

1. 导入 PSD 文件

PSD 是 Photoshop 的默认文件格式。Flash 可以直接导入 PSD 文件且保留许多 Photoshop 功能，并可在 Flash 中保持 PSD 文件的图像质量和可编辑性。导入 PSD 文件时还可以对其进行平面化，同时创建一个位图图像文件。该文件保持图像的视觉效果，但删除了 PSD 文件格式固有的具有层次结构的图层信息。

执行【文件】|【导入到舞台】或【导入到库】命令，选择要导入的 PSD 文件。然后，在弹出的【PSD 导入】对话框中选择所需的图层、组和各个对象，并设置图层选项，如图 4-41 所示。

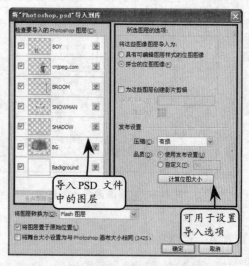

图 4-41　导入 PSD 文件对话框

在【PSD 导入】对话框中，主要的选项说明如下。

❑ **Flash 图层** 该项内容将所有选定图层置于其各自的图层上。Photoshop 文件中的每个图层都标有图层名称，并与其各个图层上对象保持一致。将对象放入【库】中时，这些对象也具有在 Photoshop 中的图层名称。

❑ **关键帧** 选择该项可以将所有选定图层置于新图层的各个关键帧上。将命名 Photoshop 文件中的新图层。Photoshop 中的图层是位于各个关键帧上的对象。将对象放入【库】面板中时，这些对象也具有在 Photoshop 中的图层名称。

❑ **将图层置于原始位置** PSD 文件的内容保持它们在 Photoshop 中的准确位置。如果未选中此选项，则导入的 Photoshop 图层将位于舞台的中间位置。如果放大舞台的某一区域，并为舞台的该区域导入特定对象，则此功能会很有用。如果使用原始坐标导入了对象，则可能无法看到导入的对象，因为它可能被置于当前舞台视图之外。将 PSD 文件导入到 Flash【库】中时，此选项不可用。

❑ **将舞台大小设置为与 Photoshop 画布大小相同** 该项可以将 Flash 舞台大小调整为与创建 PSD 文件所用的 Photoshop 文档（或活动裁剪区域）相同的大小。默认情况下，此选项未选中。将 PSD 文件导入到 Flash【库】中时，此选项不可用。

❑ **合并图层** 将两个或多个图层合并（或折叠）为一个位图，然后导入得到的单个位图对象而不是两个或多个的各个对象。只能合并处于同一层的图层，并且必须连续选择图层。

❑ **具有可编辑图层样式的位图图像** 创建内部带有被剪裁的位图的影片剪辑。指定该选项会保持受支持的混合模式和不透明度，但是在 Flash 中不能重现的其他视觉属性将被删除。如果选择了此选项，则必须将此对象转换为影片剪辑。

❑ **拼合的位图图像** 将文本栅格化为拼合的位图图像，以保持文本图层在 Photoshop 中的确切外观。

❑ **为这些图层创建影片剪辑** 指定在将图像图层导入到 Flash 时，将其转换为影片剪辑。如果不希望将所有的图像图层都转换为影片剪辑，则可以针对对象对选项进行更改。

注 意

> 如果选择合并的位图对象，【合并图层】按钮将更改为【分离】按钮。若要分离创建的任何合并的位图对象，可以选择得到的单个位图，然后单击【分离】按钮。

2. 将 PSD 文件导入到 Flash 库

将 PSD 文件导入到【库】的方法与导入到舞台类似。导入到【库】面板中时，根文件夹将使用 PSD 文件的名称。但是，可以更改根文件夹的名称，也可以将图层移到文件夹之外，如图 4-42 所示。

提 示

> 【库】将按字母顺序对导入的 PSD 文件内容进行排序。分层组合和文件夹结构保持不变，但【库】会按字母顺序重新排列它们。

图 4-42 将 PSD 文件导入到库

导入 Flash【库】中时，将创建一个包含 PSD 文件中已导入到时间轴的所有内容的影片剪辑，就像将内容导入了舞台一样。几乎所有影片剪辑都有一个位图或其他资源与其相关。为了尽量减少混淆和命名冲突，这些资源存储在该影片剪辑所在的相同文件夹中的 Assets 文件夹中。

4.3.5　编辑导入的位图

将位图导入 Flash 后，该位图可以修改，并可通过各种方式在 Flash 文档中使用它。如果 Flash 文档中显示的导入位图的大小比原始位图大，则图像可能扭曲。如果要确保正确显示图像，可以预览导入的位图。

1. 使用【属性】检查器处理位图

在舞台上选择位图后，【属性】检查器会显示该位图的元件名称、像素尺寸以及在舞台上的位置，如图 4-43 所示。

图 4-43　使用【属性】检查器处理位图

使用【属性】检查器，还可以"交换"位图实例，也就是用当前文档中的其他位图的实例替换该实例。方法是，单击【属性】检查器中的【交换】按钮，选择一个位图以替换当前分配给该实例的位图，如图 4-44 所示。

2. 设置位图属性

将位图导入到 Flash 文档后，可以对导入的位图应用消除锯齿功能，平滑图像的边缘。

图 4-44　交换位图

也可以选择压缩选项以减小位图文件的大小，以及格式化文件以便在 Web 上显示。

在【库】面板中选择一个位图，单击【库】面板底部的【属性】按钮，在弹出的对话框中启用【允许平滑】复选框，并在【压缩】选项中选择以 JPEG 格式压缩图像，如图 4-45 所示。若选择【无损(PNG/GIF)】选项将使用无损压缩格式压缩图像，这样不会丢失图像中的任何数据。

对于具有复杂颜色或色调变化的图像，例如具有渐变填充的照片或图像，可以使用"照片"压缩格式。对于具有简单形状和相对较少颜色的图像，可以使用"无损"压缩。

　　若要使用为导入图像指定的默认压缩品质，可以使用文档的默认品质。若要指定新的品质压缩设置，可以启用【自定义】单选按钮，并在【品质】文本框中输入一个介于 1～100 的值，如图 4-46 所示。设置的值越高，保留的图像就越完整，但产生的文件也会越大。若要确定文件压缩的结果，可以单击【测试】按钮。若要确定选择的压缩设置是否可以接受，可以将原始文件大小与压缩后的文件大小进行比较。

图 4-45　　压缩图像

图 4-46　　压缩图像品质

在【发布设置】对话框中选择【JPEG 品质】设置不会为导入的 JPEG 文件指定品质设置。可以在【位图属性】对话框中为每个导入的 JPEG 文件指定品质设置。

3．将位图应用为填充

　　在 Flash 中，可以使用【混色器】面板将位图作为填充应用到图形对象中。默认情况下，使用位图填充时，将平铺该位图来填充对象。可以使用【渐变变形工具】缩放、旋转或者倾斜填充的位图。

　　如果想要让位图作为填充应用在图形上，首先在【颜色】面板中选择【类型】为"位图"选项，并单击【导入】按钮导入外部位图。然后，使用绘图工具在舞台中绘制图形，即可将该位图填充在图形中，如图 4-47 所示。

图 4-47　　使用位图填充

4．分离位图

　　分离位图会将图像中的像素分散到离散的区域中，可以分别选中这些区域并进行修改。选择舞台中的位图，执行【修改】|【分离】命令，即可将位图分离为矢量图形，如图 4-48 所示。

分离位图后，可以使用 Flash 绘画和涂色工具修改图像，如图 4-49 所示。

图 4-48 分离位图

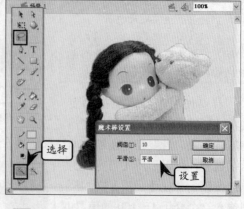

图 4-49 修改位图背景颜色

使用【套索工具】 的【魔术棒】 功能键，可以选择已经分离的位图区域。若要使用分离的位图进行填充，可以用【滴管工具】 选择该位图，如图 4-50 所示。然后，使用【颜料桶工具】 或其他绘画工具将该位图应用为填充。

5. 将位图转换为矢量图形

一般情况下，矢量图的优势在于不管放多大都不失真，缺点是不能像位图一样有很好的渐变，画面比较死板。矢量图是靠计算形状、边、颜色等信息来组成图像的，所以 Flash 动画用矢量图比位图小得多。

在 Flash 中，要将位图转换为矢量图形，可以执行【修改】|【位图】|【转换位图为矢量图】命令，打开【转换位图为矢量图】对话框，如图 4-51 所示。

执行此命令可以将位图转换为具有可编辑的离散颜色区域的矢量图形。将位图转换为矢量图形后，原位图被分离，此时可以使用 Flash 绘画和涂色工具修改图像，将其作为矢量图形处理，同时也可以减少文件的体积。

在【转换位图为矢量图】对话框中，各个选项的说明如下。

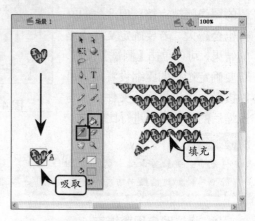

图 4-50 将位图应用为填充

图 4-51 转换位图为矢量图

❑ **颜色阈值** 当两个像素进行比较后，如果它们在 RGB 颜色值上的差异低于该颜色阈值，则认为这两个像素颜色相同。如果增大了该阈值，则意味着降低了颜色的数量。

- ❏ **最小区域** 设置为某个像素指定颜色时需要考虑的周围像素的数量。
- ❏ **曲线拟合** 可以确定绘制轮廓所用的平滑程度。
- ❏ **角阈值** 可以确定保留锐边还是进行平滑处理。

如果导入的位图包含复杂的开关和许多颜色，而且用户设置的【曲线拟合】参数又较大，则转换后的矢量图形的文件比原始的位图文件大。因此，需要找到文件大小和图像品质之间的平衡点。图4-52 所示为设置不同参数后的效果。

图 4-52 效果对比

技 巧

要创建最接近原始位图的矢量图形，可以设置【颜色阈值】: 10,【最小区域】: 1 像素,【曲线拟合】: 像素,【角阈值】: 较多转角。

4.4 课堂练习：拼合分层图画

创建 Flash 时，默认文档只包含有一个图层。若需要在文档中组织插图、动画和其他元素，而且互不影响，可以创建多个图层。当文件中存在多个图层时，就可以通过创建文件夹将它们合理地组织和管理起来。本练习运用层和文件夹将多个图片组合成一幅完整的画，如图 4-53 所示。

图 4-53 分层图画

操作步骤

1 新建空白文档，打开【属性】检查器，并设置【背景颜色】为"绿色"（#374B10），如图 4-54 所示。

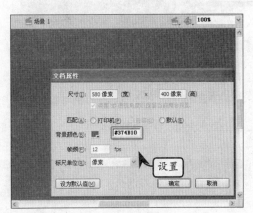

图 4-54 设置文档属性

2 执行【文件】|【导入】|【导入到舞台】命令，将素材图像导入到"图层 1"中，并移动到适当位置。然后，单击【新建图层】按钮

113

创建"图层 2",如图 4-55 所示。

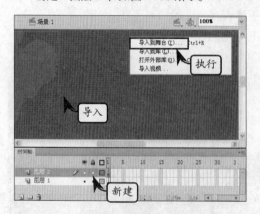

图 4-55 导入外部图像

3 在"图层 2"中导入素材图像,并移动至适当的位置。然后根据上述方法,创建其他图层,并在各个图层中分别导入相应的素材图像,如图 4-56 所示。

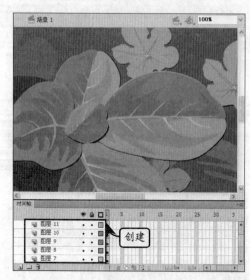

图 4-56 创建其他图层

4 单击【时间轴】面板上的【插入图层文件夹】按钮 □,创建"文件夹 1",并更改其名称为"菜叶"。然后,将所有图层拖入到该文件夹中,如图 4-57 所示。

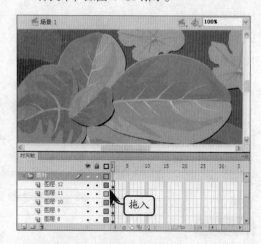

图 4-57 创建文件夹

5 在"菜叶"文件夹外新建图层,将"七星瓢虫"图像导入到舞台中,并移动到"菜叶"上面,如图 4-58 所示。

图 4-58 导入图像

4.5 课堂练习:制作遮罩显示效果

遮罩层是一种特殊的图层,应用遮罩层后,遮罩层下面的图层内容就像透过一个窗口显示出来一样,这个窗口的形状就是遮罩层中内容的形状。本例将使用【矩形工具】 □ 在遮罩层上绘制多个圆角矩形,通过该图层将下一层中的部分区域显示,如图 4-59 所示。

图 4-59 效果图

Flash CS4 中文版标准教程

操作步骤

1. 新建文档,在【文档属性】对话框中设置【尺寸】为 500 像素×400 像素。然后,执行【文件】|【导入】|【导入到舞台】命令,导入素材 bg.jpg,并将其相对于舞台中心对齐,如图 4-60 所示。

图 4-60 导入素材

2. 新建"图层 2",选择【矩形工具】，并在【属性】检查器中设置【边角半径】为 15,然后在舞台中绘制一个圆角矩形,如图 4-61 所示。

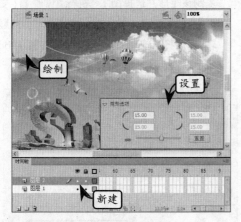

图 4-61 绘制圆角矩形

3. 复制该圆角矩形,并沿水平方向依次排列。然后打开【对齐】面板,取消【相对于舞台】按钮,并设置【水平居中分布】,如图 4-62

所示。

图 4-62 对齐圆角矩形

4. 使用【选择工具】选择所有圆角矩形,按住 Alt 键不放,并向下拖动复制图形。然后,使用相同的方法,将圆角矩形覆盖整个舞台,如图 4-63 所示。

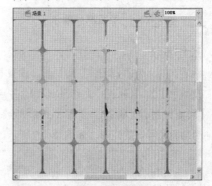

图 4-63 复制圆角矩形

5. 右击"图层 2",在弹出的菜单中执行【遮罩层】命令,将该图层转换为遮罩层,如图 4-64 所示。

图 4-64 创建遮罩层

制作手机产品展示前，需要收集手机的相关素材，用户可以在 Photoshop 中预先对其处理。然后，通过【导入】命令将图像导入至 Flash 文档中，使用【选择工具】、【椭圆工具】并结合【排列】命令等制作出漂亮的背景图案，从而使手机产品得到充分展示，如图 4-65 所示。

图 4-65 手机产品展示

操作步骤

1 新建文档，选择【矩形工具】，设置【填充颜色】为"橘红色"（#FF9900），并启用【对象绘制】选项。然后，在顶部绘制一个与舞台等宽的矩形，如图 4-66 所示。

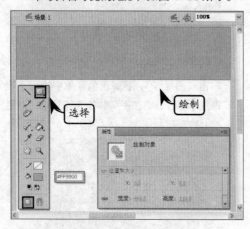

图 4-66 绘制矩形

2 选择【选择工具】，按住 Alt 键在矩形的底边线上拖出 2 个尖角。然后放开 Alt 键，将尖角与尖角之间的线段调整为弧形，如图 4-67 所示。

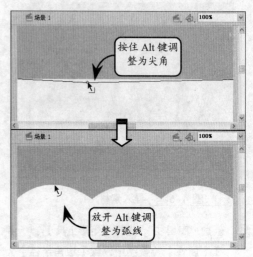

图 4-67 调整矩形

3 复制该矩形并选择副本，执行【修改】|【变形】|【垂直翻转】命令，将该副本垂直翻转，然后将其拖动到舞台的底部，如图 4-68 所示。

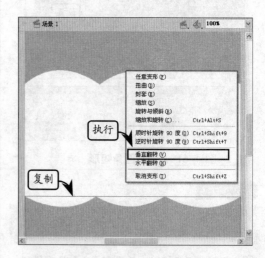

图 4-68 复制矩形

4 使用相同的方法，复制上下两个矩形，并更

改【填充颜色】为"浅灰色"（#D8D8D8）。通过方向键，将上下两个副本分别向上和向下移动 5 次。然后右击鼠标，执行【排列】|【移至底层】命令，得到如图 4-69 所示效果。

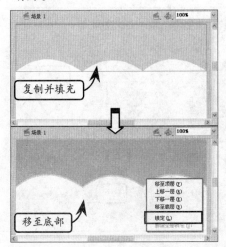

图 4-69　更改对象的排列位置

⑤ 新建"图形"图层，选择【椭圆工具】，启用【对象绘制】选项，在舞台中绘制两个正圆对象。然后，执行【修改】|【分离】命令将其打散，并将最上面的小圆删除，如图 4-70 所示。

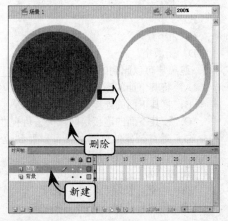

图 4-70　绘制圆形

提 示

在得到所需的形状后，按快捷键 Ctrl+G，将其组合。

⑥ 复制两次刚刚创建的图形，更改其【填充颜色】分别为"灰色"（#F2F2F2）和"橘红

色"（#FF9900），适当调整大小与位置，并将其组合，如图 4-71 所示。

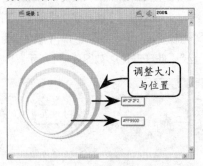

图 4-71　调整大小与位置

⑦ 复制组对象，并排列在空白区域中。打开【对齐】面板，分别对上下两排的对象进行【垂直中齐】与【水平居中分布】操作，如图 4-72 所示。

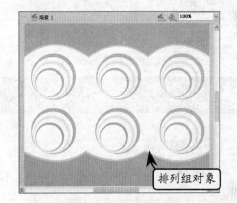

图 4-72　排列组对象

⑧ 新建"产品"图层，执行【文件】|【导入】|【导入到库】命令，将外部的素材导入到【库】面板。然后，将产品图像分别拖入到每个组对象的中间，如图 4-73 所示。

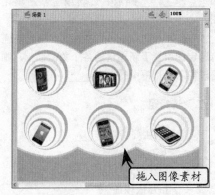

图 4-73　拖入图像素材

9　新建 LOGO 图层，将"标志"图像拖入到舞台的左上角。然后，在其右侧输入宣传口号，并在【属性】检查器中设置【系列】为"微软雅黑"；【大小】为 18；【颜色】为"白色"（#FFFFFF），如图 4-74 所示。

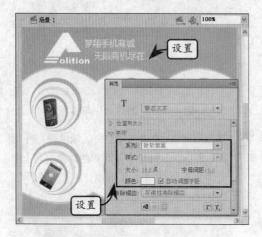

图 4-74　制作 LOGO

10　在舞台的右下角输入"更多精彩 尽在期待"文字，并在【属性】检查器中设置【系列】为"微软雅黑"；【大小】为 16；【颜色】为"白色"（#FFFFFF），如图 4-75 所示。

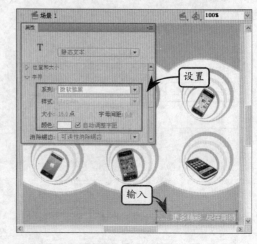

图 4-75　输入文字

4.7　思考与练习

一、填空题

1. 选取一个图层实际上就是_____该图层。

2. 遮罩项目可以是填充的形状、文字对象、_____、影片剪辑。

3. 如果要创建动态遮罩效果，可以使_____动起来。

4. 使用位图填充来填充对象时，用户可以使用_____缩放、旋转或者倾斜填充的位图。

5. 在导入 Photoshop PSD 文件时，若需将所有选定图层置于新图层的各个关键帧上，则可以通过导入对话框中的_____选项。

二、选择题

1. 层的最主要特性是_____。
   A. 互补性
   B. 相互独立性
   C. 相互依赖性
   D. 不可编辑性

2. 一个引导层能与_____个图层建立连接。
   A. 1 个
   B. 2 个
   C. 3 个
   D. 无数个

3. 遮罩层可以起到的作用是_____。
   A. 将其下面的连接层区域完全覆盖
   B. 将其下面的连接层区域替换
   C. 使其下面的连接层区域失去可视性
   D. 透过创建的遮罩对象可以看到位于它下面的链接层区域

4. 图层分为_____模式。
   A. 当前、锁定、轮廓、隐藏
   B. 编辑、锁定、轮廓、隐藏
   C. 编辑、当前、轮廓、锁定
   D. 编辑、锁定、隐藏、当前

5. 下列哪个是导入位图的组合键？_____。
   A. Ctrl+J
   B. Ctrl+R
   C. Ctrl+B
   D. Ctrl+G

三、问答题

1. 简述锁定和解除锁定对象的方法。
2. 怎样将普通层转换为引导层？
3. 普通引导层与运动引导层之间的区别和联系是什么？
4. 怎样将普通层转换为遮罩层？
5. 在 Flash 中怎样产生遮罩效果？

四、上机练习

1. 制作网页图像广告

在 Flash 作品中导入一些产品图片或人物照片时，由于这些图片往往带有各种背景，而影响其效果，因此可以通过抠图技术将需要的部分抠取出来。

使用【直线工具】 、【选择工具】 将导入的图像中的人物抠取，选择【椭圆工具】 并结合【任意变形工具】 制作同心圆装饰图案，然后通过调整图层顺序，并使用【文本工具】 添加文本内容，从而得到漂亮的网页图像广告，如图 4-76 所示。

图 4-76 网页图像广告

2. 制作图片文字

本练习利用填充位图功能，做出文字中填充图像的效果。首先在舞台中输入文字，按 Ctrl＋B 键将其打散。然后打开【颜色】面板，在【类型】下拉列表中选择"位图"选项，即可将位图填充到文字中。还可以利用【渐变变形工具】对图像进行调整，最终效果如图 4-77 所示。

图 4-77 文字中填充图像

第 5 章

使用元件

矢量图形与动画之间还需要借助一种动画元素，那就是元件。虽然矢量图形也能够直接创建动画，但是其动画效果有限。要想制作效果丰富的动画，就需要将图形转换为不同种类的元件。而所有的元件和外部的位图文件，均能够存储在 Flash 提供的【库】面板中。灵活管理【库】面板，以及其中的元素，能够合理地选择及使用这些资源，并可以预测工作的最佳设计选项。

本章学习创建元件及使用元件，并灵活地运用库资源来工作的方法，同时，用户也可以掌握给元件添加滤镜功能的操作方法。

本章学习要点：

➤ 了解元件的概念
➤ 熟悉元件的创建及使用方法
➤ 熟悉库资源的使用技巧
➤ 掌握滤镜功能的使用方法

5.1 认识元件

元件是 Flash 中一种比较独特的、可重复使用的对象。在创建电影动画时，利用元件可以更容易地编辑动画及创建复杂的交互。如果要更改动画中的重复元素，只需对该元素所在的那个元件进行更改，Flash 就会更新所有实例。

在 Flash 中，元件分为 3 种形态：影片剪辑、图形和按钮。这种元件结构可以在 Flash 中无限重复使用，而原始数据只需保存一次，这样就可以极大减小文件的大小。随着带宽的稳步提高，这种最原始功能也逐渐被遗忘，它们可以重复使用的优势渐渐也开始比文件大小更值得注意。现在使用元件差不多都不是基于文件大小考虑的，只是因为可重复使用，只需要把一个影片剪辑复制到另外一个地方，然后为它编写不同的初始化 ActionScript，或者为它们分配不同的 ID，就可以以全新的功能来完成另一个影片剪辑。这无疑将事半功倍，特别是当动画中有一组相似功能，而又需要将它们放在不同位置的时候。

元件也是构成交互动画不可缺少的组成部分，用户可以利用元件的实例在动画中创建交互性。使用元件还可以加快动画在网格中的下载速度，因为同一个元件只允许被浏览器下载一次。如果用户把动画中的静态图形（例如背景图像）转换成元件，动画的尺寸就可以减小。

元件是一个比较特殊的对象，在 Flash 中只创建一次，但在整个动画中可以重复使用。元件可以是图形，也可以是动画。用户所创建的元件都自动保存为【库】中的一个项目。元件只在动画中存储一次，不管引用多少次，它只在动画中占有很少的空间，所以使用元件可以大大地降低文件的大小。

实例是元件在场景中的应用，它是位于舞台上或嵌套在另一个元件内的元件副本。实例的外观和动作无需和元件一样，每个实例都可以有不同的颜色和大小，并可以提供不同的交互作用。编辑元件会更新它的所有实例，但对元件的一个实例应用效果则只更新该实例。

5.2 创建元件

通常，在文档中使用元件可以显著减小文件的大小，即保存一个元件的几个实例比保存该元件内容的多个副本占用的存储空间小。例如，通过将背景图像这样的静态图形转换为元件，然后重新使用它们，可以减小文档的文件大小。另外，使用元件还可以加快 SWF 文件的回放速度，因为元件只需下载到 Flash Player 中一次。

在制作动画时，使用元件可以提高编辑动画的效率，使创建复杂的交互效果变得更加容易。如果想更改动画中的重复元素，只需要修改元件，Flash 将自动更新所有应用该元件的实体。

要创建元件，可以选择【插入】|【新建元件】命令（快捷键 Ctrl+F8），打开【创建新元件】对话框，如图 5-1 所示。

在 Flash 中，用户可以创建三种类型的元件，它们的功能如表 5-1 所示。

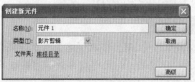

图 5-1 【创建新元件】对话框

表 5-1　Flash 三种类型的元件

元 件 类 型	图　标	功　　能
图形		该元件可用于创建链接到主时间轴的可重用动画片段。图形元件与主时间轴同步运行。另外，交互式控件和声音在图形元件的动画序列中不起作用
按钮		该元件用于响应鼠标单击、滑过或其他动作的交互式按钮，可以定义与各种状态关联的图形，然后将动作指定给按钮实例
影片剪辑		该元件用于创建可重用的动画片段。影片剪辑拥有各自独立于主时间轴的多帧时间轴。用户可以将多帧时间轴看作是嵌套在主时间轴内，它们可以包含交互式控件、声音甚至影片剪辑实例，也可以将影片剪辑实例放在按钮元件的时间轴内，以创建动画按钮。此外，可以使用ActionScipt 对影片剪辑进行改编

5.2.1　创建影片剪辑

　　影片剪辑元件就是平时常说的 MC（Movie Clip）。通常，可以把舞台上任何可以看到的对象，甚至整个【时间轴】内容创建为一个影片剪辑，而且可以将这个影片剪辑放置到另一个影片剪辑中，用户还可以将一段动画（如逐帧动画）转换为影片剪辑元件。

　　在 Flash 中，创建影片剪辑元件可以通过两种方式。一种是执行【新建元件】命令，打开【创建新元件】对话框。在【名称】文本框中输入元件名称，在【类型】下拉列表中选择"影片剪辑"选项，即可创建影片剪辑元件。然后进入绘图环境，用工具箱中的工具来创建内容，如图 5-2 所示。

图 5-2　创建影片剪辑

　　另一种是选择相关对象，执行【修改】|【转换为元件】命令（快捷键 F8），打开【转换为元件】对话框，在【名称】文本框中输入元件名称，在【类型】下拉列表中选择"影片剪辑"选项，即可将该对象转换为影片剪辑元件，如图 5-3 所示。

提　示

在 Flash 中，用户可以创建带动画效果的"影片剪辑"元件，此类元件的创建方法将在后面的章节，进行详细的介绍。

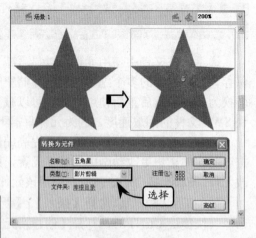

图 5-3　转换为影片剪辑

5.2.2 创建图形元件

创建图形元件的对象可以是导入的位图图像、矢量图像、文本对象以及用 Flash 工具创建的线条、色块等。

在 Flash 中，创建图形元件的方法与创建影片剪辑相似，不同是在【创建新元件】或【转换为元件】对话框中，在【类型】下拉列表中选择"图形"选项即可，如图 5-4 所示。

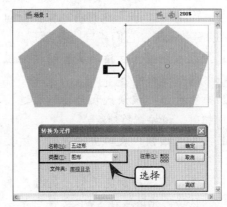

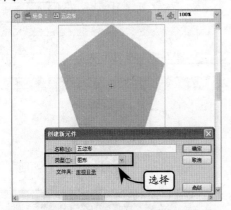

图 5-4 创建及转换图形元件

图形元件可包含图形元素或者其他图形元件，它接受 Flash 中大部分变化操作，如大小、位置、方向、颜色设置以及动作变形等。

无论是【创建新元件】对话框，还是【转换为元件】对话框，对话框中的选项基本相同。当单击【库根目录】选项时，会弹出【移至】对话框，将元件保存在新建文件夹或者现有的文件夹中，如图 5-5 所示。

图 5-5 设置库根目录

元件默认的注册点为左上角，如果在对话框中单击注册的中心点，那么元件的中心点会与图形中心点重合，如图 5-6 所示。

5.2.3 创建按钮元件

在 Flash 中，创建按钮元件的对象可以是导入的位图图像、矢量图形、文本对象以及用 Flash 工具创建的任何图形。

1. 创建按钮

创建按钮元件，可以在打开的【创建新元件】或【转换为元件】对话框中，选择【类型】下拉

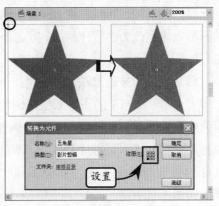

图 5-6 设置注册点

列表中的"按钮"选项,进入按钮元件的编辑环境。

按钮元件除了拥有图形元件全部的变形功能外,其特殊性还在于它具有 4 个状态帧:"弹起"、"指针经过"、"按下"和"点击",如图 5-7 所示。

在前 3 个状态帧中,可以放置除了按钮元件本身外的所有 Flash 对象,"点击"中的内容是一个图形,该图形决定着当鼠标指向按钮时的有效范围,它们各自功能如下。

❑ **弹起** 该帧代表指针没有经过按钮时该按钮的状态。

❑ **指针经过** 该帧代表当指针滑过按钮时,该按钮的外观。

❑ **按下** 该帧代表单击按钮时,该按钮的外观。

❑ **点击** 该帧用于定义响应鼠标单击的区域。此区域在 SWF 文件中是不可见的。

从按钮元件的编辑环境可知,它的创建过程不同于前两种元件。下面介绍一下按钮元件的创建过程。首先进入按钮元件的编辑环境,使用绘图工具、导入一幅图形或在舞台上放置另一个元件的实例,以创建弹起状态的按钮图像,如图 5-8 所示。

选择标示为"指针经过"的第 2 帧,并执行【修改】|【时间轴】|【转换为关键帧】命令(快捷键 F6),Flash 会插入复制了一般帧内容的关键帧,此时,将"弹起"状态下的图形效果更改为"指针经过"状态下的效果,如图 5-9 所示。

最后使用同样的方法,创建"按下"状态和"点击"状态下的图形效果。创建好按钮元件后,并且该按钮元件放置在场景中,执行【控制】|【测试影片】命令,即可通过鼠标的指向与单击查看按钮的不同状态效果,如图 5-10 所示。

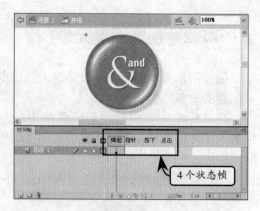

图 5-7 按钮元件

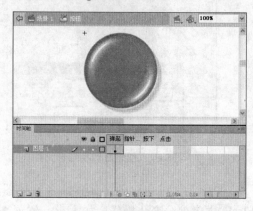

图 5-8 绘制"弹起"状态图形

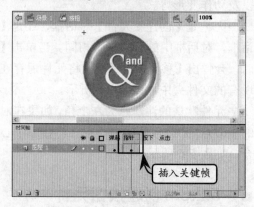

图 5-9 "指针经过"状态下的图形效果

图 5-10 按钮效果

2. 测试按钮

在 Flash 创建环境中，按钮内的影片剪辑是看不到的，因为在默认情况下，Flash 创建按钮时会将它们保持在禁用状态的，从而可以更容易地选择和处理按钮。当按钮处于禁用状态时，单击该按钮就可以选择它；但当按钮处于启用状态时，它就会响应已指定的鼠标事件，就如同 SWF 文件在播放时一样。但是，仍然可以选择已启用的按钮。通常，在制作动画过程时最好禁用按钮，启用按钮只是为了快速测它们的行为。

在 Flash CS4 中，测试按钮的方法主要包括 3 种，如下所示。

❏ 执行【控制】|【启用简单按钮】命令，然后将指针滑过已启用的按钮，以对它们进行测试。此时，舞台上的任何按钮都会做出反应。当指针滑过按钮时，Flash 会显示【指针经过】帧；当单击按钮的活动区域时，Flash 会显示【按下】帧，如图 5-11 所示。

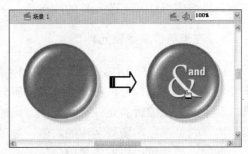

图 5-11 启用简单按钮

❏ 在【库】面板中选择该按钮，然后在预览窗口中单击【播放】按钮，如图 5-12 所示。

❏ 执行【控制】|【测试场景】或【测试影片】命令，当打开的【进度】对话框消失后，即切换到测试场景或测试影片模式。此时，将指针滑过按钮以对它们进行测试，如图 5-13 所示。

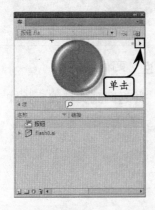

图 5-12 【库】面板

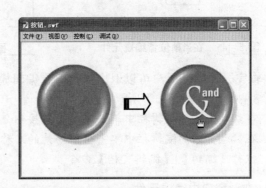

图 5-13 测试影片

5.2.4 编辑元件

当在舞台中创建元件后，用户还可以对其进行编辑。Flash 提供了 3 种编辑元件的方式，即在当前位置编辑元件、在新窗口中编辑元件和在元件编辑模式下编辑元件。

编辑元件时，Flash 将更新文档中该元件的所有实例，以反映编辑的结果。另外，在编辑元件时，也可以使用任意绘画工具、导入介质或创建其他元件的实例，还可以使用任意元件编辑方法来更改元件的注册点。

1．在当前位置编辑元件

在 Flash 中选择元件，执行【编辑】|【在当前位置编辑】命令，或者在舞台上双击该元件的一个实例，可以在当前位置编辑该元件。此时，其他对象以灰度方式显示，这样以利于和正在编辑的元件区别开来。同时，正在编辑的元件名称显示在舞台上方的编辑栏内，它位于当前场景名称的右侧，如图 5-14 所示。

此时，用户可以根据需要编辑该元件，如果需要更改注册点，拖动舞台上的元件，即可看到一个十字准线，它指示了注册点的位置，如图 5-15 所示。

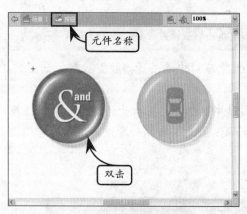

图 5-14 在当前位置编辑元件

图 5-15 更改注册点

编辑完元件后，用户可以退出当前位置编辑模式，并返回到文档编辑模式。Flash 提供了 3 种退出方式，如下所示。

❑ 在舞台上方的编辑栏中单击【返回】按钮。
❑ 在舞台上方的编辑栏中单击当前场景的名称。
❑ 执行【编辑】|【编辑文档】命令。

2．在新窗口中编辑元件

在新窗口中编辑元件，是指在一个单独的窗口中编辑元件。在该模式下编辑元件时，可以同时看到该元件和主时间轴。正在编辑的元件名称会显示在舞台上方的编辑栏内。

在舞台上选择一个元件的实例，右击并执行【在新窗口中编辑】命令，即可打开一个新窗口并进入编辑模式，如图 5-16 所示。

编辑完元件后，单击窗口右上角的【关闭】按钮⊠关闭新窗口。然后，在主文档窗口内单击，返回到编辑主文档状态下。

3. 在元件编辑模式下编辑元件

在 Flash 中，使用元件编辑模式可以将窗口从舞台视图更改为只显示该元件的单独视图来编辑它。正在编辑的元件名称会显示在舞台上方的编辑栏内，位于当前场景名称的右侧，如图 5-17 所示。

要进入元件编辑模式，可以通过如下几种方式。

- ❏ 在【库】面板中，双击元件图标。
- ❏ 在舞台上选择该元件的一个实例，右击该实例，然后在菜单中执行【编辑】命令。
- ❏ 在舞台上选择该元件的一个实例，然后执行【编辑】|【编辑元件】命令。
- ❏ 在【库】面板中选择该元件，然后在库选项菜单中执行【编辑】命令。

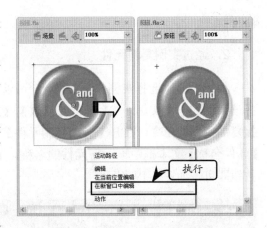

图 5-16 在新窗口中编辑元件

图 5-17 元件编辑模式

5.2.5 复制元件

在 Flash 中，除了可以直接创建元件外，还可以通过复制元件以一个现有的元件为基础创建新元件。另外，使用实例可以创建各种版本的、具有不同外观的元件。前者是通过使用【库】面板来进行复制元件，后者则是通过选择实例来复制元件。

1. 使用【库】面板复制元件

如果要通过【库】面板来复制元件，首先在【库】面板中选择一个元件，然后单击面板右上角的选项按钮，执行【直接复制】命令，在打开的【直接复制元件】对话框中指定复制后元件的名称和类型即可，如图 5-18 所示。

单击【确定】按钮后，所选的元件即被复制，而且原来的实例也会被复制元件的实

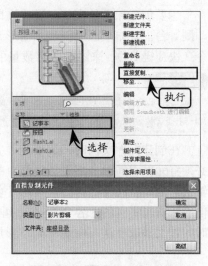

图 5-18 通过【库】面板复制元件

例代替。

2．通过实例复制元件

如果要通过选择实例来复制元件，可以在舞台上选择该元件的一个实例，然后执行【修改】|【元件】|【直接复制元件】命令，打开【直接复制元件】对话框，在【元件名称】文本框中输入新元件的名称，单击【确定】按钮即可，如图 5-19 所示。

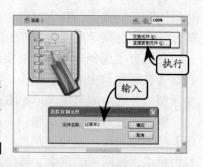

图 5-19　选择实例复制元件

5.3　使用元件实例

创建元件后，可以在文档中的任何位置（包括在其他元件内）使用该元件的实例。当修改元件时，Flash 会自动更新该元件的所有实例。在创建了元件实例后，可以使用【属性】检查器来指定颜色效果、动作，以及设置图形的显示模式和更改实例的类型。

通常情况下，实例的类型与元件类型相同，除非另外指定。所做的任何更改都只影响实例，并不影响元件。当创建影片剪辑和按钮实例时，Flash 将为它们指定默认的实例名称。可以在【属性】检查器中将自定义的名称应用于实例，还可以在动作脚本中使用实例名称来引用实例。

5.3.1　创建元件实例

通常，将一个元件应用到舞台时，即创建一个实例，在时间轴上只需一个关键帧就可以包含元件的所有内容，例如按钮元件实例、动画片段实例及静态图片实例（单帧图片实例）。

想要创建元件的实例，首先在时间轴上选择一帧，然后将该元件从【库】面板中拖动到舞台上。如果已经创建了图形元件的实例，可以执行【插入】|【时间轴】|【帧】命令（快捷键 F5），来添加一定数量的帧，这些帧将会包含该图形元件。

> **提　示**
>
> Flash 只可以将实例放在关键帧中，并且总在当前图层上，如果没有选择关键帧，Flash 会将实例添加到当前帧左侧的第一个关键帧上。

在创建元件实例时，如果想要完全引入动态图片元件（多帧图片元件）的内容，就必须将元件中的帧全部添加到舞台的时间轴上，当然也可以选取一部分内容添加到时间轴上。因而，同样的内容使用影片剪辑实例要比使用图形元件实例占据的空间小得多。但影片剪辑实例的内容会在播放动画的同时不停地循环播放，而图形元件的内容只会在时间轴上播放一次。由此可见，影片剪辑实例与图形元件实例的区别还是很大的。

5.3.2　设置实例属性

每个元件实例都具有属于该元件的独立属性。可以更改实例的色调、透明度和亮度，可以重新定义实例的类型，例如把图形元件更改为影片剪辑元件，可以设置动画在图形元件实例内的播放形式，还可以倾斜、旋转或缩放实例，这并不会影响元件。此外，可以给影片剪辑或按钮实例命名，这样就可以使用动作脚本更改它的属性。

要编辑实例的属性，可以通过【属性】检查器，实例的属性主要用它来保存，如图 5-20 所示。如果编辑元件或将实例重新链接到不同的元件，则任何已经改变的实例属性仍然适用于该实例。

通过该【属性】检查器，主要可以设置的属性选项包括以下 6 个方面。

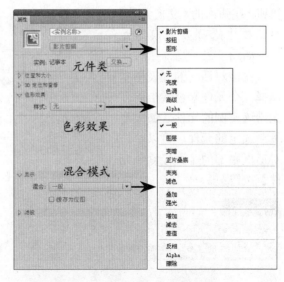

图 5-20 实例的【属性】检查器

1．改变实例的元件类型

一般情况下，通过改变实例的类型可以重新定义它在 Flash 应用程序中的行为。例如，如果一个图形元件实例包含想要独立于主时间轴播放的动画，就可以将该图形元件实例重新定义为影片剪辑实例。

改变实例的元件类型，首先在舞台上选择实例，然后在【属性】检查器的【元件类型】下拉列表中选择"影片剪辑"、"按钮"或"图形"选项，即可更改该实例的元件类型，如图 5-21 所示。

2．给实例指定自定义名称

当创建影片剪辑和按钮实例时，Flash 会为它们指定默认的实例名称。在【属性】检查器中可以为实例指定自定义的名称。

在舞台上选择实例后，在【属性】检查器左侧的【实例名称】文本框中输入该实例的名称即可，如图 5-22 所示。

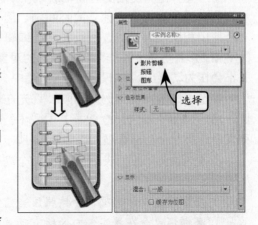

图 5-21 改变实例的元件类型

3．为实例指定新的元件

可以给实例指定不同的元件，从而在舞台上显示不同的实例，并保留所有的原始实例属性（如色彩效果或按钮动作）。在舞台上选择实例，然后在【属性】检查器中单击【交换】

图 5-22 自定义实例名称

按钮，在弹出的【交换元件】
对话框中选择要交换的元
件，如图 5-23 所示。

在该对话框的列表框中
选择一个元件来替换当前分
配给该实例的元件。如果要
复制选定的元件，可以单击
对话框底部的【直接复制元
件】按钮。

图 5-23　【交换元件】对话框

4. 设置图形实例的动画

通过设置【属性】检查器中的选项，可以决定如何播放 Flash 应用程序中图形实例内的动画序列。

图形元件是与文档的时间轴联系在一起的。相比之下，影片剪辑元件拥有自己独立的时间轴。因为图形元件与主文档使用相同的时间轴，所以在文档编辑模式下显示它们的动画。影片剪辑元件作为一个静态的对象出现在舞台上，并不会作为动画出现在 Flash 编辑环境中。

要设置图形元件实例的动画，首先在舞台上选择该实例，然后，在【属性】检查器中【循环】的【选项】下拉列表中选择一个动画选项，如图 5-24 所示。

在【选项】下拉列表中包含有 3 个动画选项，其功能如下所示。

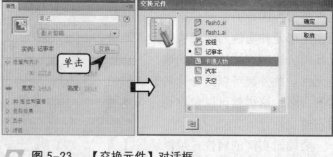

图 5-24　【属性】检
查器上的
循环选项

- ❑ **循环**　选择该选项，会按照该当前实例占用的帧数来循环包含在该实例内的所有动画序列。
- ❑ **播放一次**　选择该选项，将从指定的帧开始播放动画序列，直到动画结束，然后停止。
- ❑ **单帧**　选择该选项，将显示动画序列的一帧，可以指定要显示哪一帧。

5. 改变实例的颜色和透明度

每个元件都可以有自己的色彩效果。使用【属性】检查器可以设置实例的颜色和透明度。【属性】检查器中的设置会影响到元件内的位图，也可以使用动作脚本的 Color 对象来改变实例的颜色。当在特定帧内改变实例的颜色和透明度时，Flash 会在播放该帧时立即进行这些更改。要进行渐变颜色更改，必须使用补间动画。

要改变实例的颜色和透明度，首先选择舞台上的实例，然后在【属性】检查器中【色彩效果】的【样式】下拉列表框中选择相应选项，如图 5-25 所示。

在【样式】下拉列表中包含有 4 个选项，其含义如下所示。

- ❑ **亮度**　该选项用来调节图像的相对亮度或暗度，度量范围为从黑到白。选择该选项后，会在下拉列表框底部出现一个带滑块的滚动条，拖动滑块或在下拉列表框中输入一个值即可调节亮度，如图 5-26 所示。

- ❑ **色调**　该选项用来使用相同的色相为实例着色。选择该选项后，将出现颜色框、色调下拉列表框，以及 RGB 下拉列表框。可用色调滑块设置色调百分比，或者在下拉列表框中输入一个值来调节色调，有效值从 0%（透明）～100%（完全饱和），如图 5-27 所示。

- ❑ **高级**　该选项用来分别调整实例的红、绿、蓝和透明度的值，如图 5-28 所示。在位图上创建和制作具有微妙色彩效果的动画时，该选项非常有用。通过设置左侧的控件可以按指定的百分比降低颜色或透明度的值；通过设置右侧的控件则可以按常数值降低或增大颜色（或透明度）的值。

提 示

当前的红、绿、蓝和 Alpha 的值都乘以百分比值，然后加上右列中的常数值，产生新的颜色值。例如，如果当前红色值是 100，把左侧的滑块设置到 50%，并把右侧的滑块设置到 100，就会产生一个新的红色值 150（(100×0.5)+100＝150）。

- ❑ **Alpha**　该选项用于调节实例的透明度，从透明（0%）到完全饱和（100%）。选择该选项后，会出现一个带滑块的滚动条，拖动滑块或在文本框中输入一个值，即可调整 Alpha 值，如图 5-29 所示。

6. 使用混合模式改变实例颜色

从 Flash 8 开始，就新增加了混合模式，使用该功能可以让用户像在 Photoshop 中一样处理对象之间的混合模式。

当两个图像的颜色通道以某种数学计算方法混合叠加到一起的时候，两个图像会产生特殊的变化效果。在 Flash 中提供了变暗、正片叠底、变亮、滤色、叠加、强光、增加、减去、差异、反相、Alpha、擦除等混合模式。需要注意的是，混合模式只能应用在影片剪辑和按钮元件上。

在舞台中选择影片剪辑元件或者按钮，在【属性】检查器中将会激活【混合】选项，表 5-2 为该选项中所包含的混合

图 5-25　色彩效果

图 5-26　亮度

图 5-27　色调

图 5-28　高级

图 5-29　Alpha

模式。

表 5-2 混合模式

混 合 模 式	功 能 说 明
变暗	选择此模式，会查看对象中的颜色信息，并选择基色或混合色中较暗的颜色作为结果色。比混合色亮的像素被替换，比混合色暗的像素保持不变
正片叠底	选择此模式，会查看对象中的颜色信息，并将基色与混合色复合。结果色总是较暗的颜色。任何颜色与黑色复合产生黑色。任何颜色与白色复合保持不变
变亮	应用此模式，会查看对象中的颜色信息，并选择基色或混合色中较亮的颜色作为结果色。比混合色暗的像素被替换，比混合色亮的像素保持不变
滤色	用基准颜色乘以混合颜色的反色，从而产生漂白效果
叠加	复合或过滤颜色，具体取决于基色。图案或颜色在现有像素上叠加，同时保留基色的明暗对比。不替换基色，但基色与混合色相混以反映原色的亮度或暗度
强光	复合或过滤颜色，具体取决于混合色。此效果与耀眼的聚光灯照在图像上相似。如果混合色（光源）比 50% 灰色亮，则图像变亮，就像过滤后的效果。这对于向图像中添加高光非常有用。如果混合色（光源）比 50% 灰色暗，则图像变暗，就像复合后的效果。这对于向图像添加暗调非常有用。用纯黑色或纯白色绘画会产生纯黑色或纯白色
增加	在基准颜色的基础上增加混合颜色
减去	从基准颜色中去除混合颜色
差异	从基准颜色中去除混合颜色或者从混合颜色中去除基准颜色。从亮度较高的颜色中去除亮度较低的颜色，具体取决于哪一个颜色的亮度值更大。与白色混合将反转基色值；与黑色混合则不产生变化
反相	反相显示基准颜色
Alpha	透明显示基准色
擦除	擦除影片剪辑中的颜色，显示下层的颜色

5.3.3 分离实例

如果要断开实例与元件之间的链接，并把实例放入未组合形状和线条的集合中，可以分离该实例。这对于充分地改变实例而不影响任何其他实例非常有用。如果在分离实例之后，修改该元件，则不会将所做的更改来更新该实例。

选择舞台上要分离的实例，执行【修改】|【分离】命令（快捷键 Ctrl+B），这样就会把实例分离成几个组件图形元素，如图 5-30所示。

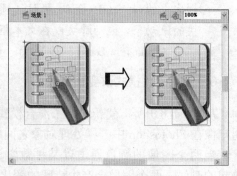

图 5-30 分离前后的效果

5.4 使用库

每个 Flash 文档都有用于存放动画元素的库，可以存放元件、位图、声音以及视频文件等。利用【库】可以方便地查看和组织这些内容。例如，选择【库】中的一个文件项目时，在【库】顶部的预览框中可以预览该元件的内容。如果所选择项目为动画、声音或者视频文件，预览框中将出现控制按钮，可以单击播放按钮预览。

【库】中的各个项目都可以通过文件进行组织和管理，该面板中列出了项目的名称、类型、在动画文件中使用的次数以及最后一次更改的日期。

5.4.1　认识【库】面板

在动画制作过程中，【库】面板是使用频率最高的面板之一。打开【库】面板的快捷键为F11键（或者Ctrl＋L键），重复按F11键可以快速切换【库】面板的【打开】和【关闭】状态。

【库】面板包含元件预览窗、排序按钮及元件项目列表。在【库】面板底部还提供方便的操作按钮，如图5-31所示。

图 5-31　【库】面板

提　示

【库】面板可以随意移动，放置在你认为最合适的位置；用户可以通过单击【宽库视图】按钮□和【窄库视图】按钮□调整【库】面板的视图模式。注意在保存Flash源文件时，【库】的内容同时被保存。

在【库】面板中，可以对元件进行多项操作，如下所示。

❑ **元件排序**

默认情况下，【库】的元件项目列表是按元件名称排列的，英文名与中文名混杂时，英文在前，中文按其对应的字符码排列，显然，这种排列方式不利于查找元件。在元件项目列表的顶部，有5个项目按钮，它们分别是【名称】、【链接】、【使用次数】、【修改日期】、【类型】，其实它们是一组排序按钮，单击某一按钮，项目列表就按其标明的内容排列，如图5-32所示。

❑ **改变元件及文件夹的名称**

Flash会自动将新元件以"元件1"、"元件2"、"元件3"、……规则命名。用户可以自定义元件名称，这样不仅便于识别，而且在借用外部库中元件

图 5-32　元件项目列表

时，当把所需要元件拖入到当前舞台时，可以避免与当前【库】中的元件重名。

要指定元件或文件夹的名称，选择元件或文件夹，直接在元件或者文件夹的【名称】处双击，输入新的名称，按回车键即可，如图 5-33 所示。

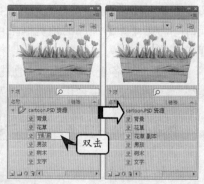

注　意

如果双击时鼠标处在元件的【类型图标】上，其结果将是打开该元件的编辑舞台。

□ 用图标识别元件类型

在元件列表中，除了【类型】这一列外，还提供了更详细的元件【类别图标】，如图 5-34 所示，

图 5-33　改变元件名称

从这些图标的外观很容易识别元件的类型。通过识别图标，再结合【类型】排序，是查找【元件】的最快捷手段。

5.4.2　删除未用项目

随着动画制作的进展，【库】面板中的项目将变得越来越杂乱，不可避免会出现一些无用的元件，占据一定的空间，从而使源文件变得很大。这时，可以通过在【库】菜单中执行【选择未用项目】命令，将所有无用的元件选中，然后再执行【删除】命令将它们删除，如图 5-35 所示。经过清理的【库】面板，不仅更加整齐，而且还会使源元件（*.fla）的体积大大缩小。

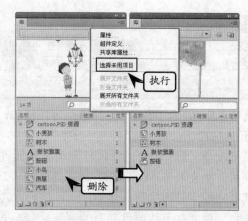

图 5-34　元件的图标　　　　图 5-35　清理元件库项目

提　示

可能需要重复这样的操作几次，因为有的元件内还包含大量其他子元件，第一次显示的往往是母元件，母元件删除后，其他未用的子元件才会暴露出来。另外，该命令有时对一些多余的位图元件起不了作用，只好手工清除。

5.4.3　公用库

在 Flash 中，执行【窗口】|【公用库】命令下的子菜单，选择其中之一，将会弹出

一个相应的【公共库】面板。Flash CS4 提供了 3 种类型的"公用库"，在打开的每一个【公用库】面板中，都包含有几十个文件夹，进入文件夹中可以看到几十个常用的元件，如图 5-36 所示。

该面板与【库】面板完全一样，用户可以从【公共元件库】中把元件拖入当前文档或【库】面板内，相当方便。

图 5-36 【公用库】面板

提 示

在实际工作中，如果注意别人的作品，就会发现其中不少似曾相识的元件借用了【公用库】中的现成元件，它可以扩大许多可供选择的"元件"，同时也可以大大提高工作效率。

除了可以直接使用【公用库】中的元件外，用户还可以把自己制作的元件，或者收集的素材也扩充到【公用库】中。

打开 Flash CS4，建立一个空白文档，打开【库】面板，这时可用多种方式往【库】面板中添加元件。比如，可以自己绘制图形，然后转换成元件，也可以导入收集的素材再转换成元件，或者打开一些源文件，把需要的对象添加进【库】面板中。最后，把文件以容易识别的名字存盘。退出 Flash CS4，把文件移动到如下目录：C:\Program Files\Adobe\Flash CS4\zh_cn\Configuration\Libraries\。

再次启动 Flash CS4，执行【窗口】|【公用库】命令，可以在子菜单看到新添加的公共库。图 5-37 所示的【公用库】新增加了一个名叫"卡通"的源文件。

图 5-37 新增加的公用库

5.4.4 共享元件库

在 Flash 中，共享元件库就是一个可以为任何 Flash 文档使用的库，即该库中的元件资源可以被多个 Flash 文档重复使用。它与元件库的区别是：元件库只供该库中存在的 Flash 文档使用，不是共享的。

使用共享库资源可以通过各种方式优化工作流程及管理文档资源。例如，可以使用共享库资源在多个站点间共享一个字体元件，为多个场景或文档使用的动画元素提供单一来源，或者创建一个中央资源库来跟踪和控制版本修订。在 Flash 中，可以使用两种不同的方式来共享库资源。

1．在运行文档时共享库资源

使用该方法，源文档的资源是以外部文件链接到目标文档中的。运行时资源在文档回放期间（即在运行时）加载到目标文档中，在制作目标文档时，包含共享资源的源文档并不需要在本地网络上提供使用。但是，为了让共享资源在运行时可供目标文档使用，源文档必须粘贴到一个 URL 上。

使用运行时共享库资源涉及两个步骤：首先，源文档的作者在源文档中定义共享资源，并输入该资源的标识符字符串和源文档将要发布到的 URL。然后，目标文档的作者在目标文档中定义一个共享资源，并输入一个与源文档中共享资源相同的标识符字符串和 URL。或者，目标文档作者可以把共享资源从发布的源文档拖到目标文档库中。

在上述任何一种方案下，源文档都必须发布到指定的 URL，使共享资源可供目标文档使用。

通常情况下，要在运行文档时共享库资源，可以在源文档的【库】中选择一个影片剪辑、按钮或图形元件，并右击执行【属性】命令；也可以通过【库】面板的选项菜单执行【属性】命令，打开【元件属性】对话框，单击【高级】按钮展开该对话框，如图 5-38 所示。

在该对话框的【共享】选项区域中启用【为运行时共享导出】复选

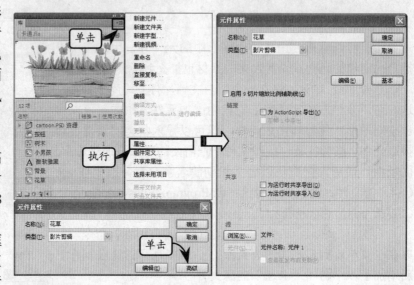

图 5-38　打开【元件属性】对话框

框，使该资源可用于链接到目标文档。在 URL 文本框中输入将要张贴包含共享资源的 SWF 文件的 URL，最后单击【确定】按钮。

如果在【元件属性】对话框中，启用【为运行时共享导入】复选框，用户可以定义目标文档中某个资源的共享属性，以便可以将该资源链接到源文档中的共享资源。如果源文档已被链接到 URL，也可以通过把该资源从源文档拖到目标文档中，从而把共享资源链接到目标文档。若要将元件嵌入目标文档，可以在目标文档中关闭共享资源的共享。

2. 在创作时共享库资源

使用此方法，可以用本地网络上任何其他可用元件来更新或替换正在创作的文档中的任何元件，还可以在创作文档时更新目标文档中的元件。目标文档中的元件保留了原始名称和属性，但元件的内容会被更新或替换为所选择元件的内容。选择的元件使用的所有资源也会复制到目标文档中。

要更新或替换目标文档中的元件，首先打开【元件属性】对话框，单击【源】选项区域中的【浏览】按钮，打开【查找 FLA 文件】对话框，如图 5-39 所示。

在此对话框中选择一个 FLA 文件，并单击【打开】按钮，打开【选择源元件】对话框，其中将会显示该文件中的所有元件。在列表中选择一个元件，单击【确定】按钮即可，如图 5-40 所示。

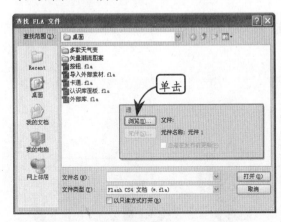

图 5-39　【查找 FLA 文件】对话框　　　　图 5-40　【选择源元件】对话框

最后，在【元件属性】对话框的【源】选项区域中启用【总是在发布前更新】复选框，以便在指定的源位置找到该资源的新版本时自动更新，如图 5-41 所示。到此，设置创作时共享库资源的操作就完成了。

5.5　应用滤镜

在 Flash 中，可以为文本、按钮和影片剪辑对象添加滤镜，从而产生投影、模糊、发光等特殊效果。要添加滤镜功能，需要先在舞台上选择文本、按钮或影片剪辑对象，然后进入【滤镜】面板，单击【添加滤镜】按钮，从弹出的菜单中选择相应的滤镜选项。对象每添加一个新的滤镜，在【属性】检查器中就会将其添加到滤镜列表中。可以对同一个对象应用多个滤镜效果，也可以删除以前应用的滤镜。

在【滤镜】菜单中，共包含 7 种滤镜功能，它们的具体使用方法如下所示。

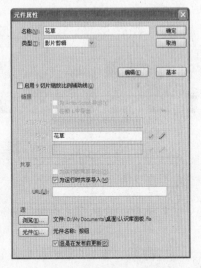

图 5-41　启用【总是在发布前更新】复选框

1．投影滤镜

投影滤镜可以模拟对象投影到一个表面的效果。要想为文本、按钮和影片剪辑对象添加投影滤镜，首先在舞台中选择该对象，然后单击【属性】检查器底部的【添加滤镜】按钮，在弹出的菜单中执行【投影】命令，即可添加默认的投影效果，如图 5-42 所示。

在投影滤镜中，其各个选项的功能如下。

❑ **模糊** 该选项用于控制投影的宽度和高度，效果如图 5-43 所示。

❑ **强度** 该选项用于设置阴影的明暗度，数值越大，阴影就越暗，效果如图 5-44 所示。

❑ **品质** 该选项用于控制投影的质量级别，设置为"高"则近似于高斯模糊；设置为"低"可以实现最佳的回放性能，效果如图 5-45 所示。

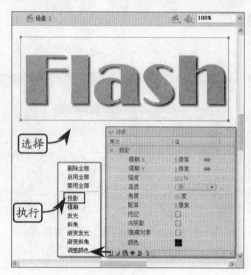

图 5-42　添加投影滤镜

图 5-43　模糊

图 5-44　强度

图 5-45　品质

❑ **角度** 该选项用于控制阴影的角度，可以在文本框中输入一个角度值或者拖动控件，效果如图 5-46 所示。

❑ **距离** 该选项用于控制阴影与对象之间的距离，效果如图 5-47 所示。

图 5-46　角度

图 5-47　距离

❑ **挖空**　启用该复选框，可以从视觉上隐藏源对象，并在挖空图像上只显示投影，
效果如图 5-48 所示。

❑ **内侧阴影**　启用此复选框，可以在对象边界内应用阴影，效果如图 5-49 所示。

图 5-48　挖空

图 5-49　内侧阴影

❑ **隐藏对象**　启用此复选框，可以隐藏对象并只显示其阴影，从而可以更轻松地创
建逼真的阴影，效果如图 5-50 所示。

❑ **颜色**　单击此处的色块，可以打开【颜色拾取器】对话框设置阴影的颜色，效果
如图 5-51 所示。

图 5-50　隐藏对象

图 5-51　颜色

技　巧

在使用投影滤镜时，使投影滤镜倾斜，可以创建一个
更逼真的阴影。复制一个源对象的副本，使用任意变
形工具使其倾斜。然后对副本添加投影滤镜，同时启
用【隐藏对象】复选框，隐藏对象副本，只显示投影。
最后将源对象移至其副本之上，调整投影滤镜的设置
和倾斜投影的角度，以达到满意的效果。

2. 模糊滤镜

模糊滤镜可以柔化对象的边缘和细节。将
模糊应用于对象，可以让它看起来好像位于其
他对象的后面，或者使对象看起来好像是运动
的，如图 5-52 所示。

图 5-52　模糊滤镜

该滤镜中的参数与投影滤镜中的基本相同，只是后者模糊的是投影效果，前者模糊
的是对象本身，如图 5-53 所示。

3. 发光滤镜

使用发光滤镜，可以在对象的周边应用颜色，为当前的对象赋予了光晕效果，如图

5-54 所示。添加发光滤镜后，发现其中的参数与投影滤镜参数相似，只是没有【距离】、【角度】等参数，而其默认发光颜色为红色。

在参数列表中，唯一不同的是【内发光】选项，当启用该选项后，即可将外发光效果更改为内发光效果，效果如图 5-55 所示。

4．斜角滤镜

斜角滤镜可以向对象应用加亮效果，使其看起来凸出于背景表面，如图 5-56 所示。斜角滤镜中的参数在投影的基础上，添加了【阴影】和【加亮显示】颜色控件。

当添加斜角滤镜后，【阴影】和【加亮显示】的默认颜色为黑色和白色。如果设置这两个颜色控件，那么会得到不同的立体效果，如图 5-57 所示。

【类型】下拉列表中的选项，是用来设置不同的立体效果的，如图 5-58 所示。

5．渐变发光滤镜

应用渐变发光，可以在发光表面产生带渐变颜色的发光效果。渐变发光要求渐变开始处颜色的 Alpha 值为 0，不能移动此颜色的位置，但可以改变该颜色，如图 5-59 所示。

图 5-53　模糊

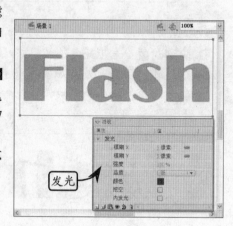

图 5-54　发光滤镜

图 5-55　内发光

图 5-56　斜角滤镜

在渐变发光滤镜中，还可以设置发光效果。只要在【类型】下拉列表中，选择不同的选项即可，如图 5-60 所示。默认情况下为"外侧"。

图 5-57　阴影和加亮显示

图 5-58　类型

图 5-59　渐变发光滤镜

图 5-60　渐变发光类型

6. 渐变斜角滤镜

应用渐变斜角可以产生一种凸起效果，使得对象看起来好像从背景上凸起，且斜角表面有渐变颜色。渐变斜角要求渐变中间有一种颜色的 Alpha 值为 0。

渐变斜角滤镜中的参数，只是将斜角滤镜中的【阴影】和【加亮显示】颜色控件，替换为渐变颜色控件。所以渐变斜角立体效果，是通过渐变颜色来实现的，如图 5-61 所示。

7. 调整颜色滤镜

应用调整颜色，可以通过【滤镜】面板中的选项调整对象的亮度、对比度、饱和度、色相，如图 5-62 所示。

在调整颜色滤镜中，各个选项的说明如下。

❑ **亮度**　用于调整图像的亮度。

图 5-61　渐变斜角滤镜

- □ **对比度** 用于调整图像的加亮、阴影及中调。
- □ **饱和度** 用于调整颜色的强度。
- □ **色相** 用于调整颜色的深浅。

如果要将所有的颜色调整重置为 0，并使对象恢复其原来的状态，可以单击【重置】按钮。

图 5-62　调整颜色滤镜

技 巧

对于所有使用的滤镜，用户可以将滤镜设置保存为预设库，以便轻松应用到影片剪辑和文本对象。通过向其他用户提供滤镜配置文件，就可以与他们共享滤镜预设。滤镜配置文件是保存在 C:\Documents and Settings\<用户名>\Local Settings\Application Data\Adobe\Flash CS4\<语言>\Configuration\Filters\<滤镜名称.xml>。

5.6　课堂练习：制作导航按钮

现在越来越多的网站开始使用 Flash 按钮，这样不仅在变化上更加随心所欲，而且可以为网站起着画龙点睛的作用。本练习将制作一个导航按钮，如图 5-63 所示。希望读者能够了解按钮的操作过程，充分发挥想象，从而制作出更多精彩的按钮。

图 5-63　导航按钮

图 5-64　导入背景图像

操作步骤

1. 新建文档，在【文档属性】对话框中设置【尺寸】为 500 像素×400 像素。执行【文件】|【导入】|【导入到库】命令，将素材图像 "bg.jpg" 导入到【库】面板。然后，将其拖入到舞台中，如图 5-64 所示。

2. 执行【插入】|【新建元件】命令，创建 "正圆" 影片剪辑元件。然后，选择【椭圆工具】并启用【对象绘制】选项，在舞台中间绘制一个笔触高度为 2 的圆形，如图 5-65 所示。

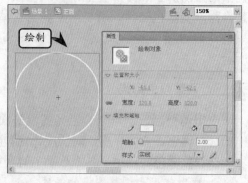

图 5-65　绘制圆形

3 选择该圆形对象，打开【颜色】面板，设置填充颜色为红色渐变，并且使用【渐变变形工具】调整渐变方向，如图 5-66 所示。

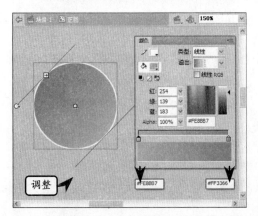

图 5-66　填充渐变色

4 选择【椭圆工具】，在【颜色】面板中设置填充颜色为"白色"（#FFFFFF），并调整 Alpha 值为 20%。然后，在舞台中绘制一大一小两个圆形，如图 5-67 所示。

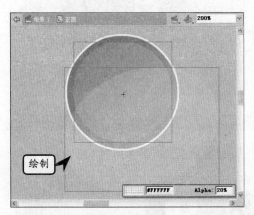

图 5-67　绘制透明圆形

5 同时选择这两个圆形，执行【修改】|【合并对象】|【打孔】命令，得到如图 5-68 所示的图形。

6 执行【插入】|【新建元件】命令，创建"按钮"按钮元件。将"正圆"影片剪辑元件拖入到舞台中，以定义按钮的弹起状态，如图 5-69 所示。

7 右击"指针经过"状态帧，在弹出的菜单中执行【插入关键帧】命令，插入关键帧。然

后选择舞台中的正圆，在【属性】检查器的【色彩效果】下拉列表中选择"高级"选项，并设置【红】为-50%，如图 5-70 所示。

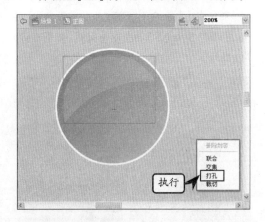

图 5-68　打孔

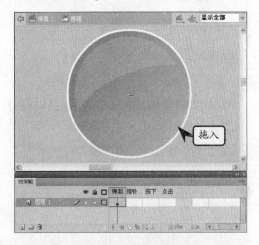

图 5-69　创建按钮元件

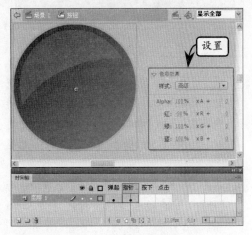

图 5-70　指针经过状态帧

8　在"按下"状态帧处插入关键帧。新建图层，选择【多边形工具】并设置【笔触颜色】为白色，禁用填充颜色。然后选择第 1 帧，在舞台中绘制一个笔触高度为 5 的五角星，并将其转换为"五角星"影片剪辑，如图 5-71 所示。

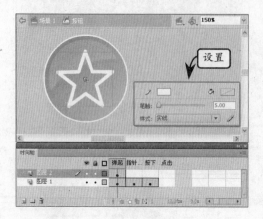

图 5-71　绘制五角星

9　选择"五角星"影片剪辑，在【属性】检查器中添加【发光】滤镜效果，并设置【颜色】为"红色"（#FF0000），如图 5-72 所示。

图 5-72　添加发光滤镜

10　在"指针经过"帧处插入空白关键帧，在按钮上面输入 go。然后，在【属性】检查器中设置【系列】为 Colonna MT；【大小】为 70；【颜色】为"白色"（#FFFFFF），如图 5-73 所示。

11　右击"按下"状态帧，在弹出的菜单中执行【插入关键帧】命令，插入关键帧，如图 5-74 所示。p

12　返回场景，新建"图层2"，将"按钮"按钮

元件拖入到舞台的左上角，如图 5-75 所示。

图 5-73　输入文本

图 5-74　插入关键帧

图 5-75　拖入按钮

13 选择该按钮元件，在【属性】检查器中添加【投影】滤镜效果，并设置【颜色】为"灰色"（#666666），如图5-76所示。

图5-76 添加投影滤镜

5.7 课堂练习：制作镜像特效

在制作镜像特效之前，首先导入素材图像，然后手工为镜像添加半透明的蒙版。最后，通过混合模式等为图像副本添加各种效果，使镜像更加逼真。虽然Flash CS4并不支持蒙版功能，但是通过【矩形工具】和【颜色】面板，用户可以手工制作图像的蒙版，如图5-77所示。

图5-77 镜像特效

操作步骤

1 新建文档，在【文档属性】对话框中设置【尺寸】为500像素×450像素。执行【文件】|【导入】|【导入到库】命令，将素材图像"背景.bmp"导入到【库】面板。然后，将其拖入到舞台中，如图5-78所示。

2 新建图层，打开"手机.fla"文件，将"手机"元件拖入到当前文档的舞台中。进入该元件的编辑模式，选择"屏幕"元件，在【属性】检查器的【混合】下拉列表中选择"强光"选项，如图5-79所示。

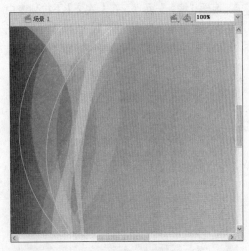

图5-78 导入背景图像

3 选择"屏幕面板"元件，在【混合】下拉列表中选择"强光"选项。然后，选择"侧按钮"元件，在【混合】下拉列表中选择"变亮"选项，如图5-80所示。

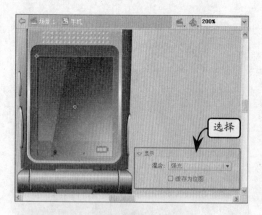

图 5-79　添加强光混合模式

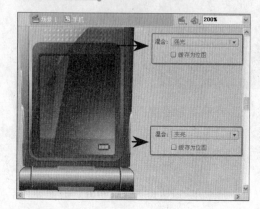

图 5-80　设置混合模式

4　选择"翻盖"元件，在【混合】下拉列表中
　　选择"变暗"选项。然后，选择"键盘"元
　　件，在【混合】下拉列表中选择"强光"选
　　项，如图 5-81 所示。

图 5-81　添加变暗和强光混合模式

5　选中"键盘面板"元件，在【混合】下拉列
　　表中选择"叠加"选项，即可完成手机的制

作，如图 5-82 所示。

图 5-82　添加叠加混合模式

6　返回场景。选择"手机"元件，在【属性】
　　检查器中添加【发光】滤镜，并设置【颜色】
　　为"灰色"（#666666），如图 5-83 所示。

图 5-83　添加发光滤镜

7　新建"分隔线"图层，在舞台中绘制一条竖
　　线，并将其转换为影片剪辑元件。然后，在
　　【属性】检查器中设置其【混合】为"正片
　　叠底"，如图 5-84 所示。

8　新建"镜像"图层，复制"手机"元件，并
　　将其移动到"分隔线"的右侧。然后，执行
　　【修改】|【变形】|【水平翻转】命令，将"手
　　机"副本水平翻转，如图 5-85 所示。

9　移动"手机"元件至"分隔线"附近。选择
　　"手机"元件副本，在【属性】检查器中设

置【混合】为"正片叠底",如图 5-86 所示。

图 5-84　绘制分隔线

图 5-85　水平翻转

图 5-86　正片叠底

10　新建"蒙版"图层,使用【矩形工具】在舞台中绘制一个矩形,将整个"手机"副本遮挡住,如图 5-87 所示。

图 5-87　绘制矩形

11　选择该矩形,执行【窗口】|【颜色】命令,在打开的【颜色】面板中,设置填充【类型】为"线性",并设置渐变色,如图 5-88 所示。

图 5-88　设置渐变颜色

12　在【颜色】面板中,设置左侧的颜色 Alpha 透明度为 10%;右侧的颜色 Alpha 透明度为 80%,即可完成蒙版的制作,如图 5-89 所示。

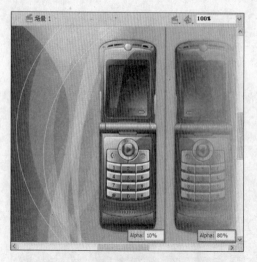

图 5-89 完成蒙版制作

5.8 思考与练习

一、填空题

1. _____是在 Flash CS3 中创建的图形、按钮或影片剪辑。

2. _____是指位于舞台上或嵌套在另一个元件内的元件副本。

3. 在创作时或在运行时，可以将元件作为_____在文档之间共享。

4. 若要将资源粘贴到可见工作区的中心位置，单击_____命令。

5. 滤镜效果只适用于文本、_____和按钮中。

二、选择题

1. _____是可以反复取出使用的一段小动画，并可独立于主动画进行播放。

    A．图形元件

    B．按钮元件

    C．影片剪辑元件

    D．字体元件

2. 按钮元件的时间轴上的每一帧都有一个特定的功能，其中第 1 帧是_____。

    A．【弹起】状态

    B．【指针经过】状态

    C．【按下】状态

    D．【点击】状态

3. 要将外部 JPEG 文件加载到影片剪辑或屏幕中，应使用_____行为。

    A．加载图像

    B．加载外部影片剪辑

    C．卸载影片剪辑

    D．重制影片剪辑

4. 下列选项中，_____不属于【调整颜色】面板的选项。

    A．对比度   B．亮度

    C．饱和度   D．明度

5. 在下列选项中，_____不属于滤镜的功能。

    A．模糊   B．展开

    C．斜角   D．渐变发光

三、问答题

1. 列举 Flash 中的几种元件类型。

2. 简述将选定元素转换为元件的操作过程。

3. 简述将舞台上的动画转换为影片剪辑的操作方法。

4. 怎样在当前位置编辑元件？

5. 简述如何快速地识别元件的类型。

四、上机练习

1. 制作壁纸

本例主要通过创建元件、将对象转换为元件

以及【库】面板的使用，制作电脑壁纸。首先在元件中绘制一个图案，然后返回到【场景】，将元件从【库】中拖到舞台，即可无限次使用，这样还能够尽可能地降低文件大小，如图 5-90 所示。

图 5-90　壁纸

2．制作荧光字

通过文字分离功能，结合【柔化填充边缘】、【滤镜】命令，可以制作出漂亮的荧光字效果，如图 5-91 所示。特别需要注意对边框进行【柔化填充边缘】、将图形转化为【影片剪辑】以及【模糊】命令的运用等。

图 5-91　荧光字

第 6 章

创建普通动画

Flash 动画是通过更改连续帧中的内容创建的。将帧所包含的内容进行移动、旋转、缩放、更改颜色和形状等操作，即可制作出丰富多彩的动画效果。帧显示在时间轴中，不同的帧对应不同的时刻，画面随着时间的推移逐个出现，就形成了动画。

通过本章学习，读者可以了解到 Flash CS4 动画的类型和创建方法，并能够创建逐帧动画和补间动画以及使用动画预设。

本章学习要点：

➢ Flash 动画的类型
➢ 了解帧的类型
➢ 创建逐帧动画
➢ 创建补间形状动画
➢ 创建补间动作动画
➢ 使用动画预设

动画是利用人的"视觉暂留"特性，连续播放一系列画面，给视觉造成连续变化的图画。它的基本原理与电影、电视一样，都是视觉原理。由于人类具有"视觉暂留"的特性，也就是说人的眼睛看到一幅画或一个物体后，在 1/24 秒内不会消失。利用这一原理，在一幅画还没有消失前播放出下一幅画，就会给人造成一种流畅的视觉变化效果。图 6-1 所示为小男孩跑步动画。

图 6-1　小男孩跑步动画

传统动画片是通过画笔画出一张张图像，并将具有细微变化的连续图像，经过摄影机或者摄像机进行拍摄，然后以每秒钟 24 格的速度连续播放。此时，设计者所画的静止的画面就在银幕上或荧屏里活动起来，这就是传统动画，如图 6-2 所示。

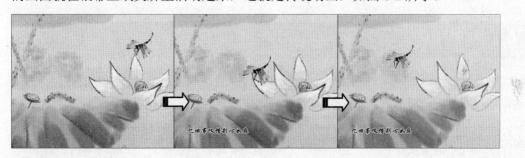

图 6-2　传统动画

计算机动画是采用连续播放静止图像的方法产生景物运动的效果，即使用计算机产生图形、图像运动的技术。计算机动画的原理与传统动画基本相同，只是在传统动画的基础上将计算机技术用于动画的处理和应用，并可以达到传统动画无法实现的效果。由于采用数字处理方式，动画的运动效果、画面色调、纹理、光影效果等可以不断改变，输出方式也多种多样，如图 6-3 所示的特效动画。

Flash 是一种交互式动画设计工具，用它可以将音乐、声效、动画以及富有新意的界面融合在一起，以制作出高品质的动画效果。

Flash CS4 提供了多种方法用来创建动画和特殊效果，其支持以下 5 种动画类型。

❑ **补间动画**　使用补间动画可以设置对象的属性，如一个帧中以及另一个帧中的位置和 Alpha 透明度。对于由对象的连续运动或变形构成的动画，补间动画很有用。补间动画在时间轴中显示为连续的帧范围，默认情况下可以作为单个对象进行选择。补间动画功能强大，易于创建。

图 6-3　特效动画

- □ **传统补间**　传统补间与补间动画类似，但是创建起来更复杂。传统补间允许一些特定的动画效果，使用基于范围的补间不能实现这些效果。
- □ **反向运动姿势**　反向运动姿势用于伸展和弯曲形状对象以及链接元件实例组，使它们以自然方式一起移动。可以在不同帧中以不同方式放置形状对象或链接的实例，Flash 将在中间帧中自动定义位置。
- □ **补间形状**　在形状补间中，可在时间轴中的特定帧绘制一个形状，然后更改该形状或在另一个特定帧绘制另一个形状。Flash 将在中间帧定义中间形状，创建一个形状变形为另一个形状的动画。
- □ **逐帧动画**　使用此动画技术，可以为时间轴中的每个帧指定不同的艺术作品。使用此技术可创建与快速连续播放的影片帧类似的效果。对于每个帧的图形元素必须不同的复杂动画而言，此技术非常有用。

6.2　使用帧

帧是形成动画的基本时间单位。制作动画其实就是改变连续帧的内容的过程，它显示在时间轴中，不同的帧对应不同的时刻，画面随着时间的推移逐个出现，就形成了动画。在逐帧动画中，需要在每一帧上创建一个不同的画面，连续的帧组合成连续变化的画面；而补间动画只需确定动画起始帧和结束帧的画面，中间部分的动画内容则由 Flash 自动生成。

6.2.1　帧的类型

帧是制作动画的核心，它们控制着动画的时间及各种动作的发生。动画中帧的数量和播放速度决定了动画的长度。

在 Flash 中，动画制作需要不同的帧来共同完成。通过时间轴可以很清晰地判断出帧的类型。其中，最常用的帧类型包含以下几种。

1. 关键帧

制作动画过程中，在某一时刻需要定义对象的某种新状态，这个时刻所对应的帧称为关键帧。关键帧是变化的关键点，如补间动画的起始帧和结束帧以及逐帧动画的每一帧，都是关键帧，如图 6-4 所示。

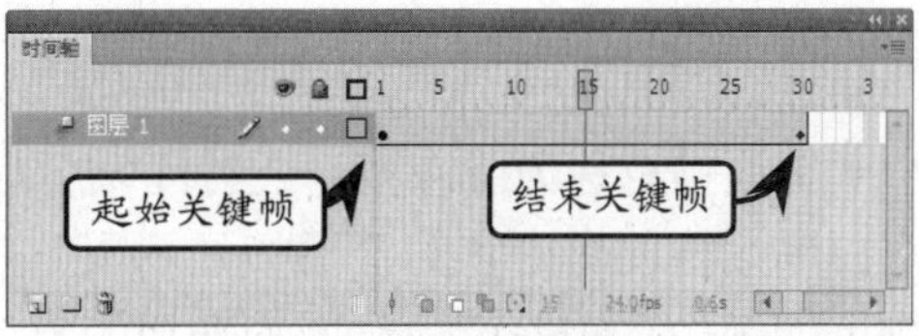

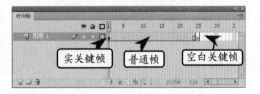

图 6-4 起始和结束关键帧

注 意

关键帧数目越多，文件体积就越大。所以，同样内容的动画，逐帧动画的体积比补间动画大得多。

关键帧是特殊的帧。补间动画在动画的重要时间点上创建关键帧，再由 Flash 创建关键帧之间的内容。实心圆点表示有内容的关键帧，即实关键帧；空心圆点表示无内容的关键帧，即空白关键帧。图层的第 1 帧被默认为空白关键帧，可以在上面创建内容。一旦创建了内容，空白关键帧将转换为实关键帧。

图 6-5 关键帧

实关键帧用实心圆点表示，空白关键帧用空心圆点表示，其余区域是普通帧如图 6-5 所示，在关键帧后添加帧时，关键帧的内容会传递到新添加的帧中。

插入关键帧的位置是否显示为实心圆点，需要遵循以下约定。

- 如果插入关键帧的位置左边最近的帧是空白关键帧，插入的实关键帧同样显示为空心圆点。
- 如果插入关键帧的位置左边最近的帧是以实心圆点显示的实关键帧，则插入的关键帧以实心圆点显示，插入的空白关键帧显示为空心圆点。
- 以上两个操作均在插入的帧和其左边最近的帧之间插入了普通帧，如果在这些普通帧对应的舞台上添加了对象，则左边最近的空白关键帧转换为实关键帧。

图 6-6 插入实关键帧

右击时间轴中任意一帧，在弹出的菜单中执行【插入关键帧】命令，即可在所选择的位置插入一个实关键帧，如图 6-6 所示。如果第 1 帧中无任何内容，则插入的关键帧自动转换为空白关键帧。

右击时间轴中任意一帧，在弹出的菜单中执行【插入空白关键帧】命令，即可在所选择的位置插入一个空白关键帧，如图 6-7 所示。

图 6-7 插入空白关键帧

技 巧

选择任意一帧，执行【插入】|【时间轴】|【关键帧】或【空白关键帧】命令，也可在所选择的位置插入关键帧或空白关键帧。

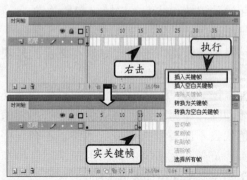

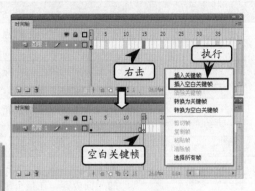

2. 普通帧

普通帧也称为静态帧，在时间轴中显示为一个矩形单元格。无内容的普通帧显示为空白单元格，有内容的普通帧显示出一定的颜色。例如，实关键帧后面的普通帧显示为灰色，如图6-8所示。

图 6-8　普通帧

在实关键帧后面插入普通帧，则所有的普通帧将继承该关键帧中的内容。也就是说，后面的普通帧与关键帧中的内容相同，如图6-9所示。

例如，制作动画背景，就是将一个含有背景图案的关键帧的内容沿用到后面的帧上。只要在关键帧的后面添加上一些普通帧，就可将关键帧的内容沿用到新帧上，如图6-9所示。

3. 过渡帧

过渡帧实际上也是普通帧，它包括了许多帧，但其中至少要有两个帧：起始关键帧和结束关键帧。起始关键帧用于决定对象在起始点的外观，而结束关键帧则用于决定对象在终点的外观。过渡帧如图6-10所示。

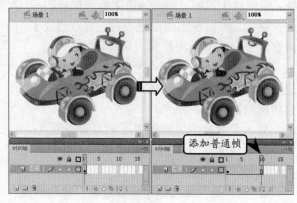

图 6-9　添加普通帧

在Flash中，利用过渡帧可以制作两类过渡动画，即运动过渡和形状过渡。不同的颜色代表不同类型的动画。另外，还有一些箭头、符号和文字等信息，用于识别各种帧的类别，详细介绍如表6-1所示。

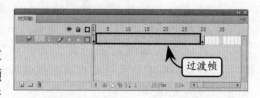

图 6-10　过渡帧

表6-1　时间轴上的帧外观

帧　外　观	说　　明
	补间动画通过黑色圆点指示起始关键帧和结束关键帧；中间的过渡帧具有浅蓝色的背景
	传统补间用黑色圆点指示起始关键帧和结束关键帧；中间的过渡帧有一个浅蓝色背景的黑色箭头
	补间形状用黑色圆点指示起始关键帧和结束关键帧；中间的帧有一个浅绿色背景的黑色箭头
	虚线表示补间是断开的或者是不完整的，例如丢失结束关键帧时
	单个关键帧用一个黑色圆点表示。单个关键帧后面的浅灰色帧包含无变化的相同内容，在整个范围的最后一帧还有一个空心矩形
	出现一个小a表明此帧已使用【动作】面板分配了一个帧动作

帧 外 观	说 明
label	红色小旗标记表明该帧包含一个标签
label	绿色双斜线表明该帧包含一个注释
label	黄色锚标记表示该帧包含一个锚记

6.2.2 编辑帧

帧的操作是制作 Flash 动画时使用频率最高、最基本的操作，主要包括插入、删除、复制、移动、翻转帧，改变动画的长度以及清除关键帧等。

1. 在时间轴中插入帧

在时间轴中，插入帧的方法非常简单。选择时间轴中任意一帧，执行【插入】|【时间轴】|【帧】命令，即可在当前位置插入一个新的普通帧，如图 6-11 所示。

如果要插入关键帧，同样选择时间轴中任意一帧，执行【插入】|【时间轴】|【关键帧】命令，即可在当前位置插入一个新的关键帧，如图 6-12 所示。

如果要插入新的空白关键帧，选择时间轴中任意一帧，执行【插入】|【时间轴】|【空白关键帧】命令，即可在当前位置插入一个新的空白关键帧，如图 6-13 所示。

2. 在时间轴中选择帧

Flash 提供两种不同的方法在时间轴中选择帧。在基于帧的选择（默认情况）中，可以在时间轴中选择单个帧；在基于整体范围的选择中，单击一个关键帧到下一个关键帧之间的任何帧时，整个帧序列都将被选中。

如果要选择时间轴中的某一帧，只需要单击该帧即可，将会出现一个蓝色的背景，如图6-14 所示。

如果想要选择某一范围中的连续帧，首先选择任意一帧（如第 10 帧）作为该范围的起始帧，然后按住 Shift 键，并选择另外一帧（如第 30 帧）作为该范围的结束帧，此时将会发现这一范围的所有帧被选中，如图 6-15 所示。

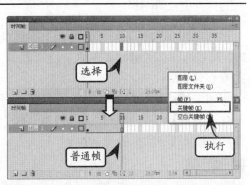

图 6-11 插入帧

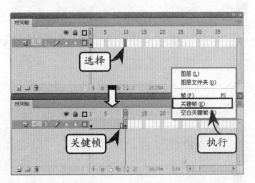

图 6-12 插入关键帧

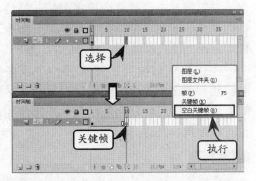

图 6-13 插入空白关键帧

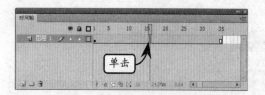

图 6-14 选择帧

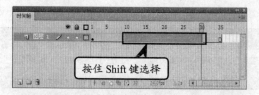

图 6-15 选择连续的帧

如果想要选择某一范围内多个不连续的帧，可以在按住 Ctrl 键的同时，选择其他帧，如图 6-16 所示。

如果想要选择时间轴中的所有帧，可以执行【编辑】|【时间轴】|【选择所有帧】命令，如图 6-17 所示。

图 6-16 选择不连续的帧

提 示

如果时间轴中包含多个图层，执行【编辑】|【时间轴】|【选择所有帧】命令，将会选择所有图层中的帧。

如果想要选择整个静态帧范围，则双击两个关键帧之间的任意一帧即可，如图 6-18 所示。

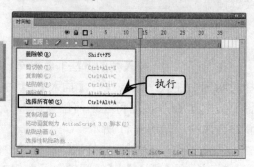

图 6-17 选择所有帧

3．编辑帧或帧序列

在选择时间轴中的帧之后，可以执行复制、粘贴、移动、删除等操作，以方便完成动画制作。

   ❑ 复制和粘贴帧

在时间轴中选择单个或多个帧，然后右击并在弹出的菜单中执行【复制帧】命令，即可复制当前选择的所有帧，如图 6-19 所示。

在需要粘贴帧的位置选择一个或多个帧，然后右击并在弹出的菜单中执行【粘贴帧】命令，即可将复制的帧粘贴或覆盖到该位置，如图 6-20 所示。

图 6-18 选择整个静态帧范围

技 巧

选择需要复制的一个或多个连续帧，然后按住 Alt 键并拖动至目标位置，即可将其粘贴到该位置。

   ❑ 删除帧

选择时间轴中一个或多个帧，然后右击并在弹出的菜单中执行【删除帧】命令，即

图 6-19 复制帧

可删除当前选择的所有帧，如图 6-21 所示。

图 6-20 粘贴帧

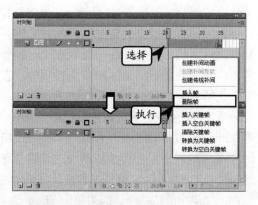

图 6-21 删除帧

提 示

在删除所选的帧之后，其右侧的所有帧将向左移动相应的帧数。

❑ **移动帧**

选择时间轴中一个或多个连续的帧，将鼠标放置在所选帧的上面，当光标的右下方出现一个矩形图标时，单击鼠标并拖动至目标位置，即可移动当前所选择的所有帧，如图 6-22 所示。

提 示

当用户将帧移动至目标位置后，则原位置将自动插入相同数量的空白帧。

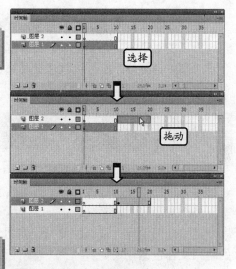

图 6-22 移动帧

❑ **更改帧序列的长度**

将光标放置在帧序列的开始帧或结束帧处，按住 Ctrl 键当光标改变为左右箭头图标时，向左或向右拖动即可更改帧序列的长度。例如，将光标放置在时间轴中的第 10 帧处，按住 Ctrl 键并向右拖动鼠标至第 30 帧，即可延长该帧序列的长度至 30 帧，如图 6-23 所示。

如果将光标向左拖动至第 20 帧处，即可缩短当前帧序列的长度至 20 帧，如图 6-24 所示。

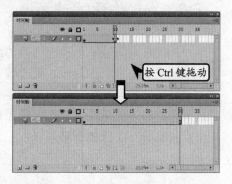

图 6-23 更改帧序列的长度

6.2.3　设置帧频

帧频是指动画播放的速度，也就是时间轴上播放指针移动的快慢，以每秒播放的帧数度量。帧频的单位是 fps（帧/秒），也就是每秒钟播放的帧数。帧频决定了动画播放的连贯性和平滑性。帧频太慢会使动画看起来一顿一顿的，帧频太快会使动画的细节变得模糊。在网页上，帧频为 12 的 Flash 动画通常会得到最佳的效果。QuickTime 和 AVI 影片通常的帧频就是 12fps，但是标准的运动图像速率则是 24fps。

动画的复杂程度和播放动画的计算机速度影响回放的流畅程度，可以在各种计算机上测试动画，以确定最佳帧频。因为整个 Flash 动画只能指定一个帧频，最好在创建动画之前设置帧频。

执行【修改】|【文档】命令，打开如图 6-25 所示的对话框，在【帧频】文本框中输入合适的帧频。另外，还可以直接在【属性】检查器的【帧频】文本框中输入。

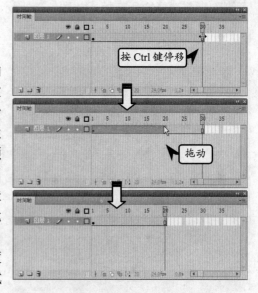

图 6-24　缩短帧序列的长度

图 6-25　输入帧频

6.3　创建逐帧动画

制作逐帧动画时一般是在下一帧中复制上一关键帧的内容，再按照动画发展的要求对该内容进行编辑、修改，使之与相邻帧中的同一对象相比有一点变化，如此重复，直至完成全部动画的帧系列。

逐帧动画的优点是变化复杂，可以制作出任何效果，但是制作过程比较繁琐，生成的动画文件也比较大。

6.3.1　制作逐帧动画

用户通过在时间轴中更改连续帧的内容来创建逐帧动画，可以在舞台中创作出移动对象、增加或减小对象、旋转、更改颜色、淡入或淡出，也可以更改对象的形状。

创建逐帧动画有两种方法，一种是通过在时间轴中更改连续帧的内容创建，需要用户亲自制作；另一种是通过导入图像序列来完成，该方法只是导入不同内容的连贯性图像，用户需要准备、收集素材即可。

1. 创建逐帧动画

下面通过更改小男孩胳膊的角度，制作扇扇子的动画，以此向读者讲解逐帧动画的创建方法。

首先新建空白文档，执行【文件】|【导入】|【导入到舞台】命令，将素材矢量图像导入到舞台中，如图 6-26 所示。

选择"人物"图层的第 2 帧，执行【插入】|【时间轴】|【关键帧】命令插入关键帧。然后，修改胳膊的角度和位置，使其向内收缩，如图 6-27 所示。

提 示

选择"背景"图层第 2 帧，执行【执行】|【时间轴】|【帧】命令插入普通帧，使该图层中的内容延续至第 2 帧。

使用相同的方法，分别在第 3 帧和第 4 帧处插入关键帧，并修改胳膊的角度和位置。修改完成后，执行【控制】|【测试影片】命令即可预览动画效果，如图 6-28 所示。

2. 通过序列图像制作逐帧动画

创建逐帧动画也可以使用较为简单的方法。如果素材图像的名称是以序列的形式命名的，那么 Flash 在导入图像时可以根据图像的序列依次将其放置在连续的帧中。如果这些图像是一系列连贯性画面，那么可以看到连续的逐帧动画。

执行【文件】|【导入】|【导入到舞台】命令，打开【导入】对话框，然后在该对话框中选择 01.bmp 素材图像，如图 6-29 所示。

◐ **图 6-26** 导入素材图像

◐ **图 6-27** 修改胳膊角度和位置

◐ **图 6-28** 预览动画效果

单击【打开】按钮后，即会弹出一个对话框，询问是否导入序列中的所有图像。单击【是】按钮，Flash 将把同序列的所有素材图像导入到舞台，如图 6-30 所示。

在导入图像序列时，Flash 会根据图像序列的顺序，依次将其放置在连续的帧中，如果这些图像是一系列连贯性画面，例如电影胶片等，则可以看到连续的逐帧动画，如图

6-31 所示。

图 6-29 导入素材图像

图 6-30 导入序列中的所有图像

图 6-31 图像序列逐帧动画

6.3.2 分散对象到图层

要分散的对象可以是在一个或者多个图层中，Flash 会将分散的每一个对象放置在各个新图层中，任何没有选中的对象（包括其他帧中的对象）都保留在原始位置。

舞台中任何类型的元素都可以分散到层中，包括图形对象、实体、位图、视频剪辑和分离文本块。如果将分离文本分散到不同的层中，则可以很方便地创建动画文本。

在分离的操作过程中，文本中的字符放在独立的文本块中，而分散到图层后，每一个文本块放置在不同的新图层上面。方法是，选择要分散的对象，执行【修改】|【时间轴】|【分散到图层】命令（快捷键 Ctrl＋Shift＋D），即可将文本块分散到各个新图上，如图 6-32 所示。

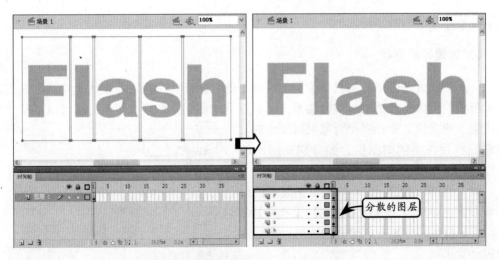

图 6-32　将文本对象分散到不同的层中

　　Flash 会将新图层插入到时间轴中当前选择的图层下面，新图层从上到下排列，它们是按所选中的元素最初的创建顺序排列的。对于分离文本，图层是按字符顺序排列的，可以从左到右、从右到左或者从上到下。例如，将字母 ABCD 分离并且分散到各层中，则新层（命名为 A、B、C 和 D）会从上到下排列，紧跟着最初包含该文本的层的下面。

　　在将对象分散到图层的操作过程中，创建的新图层将根据每个新图层包含的元素名称来命名。

- ❑ 包含库资源（例如元件，位图或视频剪辑）的新层的给定名称和该资源的名称相同。
- ❑ 包含命名实体的新层的给定名称就是该实体的名称。
- ❑ 包含分离文本块字符的新层用这个字符来命名。
- ❑ 如果新层中包含图形对象（这个对象没有名称），因为该图形对象没有名称，因此该新层命名为图层 1（或者图层 2，以此类推）。

6.4　创建补间动画

　　补间动画不同于逐帧动画，它只需要定义动画的起始和结束两个关键帧内容，而这两个关键帧之间的过渡帧则由 Flash 自动创建。其中，补间动作使元件产生位移、缩放、旋转和 3D 变换等运动；补间形状使图形形状发生变化，一个图形可以变成另一个图形。

　　补间动画是创建运动和变形的有效方式，而且保证文件容量最小，这是因为补间动画中 Flash 只需存储帧的变化值，而不必存储整个帧。

6.4.1　创建补间形状动画

　　补间形状动画是在时间轴中创建两个不同形状对象之间的变化的过程。例如，在时间轴的某一关键帧上绘制一个形状对象，在另一关键帧中改变该形状或者绘制另一个新的形状对象。然后，Flash 将自动在这两帧之间的帧上插入中间形状，从而创建一个形状到另一个形状的变形动画。

1. 创建补间形状

补间形状就是变形，可以是位置、尺寸和颜色的变化，但更主要的是形状的改变。补间形状的对象是分离的可编辑图形，可以是同一图层上的多个图形，也可以是单个图形。但一般来说，要让多个对象同时变形时，将它们放置在不同的图层上面分别变形比放置在同一个图层上进行变形效果要好得多。

如果实例、组合、文本块或位图需要进行补间形状，必须首先执行【修改】|【分离】命令，将其打散，使之变成分离的图形，然后才能进行变形。

下面将讲解制作补间形状动画的方法，具体操作如下所示。

首先新建文档，选择"图层 1"的第 1 帧作为补间形状动画的起始关键帧。选择【多角星形工具】 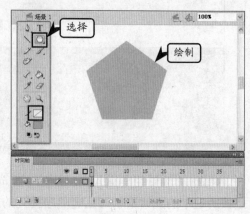，禁用【笔触颜色】，在舞台中绘制一个五边形，如图 6-33 所示。

图 6-33 绘制五边形

选择第 30 帧并右击，执行【插入空白关键帧】命令，使用【多角星形工具】绘制一个五角星，如图 6-34 所示。

右击这两关键帧之间的任意一帧，在弹出的菜单中执行【创建补间形状】命令，即可将普通帧转换为补间形状帧，如图 6-35 所示。

创建完成后，执行【控制】|【测试影片】命令即可预览动画效果，如图 6-36 所示。

图 6-34 绘制五角星

2. 设置补间形状属性

Flash CS4 不仅允许用户制作补间形状动画，还支持设置补间形状的"缓动"和"混合"等属性。补间形状的缓动与传统补间动画的缓动类似，都是通过改变动画补间的变化速度，制作出特殊的视觉效果。

在 Flash 中选择补间形状所在的帧，然后在【属性】检查器的【缓动】文本框中输入数

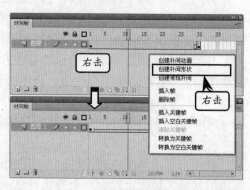

图 6-35 建立补间形状动画

值（其值范围是–100～100），即可更改动画的缓动效果，如图 6-37 所示。

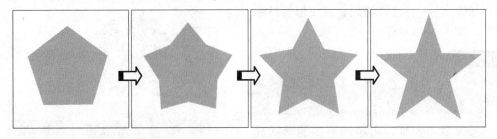

图 6-36　补间形状动画

在【混合】下拉列表中包含两个选项，即分布式和角形，用于设置变形的过渡模式。其中，"分布式"选项可使补间帧的形状过渡更加光滑；"角形"选项可使补间的形状保持棱角,适用于有尖锐棱角的图形变换。在 Flash 中选择补间形状所在的帧，在【属性】检查器中即可对其设置，如图 6-38 所示。

图 6-37　缓动

6.4.2　使用形状提示

补间形状动画的变形过渡是随机的，而使用形状提示可以控制图形间对应部位的变形，即让一个图形上的某一点变换到另一个图形上的某一点，使得对象之间的变形过渡具有一定的规律。

形状提示包含从 a 到 z 的字母（最多可以使用 26 个字母），用于标识起始形状和结束形状中相对应的点。起始关键帧中的形状提示为黄色，结束关键帧中的形状提示为绿色，当不在一条曲线上时为红色。

图 6-38　混合

下面将讲解使用形状提示制作补间形状动画的方法，具体步骤如下所示。

首先制作由正方形到圆形的补间形状动画选择起始关键帧，执行【修改】|【形状】|【添加形状提示】命令，添加形状提示，起始关键帧的图形上出现一个写着字母 a 的红色形状提示。然后，将形状提示拖放到一个适当的位置，如图 6-39 所示。

提　示

为得到好的变形效果，每添加一个形状提示，最好播放一下变形效果，然后再对形状提示的位置做进一步的调整。

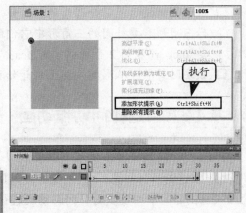

图 6-39　添加形状动画

选择结束关键帧，同样图形上出现红色
的形状提示 a，将它移动到 a 点变形的目标
位置，如图 6-40 所示。

在使用形状提示时，可以执行【视图】|【显示形
状提示】命令显示或隐藏形状提示。

根据以上步骤，再添加更多的形状提
示，并调整它们的位置，如图 6-41 所示。

起始关键帧上的形状提示是黄色的，结束关键帧
的形状提示是绿色的，当不在一条曲线上时为
红色。

最后按 Ctrl+Enter 键，会看到由正方形
到圆形的补间形状动画是按照所添加的提
示点的顺序变化，如图 6-42 所示。

如果想要在补间形状中获得最佳的效
果，需要用户遵循以下几条准则。

❏ 在复杂的补间形状中，需要创建中
间形状再进行补间，而不要只定义
起始关键帧和结束关键帧中的形状。

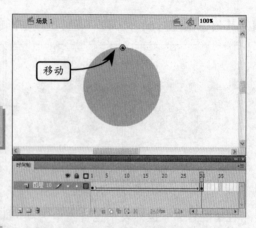

图 6-40 移动终点帧的形状提示

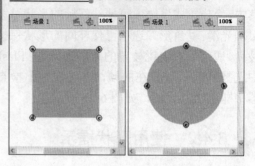

图 6-41 起始帧和结束帧的形状提示位置

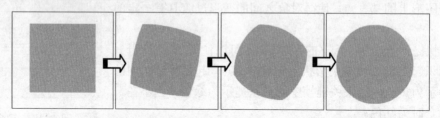

图 6-42 使用形状提示制作动画

❏ 确保形状提示是符合逻辑的。例如，在一个三角形中使用 3 个形状提示，则在原
始三角形和要补间的三角形中它们的顺序必须是一致的，而不能在第 1 关键帧中
是 abc，而在第 2 个关键帧是 bca。
❏ 按逆时针顺序从形状的左上角开始放置形状提示，这样的工作效果最好。

6.4.3 创建补间动作动画

Flash CS4 支持两种不同类型的补间以创建动画：一种是传统补间（包括在早期版本
中 Flash 创建的所有补间），其创建方法与原来相比没有改变；另一种是补间动画，其功
能强大且创建简单，可以对补间的动画进行最大程度的控制。

补间动画是一个帧到另一个帧之间对象变化的一个过程。在创建补间动画时，可以

在不同关键帧的位置设置对象的属性，如位置、大小、颜色、角度、Alpha 透明度等。编辑补间动画后，Flash 将会自动计算这两个关键帧之间属性的变化值，并改变对象的外观效果，使其形成连续运动或变形的动画效果。

1. 创建传统补间动画

Flash CS4 将之前各版本 Flash 软件创建的补间动画称作传统补间动画，即非面向对象运动的补间动画。创建传统补间动画，使用的仍然是基于 Flash CS3 的补间动画创建方式，传统补间动画并非基于某一个元件，而是基于某个图层中的所有内容。

新建文档，在舞台中绘制对象或者导入素材，并将其转换为影片剪辑元件。图 6-43 所示为在舞台中导入一个卡通蜗牛，并转换为"蜗牛"影片剪辑元件。

右击第 35 帧，在弹出的菜单中执行【插入关键帧】命令，插入关键帧，该帧作为补间动画的结束关键帧。然后，将"蜗牛"移动到舞台的右侧，如图 6-44 所示。

右击起始和结束关键帧之间的任意一帧，在弹出的菜单中执行【创建传统补间】命令，创建传统补间动画，如图 6-45 所示。

最后按 Ctrl+Enter 键，可以看到"蜗牛"从舞台的左侧向右侧爬行，如图 6-46 所示。

2. 设置传统补间属性

选择起始和结束关键帧之间的任意一帧，将显示如图 6-47 所示的【属性】检查器，可以设置补间动画的减速方式、对象是否旋转以及支持沿路径运作等属性。

在【属性】检查器中，各个选项的说明如下。

❑ **缓动**　缓动可以通过逐渐调整变化速率创建更为自然的加速或减速效果。如果要快速地开始补间动画，并沿着动画的结束方向减速动画，可以向右拖动滑块或输入一个 1～100 之间的正值；如果要慢慢地开始补间动画，并沿着动画的结束方向加速运动，则向左拖动滑块或输入一个介于–100～–1 的负值。

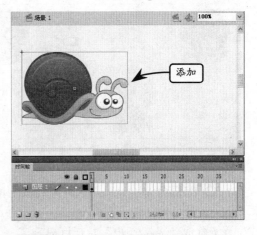

图 6-43　添加影片剪辑元件

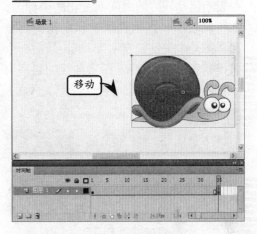

图 6-44　插入结束关键帧

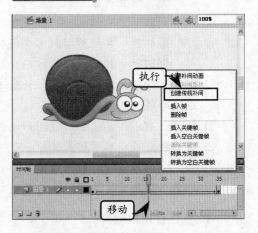

图 6-45　创建传统补间

图 6-46　传统补间动画　　　　　　　　　　　　　　　　　　　　图 6-47　补间动画属性

❑ **编辑缓动**　如果要在补间的帧范围内产生更复杂的速度变化，可以单击缓动右侧的【编辑缓动】按钮，打开如图 6-48 所示的【自定义缓入/缓出】对话框。

【自定义缓入/缓出】对话框显示了一个表示运动程度随时间而变化的坐标图。水平轴表示帧，垂直轴表示变化的百分比。第一个关键帧表示为 0%，最后一个关键帧表示为 100%。图形曲线的斜率表示对象的变化速率。

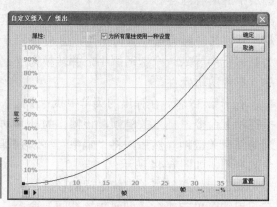

提示

曲线水平时（无斜率），变化速率为零；曲线垂直时，变化速率最大，一瞬间完成变化。

图 6-48　【自定义缓入/缓出】对话框

❑ **旋转**　在该下拉列表中可以设置对象的旋转运动，其列出了以下不同的旋转方式。

　　➢ **无**　设置对象不做旋转运动。
　　➢ **自动**　为默认选项，设置对象以最小的角度旋转到终点位置。
　　➢ **顺时针**　按照顺时针方向旋转对象，输入一个数值指定要旋转的次数。
　　➢ **逆时针**　按照逆时针方向旋转对象，输入一个数值指定要旋转的次数。

❑ **贴紧**　如果使用运动路径，则选择此复选框，以根据其注册点将补间元素附加到运动路径。

❑ **同步**　启用该复选框，使图形元件实例的动画和主时间轴同步。

❑ **调整到路径**　启用该复选框，可以设置对象沿路径运动，并随路径方向而改变角度。当使用运动引导层时，需要启用该复选框。

❑ **缩放**　启用该复选框，允许缩放补间对象的大小。

3.　创建补间动画

Flash CS4 在补间动画方面进行了非常大的改变，使用户可以用更加简便的方式创建和编辑丰富的动画，同时，还允许用户以可视化的方式编辑动画。

补间动画以元件对象为核心，一切补间的动作都是基于元件的。因此，在创建补间动画前，首先创建元件，作为起始关键帧中的内容，如图 6-49 所示。

右击第一帧，在弹出的菜单中执行【创建补间动画】命令。此时，Flash 将包含补间对象的图层转换为补间图层，并在该图层中创建补间范围，如图 6-50 所示。

提 示

如果对象仅驻留在 1 帧中，则补间范围的长度等于 1 秒所播放的帧数。例如帧频为 24 帧/秒，则补间范围的长度为 24 帧。如果帧频不足 5 帧/秒，则补间范围的长度为 5 帧。如果对象存在于多个连续的帧中，则补间范围将包含该对象所占用的帧数。

右击补间范围内的最后一帧，执行【插入关键帧】|【位置】命令，即会在补间范围内插入一个菱形的属性关键帧。然后，将对象拖动至舞台的右侧，并显示补间动画的运动路径，如图 6-51 所示。

提 示

在 Flash CS4 中，"关键帧"和"属性关键帧"的概念有所不同。"关键帧"是指时间轴中其元件实例出现在舞台上的帧；"属性关键帧"是指在补间动画的特定时间或帧中定义的属性值。

最后按 Ctrl+Enter 键，即可预览"猴子"从左边跑到右边的动画，如图 6-52 所示。

在补间范围内，用户可以为动画定义一个或多个属性关键帧，而每个属性关键帧可以设置不同属性值，并显示不同的动画效果。当然，也可以在单个帧中定义多个属性，而每个属性都会驻留在该帧中。其中，属性关键帧包含的各个属性说明如下。

- ❑ **位置** 对象的 X 坐标或 Y 坐标。
- ❑ **缩放** 对象的宽度或高度。
- ❑ **倾斜** 倾斜对象的 X 轴或 Y 轴。
- ❑ **旋转** 以 X、Y 和 Z 轴为中心旋转。
- ❑ **颜色** 颜色效果，包括亮度、色调、Alpha 透明度和高级颜色设置等。
- ❑ **滤镜** 所有滤镜属性，包括阴影、发光、斜角等。
- ❑ **全部** 应用以上所有属性。

图 6-49 创建起始关键帧

图 6-50 创建补间动画

图 6-51 插入属性关键帧

图 6-52　补间动画

技 巧

插入属性关键帧还可以直接将播放头拖动至补间范围内的任意一帧，然后对对象进行操作，如移动动位图、改变大小、添加滤镜等，Flash 将自动在该帧处插入相应属性的属性关键帧。

4. 调整补间动画路径

使用【选择】、【转换锚点】、【删除锚点】和【任意变形】等工具，都可以编辑舞台上的补间动画运动路径。例如，单击【选择工具】按钮 ，将光标移动至运动路径上并单击鼠标左键将其向上拖动，即可改变动画中"猴子"的运动路径，如图 6-53 所示。

图 6-53　设置运动路径

用户也可以通过【动画编辑器】面板，查看所有补间属性及其属性关键帧。它还提供了向补间动画添加精度和详细信息。动画编辑器显示当前选定的补间的属性。在时间轴中创建补间后，动画编辑器允许用户以多种不同的方式来调整补间动画。

技 巧

如果在补间动画中，用户不调整元件的位置，则舞台中不会显示运动路径。另外，用户还可以将现有动画路径进行保存，并应用到其他补间动画中。

6.4.4　使用动画编辑器

通过【动画编辑器】面板，可以查看所有补间属性及其属性关键帧，它还提供了向补间添加精度和详细信息的工具。动画编辑器显示当前选定的补间的属性，在时间轴中创建补间后，动画编辑器允许以多种不同的方式来控制补间，如图 6-54 所示。

1. 添加和删除属性关键帧

在【动画编辑器】面板中，将播放头拖动至想要添加关键帧的位置。然后，单击【关键帧】选项中的【添加或删除关键帧】按钮，即可在当前位置添加关键帧，且该按钮显示为一个黄色的菱形图标，如图 6-55 所示。

如果想要删除某一个关键帧，首先将播放头拖动至该关键帧的位置。然后，单击【关键帧】选项中的【添加或删除关键帧】按钮，即可删除当前位置的关键帧，且该按钮图标还原为默认的尖三角图标，如图 6-56 所示。

> **提 示**
>
> 在【动画编辑器】面板中添加或删除关键帧，【时间轴】面板中也会随之发生相应的变化。

2. 移动属性关键帧

如果想要将属性关键帧移动至补间内其他帧处，只需要在 X 或 Y 轴曲线中选择该关键帧的节点，然后向左或向右拖动至目标位置即可。可以发现，无论移动 X 轴还是 Y 轴中的关键帧节点，另一轴中的关键帧节点也将随之发生改变，如图 6-57 所示。

3. 改变元件实例位置

通过调节 X 或 Y 轴曲线中关键帧节点的垂直位置，可以改变该关键帧处元件实例的位置。选择 X 或 Y 轴曲线中的关键帧节点，并沿垂直方向向上或向下拖动，即可改变该关键帧中元件实例的 X 坐标和 Y 坐标，如图 6-58 所示。

4. 转换元件实例形状

在【动画编辑器】面板中可以更改元件实例的倾斜角度和缩放比例。单击【转换】选项左侧的小三角形按钮，使其显示出【倾斜】子选项。然后，在【倾斜 X】和【倾斜 Y】选项的右侧输入度数，或者向上或向下拖动曲线图中关键帧节点，即可改变元件实例的倾斜角度，如图 6-59 所示。

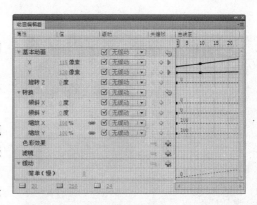

图 6-54 动画编辑器

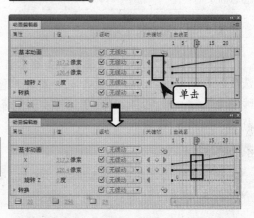

图 6-55 添加关键帧

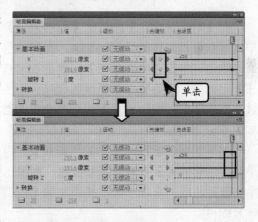

图 6-56 删除关键帧

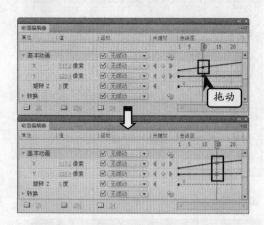

图 6-57　移动属性关键帧

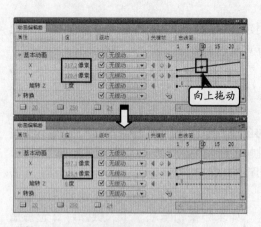

图 6-58　改变元件实例位置

使用同样的方法，在【缩放 X】和【缩放 Y】选项的右侧输入百分比，或者向上或向下拖动曲线图中关键帧节点，即可改变元件实例的缩放百分比，如图 6-60 所示。

提　示

在默认情况下，曲线图中只显示补间范围内的起始关键帧和结束关键帧。

5．添加和删除色彩效果

在【动画编辑器】面板的【色彩效果】选项中，可以为元件实例调整 Alpha、亮度、色调和高级颜色。单击【色彩效果】右侧的加号按钮，在弹出的菜单中选择想要更改的选项（如色调），然后在出现的列表中设置着色颜色和色调数量，如图 6-61 所示。

如果想要删除已经添加的色彩效果，则可以单击【色彩效果】右侧的减号按钮，在弹出的菜单中选择相应的选项（如已经添加的【色调】选项）即可。

6．添加和删除滤镜效果

除了可以在【属性】检查器中为元件实例添加滤镜效果外，还可以在【动画编辑器】面板中添加。单击【滤镜】选项右侧的【添加滤镜】按钮，在弹出的菜单中选择任意一个滤镜效果（如模糊）选项，即可为元件实例添加模糊滤镜效果，如图 6-62 所示。使用相同的方法，可以为元件实

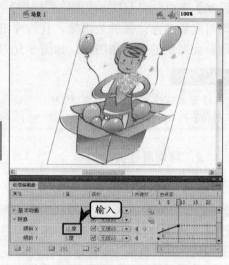

图 6-59　倾斜 X

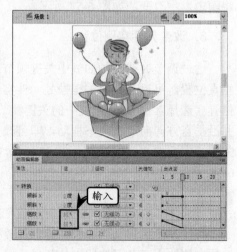

图 6-60　缩小元件实例

例同时添加多个滤镜效果。

单击【滤镜】右侧的【删除滤镜】按钮，在弹出的菜单中选择相应的滤镜选项（如已经添加的模糊滤镜），即可为元件实例删除该滤镜效果。

7. 为补间添加缓动效果

为补间动画添加缓动效果，可以改变补间中元件实例的运动加速度，使其运动过程更加逼真。在【缓动】下拉菜单中，已预置有"简单（慢）"的缓动效果，并提供了缓动的强度百分比，如图 6-63 所示。除此之外，用户还可单击【添加缓动】按钮，在弹出的菜单中选择其他类型的缓动效果。

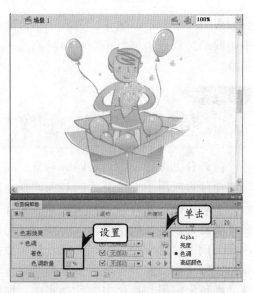

图 6-61　更改色调

6.4.5　使用动画预设

动画预设是预配置的补间动画，可以将它们应用于舞台上的对象。只需选择对象并单击【动画预设】面板中的【应用】按钮即可。

1. 预览动画预设

Flash 提供的每个动画预设都可以在【动画预设】面板中查看其预览。这样，可以了解在将动画应用于 FLA 文件中的对象时所获得的效果。

执行【窗口】|【动画预设】命令，打开【动画预设】面板。然后，从该面板的列表中选择一个动画预设，即可在面板顶部的【预览】窗格中播放，如图 6-64 所示。

图 6-62　添加投影滤镜

> **提 示**
>
> 如果想要停止播放预览，可以在【动画预设】面板外单击。

2. 应用动画预设

在舞台上选择了可补间的对象（元件实例或文本字段）后，可单击【动画预设】面板中的【应用】按钮来应用预设。每个对象

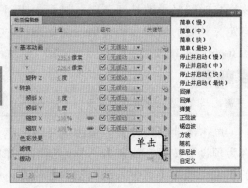

图 6-63　缓动

只能应用一个预设，如果将第二个预设应用
于相同的对象，则第二个预设将替换第一个
预设。

　　在舞台上选择一个可补间的对象。如果
将动画预设应用于无法补间的对象，则会显
示一个对话框，允许将该对象转换为元件。
在【动画预设】面板中选择一个预设，然后
单击面板中的【应用】按钮，或者从面板菜
单中执行【在当前位置应用】命令，即可将
该动画预设应用到舞台中的元件实例，如图
6-65 所示。

3. 将补间另存为自定义动画预设

　　如果创建自己的补间，或对从【动画预
设】面板应用的补间进行更改，可将它另存
为新的动画预设。新预设将显示在【动画预
设】面板中的【自定义预设】文件夹中。

　　如果想要将自定义补间另存为预设，首
先选择时间轴中的补间范围、舞台中应用了
自定义补间的对象或舞台上的运动路径，如
图 6-66 所示。

　　单击【动画预设】面板中的【将选区另
存为预设】按钮，或者右击补间范围从弹出
的菜单中执行【另存为动画预设】命令，可
将当前动画另存为新的动画预设，如图 6-67

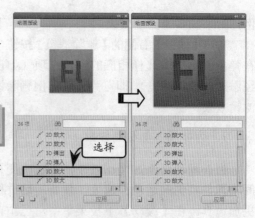

图 6-64　预览动画

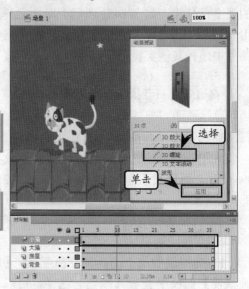

图 6-65　应用动画预设

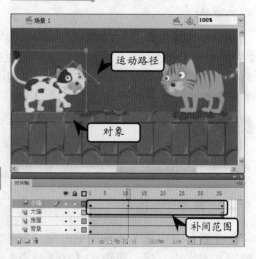

图 6-66　创建运动路径

所示。

4．导入动画预设

Flash 的动画预设都是以 XML 文件的形式存储在本地计算机中的。导入外部的 XML 补间文件，可以将其添加到【动画预设】面板中。

单击【动画预设】面板右上角的选项按钮，在弹出的菜单中执行【导入】命令打开【打开】对话框。然后通过该对话框选择要导入的 XML 文件，如图 6-68 所示。

导入完成后，将会在【动画预设】面板中的【自定义预设】文件夹中显示刚才导入的自定义动画预设，如图 6-69 所示。

6.5 使用绘图纸外观

通常情况下，Flash 只显示一帧的画面，然而当制作逐帧动画并需要给每帧定位时，就需要用到时间轴下部的绘图纸外观工具，它包括【绘图纸外观】 、【绘图纸外观轮廓】 、【编辑多个帧】 和【修改绘图纸标记】 等工具。使用这些工具，不仅可以定位和编辑逐帧动画，并且能够在舞台中一次查看两个或者多个帧。

6.5.1 显示模式

填充模式是相对线框模式而言的，以填充模式显示帧的内容时，与实际帧的内容没有太大差别，显示的是一个整体；而线框模式只是显示对象的轮廓。根据不同的情况可以选择适合的模式查看帧内容。

图 6-67 另存动画预设

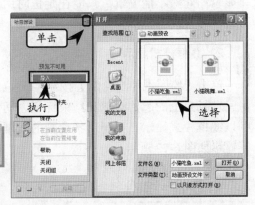

图 6-68 导入动画预设

图 6-69 自定义动画预设

1．填充模式显示

单击【绘图纸外观】 按钮，位于时间轴标尺上的起始标记和结束标记之间的帧在舞台上由深到浅显示出来，当前帧的颜色最深，其他帧的颜色依次变浅，显示补间动画时，可以看到位于标记间的所有的帧，但只能对当前关键帧进行编辑，图6-70所示的是一个简单的补间动画。

在显示其他类型的动画时，Flash只显示出当前帧和标记范围内的关键帧，且只能对当前关键帧进行编辑，如图6-71所示。对淡化显示的对象不能编辑，只能在定位时用做参照。

2．线框模式显示

单击【绘图纸外观轮廓】按钮 ，位于时间轴标尺上的起始标记和结束标记之间的帧以线框模式显示。补间形状动画的线框模式显示如图6-72所示。

6.5.2 编辑多帧

编辑多个帧与修改绘图纸标记功能在制作复杂动画时非常有用。例如在制作动画时，需要查看动画中各个帧内容的相对位置，此时可以使用编辑多个帧或者修改绘图纸标记功能；而需要同时选择多个帧内容时，就可以使用编辑多个帧功能，然后根据所需对其调整。

1．编辑多个帧

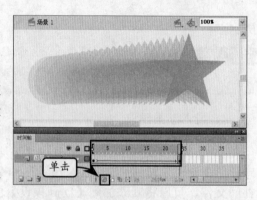

图6-70　以填充模式显示补间形状动画

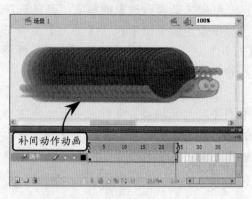

图6-71　以填充模式显示其他类型动画

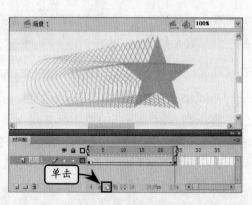

图6-72　以线框模式显示补间形状动画

单击【编辑多个帧】按钮 ，可对位于标记之间的帧进行编辑。【编辑多个帧】 能以正常模式显示出标记之间的帧，并能够同时进行编辑。在显示补间动画时，【编辑多个帧】 只能显示和编辑标记范围内的关键帧。

> **注 意**
>
> 不能对锁定层进行使用绘图纸外观。为避免显示多余的对象，可以锁定或隐藏此对象所在的图层。

利用多帧编辑功能，可以同时对多个帧的对象进行操作，甚至可以移动整个动画，而无需一帧一帧地操作。按照下面的操作步骤可以同时移动位于不同帧上的对象。

首先将不需要移动的层锁定或隐藏。单击【编辑多个帧】按钮，打开多帧编辑功能，拖动时间轴标尺上的显示标记，将所有要移动的帧都包括在标记之间，如图 6-73 所示。

提 示

也可以单击【修改绘图纸标记】按钮，执行【绘制全部】命令，将整个动画的帧都包括在内。

然后，执行【编辑】|【全选】命令，选取显示在舞台上的所有对象和时间轴标记之间的所有帧，拖动所有选取的对象，可以将它们移到新的位置，如图 6-74 所示。

2. 设置标记

要改变所显示帧的范围，可以移动时间轴标尺上的显示标记。一般情况下，移动播放指针时，标记会随着指针移动，单击【修改绘图纸标记】按钮，将会弹出如图 6-75 所示的下拉菜单。

在该菜单中，各个选项的含义如下所示。

❑ **始终显示标记** 无论是否使用绘图纸标记，都显示绘图纸的方括号标记。

❑ **锚记绘图纸** 锁定当前的绘图纸标记。

❑ **绘图纸 2** 选定绘图纸的方括号标记范围为当前帧和当前帧的左右两帧。

❑ **绘图纸 5** 选定绘图纸的方括号标记范围为当前帧和当前帧的左右五帧。

❑ **所有绘图纸** 显示所有帧。

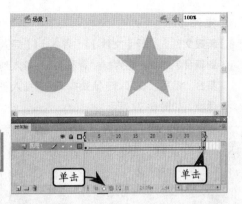

图 6-73 编辑多个帧

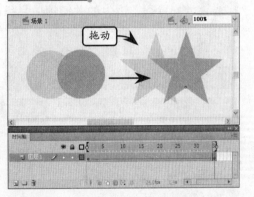

图 6-74 拖动所有选取的对象

图 6-75 标记设置菜单

6.6 课堂练习：制作字母变形动画

本例制作由字母 A 变形到字母 B 的补间形状动画，如图 6-76 所示。该练习主要利用形状提示创建补间形状动画，通过标识起始形状和结束形状中相对应的点，从而控制复杂的形状变化。

图 6-76 字母变形动画

操作步骤

1. 新建文件，执行【文件】|【导入】|【导入到舞台】命令，将素材"背景.jpg"导入到舞台。然后，在第 35 帧处按 F5 键插入普通帧，如图 6-77 所示。

图 6-77　导入背景图像

提 示

用户可以通过相对于舞台【水平中齐】与【垂直中齐】操作，使图像位于舞台中央。

2. 新建图层 2，在第 1 帧处使用【文本工具】输入字母 A，并在【属性】检查器中设置【系列】为 Arial Black；【大小】为 200；【颜色】为"淡绿色"（#BFF9A4）。然后，执行【修改】|【分离】命令，将其打散，如图 6-78 所示。

3. 选择第 35 帧，按 F7 键插入空白关键帧。然后，使用【文本工具】在舞台中输入字母 B，在【属性】检查器中设置其【颜色】为"淡黄色"（#FFFEB5），并将其打散，如图 6-79 所示。

4. 右击第 1 帧至第 35 帧之间任意一帧，在弹出的菜单中执行【创建补间形状】命令，制作由字母 A 变形到字母 B 的补间形状动画，如图 6-80 所示。

图 6-78　起始关键帧

图 6-79　结束关键帧

图 6-80　创建补间形状动画

5. 选择图层 2 的第 1 帧，执行【修改】|【形状】|【添加形状提示】命令，添加形状提示 a。然后，使用【选择工具】调整其位置，

如图 6-81 所示。

图 6-81 添加形状提示

6 选择图层 2 的最后一帧，将形状提示 a 移动到指定的变形结束位置，如图 6-82 所示。

◯ 图 6-82 移动结束形状提示

7 使用相同的方法，为字母 A 继续添加其他的形状提示，并分别调整到适当的位置，如图 6-83 所示。

◯ 图 6-83 添加其他形状提示

8 选择最后一帧，调整字母 B 上形状提示的位置，如图 6-84 所示。调整完成后，按 Ctrl+Enter 键，预览逐帧动画效果即可。

◯ 图 6-84 为字母 B 添加形状提示

6.7 课堂练习：制作逐字显示动画

本练习将制作一个逐字出现的动画，如图 6-85 所示。在该实例中，使用逐帧动画可以较细致地制作出所需的动画效果，它将每一帧都定义为关键帧，然后给每个帧创建不同的内容。每个新关键帧最初包含的内容和它前面的关键帧是一样的，因此还可以递增地修改动画中的帧。

◯ 图 6-85 逐字显示动画

操作步骤

1 新建文档，执行【文件】|【导入】|【导入
到舞台】命令，将素材图像"背景.jpg"导
入到舞台。然后，打开【文档属性】对话框，
设置动画【帧频】为5fps，如图6-86所示。

图 6-86　导入背景图像

2 选择图层1的第30帧，按F5键，插入普
通帧。然后新建图层2，使用【文本工具】
在舞台中输入字母M，并在【属性】检查器
中设置【系列】为 Broadway；【大小】为
50；【颜色】为"淡黄色"（#FFFF00），如
图6-87所示。

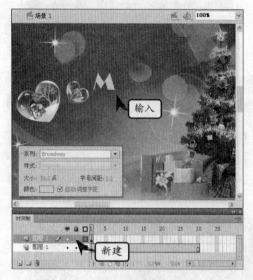

图 6-87　输入文字

3 在图层2的第2帧处按F6键，插入关键帧，

使其内容与第1帧相同。然后，使用【文本
工具】在第一个字母后面输入e，如图6-88
所示。

图 6-88　输入字母 e

4 使用相同的方法，在第 3~5 帧处分别插入
关键帧，并在舞台中依次输入字母 r、r、y。
然后，在第30帧处插入普通帧，如图6-89
所示。

图 6-89　输入其他字母

5 新建图层3，在第6帧处插入关键帧，在舞
台中输入字母C。然后，在第7~14帧处分
别插入关键帧，在字母C后面依次输入h、
r、i、s、t、m、a 和 s，如图6-90所示。

Flash CS4 中文版标准教程

图 6-90 制作另一个单词

⑥ 在图层 2 和图层 3 的第 17 帧处分别插入关

键帧。然后，在【属性】检查器中分别为文字添加"投影"滤镜效果，如图 6-91 所示。

图 6-91 添加投影滤镜

6.8 思考与练习

一、填空题

1. 当创建逐帧动画时，每个帧都是_____帧。

2. 将对象分散到层的方法是：选择要分散的对象按_____键。

3. 一个图形最多可以使用_____个形状提示。

4. 可以在_____文本框中输入补间帧之间的速率值。

5. 补间动画分为动画补间和_____补间。

二、选择题

1. 帧包括_____。
   - A. 普通帧、关键帧、动作帧、空白关键帧
   - B. 普通帧、关键帧、空白关键帧、过渡帧
   - C. 普通帧、关键帧、空白帧、空白关键帧
   - D. 动作帧、关键帧、空白关键帧、过渡帧

2. 在下列帧表示方法中，表示补间形状动画的是_____。
   - A. ▨▨▨▨▨▨▨▨▨▨
   - B. ▨▨▨▨▨▨▨▨▨▨
   - C. ▨▨▨▨▨▨▨▨▨▨
   - D. ▨▨▨▨▨▨▨▨▨▨

3. 下列关于帧的说法正确的是_____。
   - A. 普通帧也称为动态帧，显示同一层上最后一个关键帧的内容
   - B. 关键帧是用来定义动画中的变化的
   - C. 空白关键帧是以一个实心的小圆圈表示
   - D. 过渡帧中包括了逐帧过渡与运动过渡

4. 在 Flash 中，下列说法正确的是_____。
   - A. 按 F6 键可以建立一个关键帧
   - B. 帧不可以用鼠标来创建
   - C. 关键帧不能为空
   - D. 帧和关键帧是一个概念

5. 要使用实体、位图、文本块等元素创建形状补间动画，必须先将它们_____。
   - A. 组合　　　B. 分离
   - C. 对齐　　　D. 变形

三、问答题

1. Flash 中可以创建哪些类型的动画效果，它们之间的区别是什么？

2. 什么是动画预设？如何导入和导出动画预设？

3. 补间动画可以分为哪些类型，它们的主要作用分别是什么？区别又是什么？

4.【时间轴】面板中包括哪些类型的帧，它们的区别是什么？如何删除关键帧和普通帧？

5. 简述形状提示的作用和使用方法。

四、上机练习

1. 制作青蛙游泳动画

本例首先导入背景图像，并扩展其背景图层的内容。新建图层，将准备好的素材以序列形式导入至新图层中。然后，使用【编辑多个帧】按钮并执行【编辑】|【全选】命令，将"图层 2"中的所有帧内容选择，并调整其位置，最后测试效果即可，如图 6-92 所示。

图 6-92 青蛙游泳动画

2. 制作小球跳跃动画

使用 Flash CS4 中的动画预设功能，可以非常快捷地制作出逼真的小球跳跃动画。首先在舞台中绘制一个圆形，为其填充放射状渐变色，并

将其转换为影片剪辑元件。然后，选择该元件，在【动画预设】面板中应用"中幅度跳跃"，预览效果如图 6-93 所示。

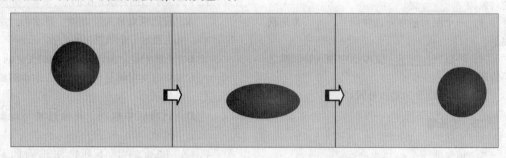

图 6-93 小球跳跃动画

第7章

创建高级动画

Flash CS4 可以创建的动画类型有许多种。除了之前章节介绍的逐帧动画、补间动画和补间形状以外，还可以创建遮罩动画、引导动画、三维动画和反向运动，这样大大增强了 Flash 在动画制作方面的优势，从而可以满足各种不同的需求。

本章节将向读者介绍遮罩动画和运动引导动画，以及新增工具的使用方法，包括 3D 工具和骨骼工具，使读者可以制作出更加丰富的动画效果。

本章学习要点：

- ➤ 遮罩动画
- ➤ 引导动画
- ➤ 使用 3D 工具
- ➤ 调整透视角度
- ➤ 调整消失点
- ➤ 骨骼工具
- ➤ 反向运动

补间动画是一个独立且完整的动画，如果需要为其添加特殊效果，可以通过使用遮罩层或者运动引导层（制作物体以某种特定方式沿路径改变的动画）制作所需动画。使用补间动画时，不仅可以建立静态遮罩，还可以进一步将遮罩做成动画。

7.1.1 创建遮罩动画

遮罩动画是一种特殊的 Flash 动画类型。在制作遮罩动画时，需要在动画图层上创建一个遮罩层，然后在遮罩层中绘制各种矢量图形，并保证为分离状态。当播放动画时，只有被遮罩层遮住的内容才会显示，而其他部分将被隐藏起来。遮罩层本身在动画中是不可见的。

1. 创建遮罩层

使用 Flash 制作遮罩动画，首先要创建遮罩层，并绘制一个用于遮罩的图形。下面就使用【矩形工具】在舞台中绘制一个圆角矩形，作为遮罩图形，如图 7-1 所示。

然后，右击图层 2，在弹出的菜单中执行【遮罩层】命令，将该图层转换为遮罩层。此时可以发现，通过圆角矩形可以看到下一图层中的内容，如图 7-2 所示。当创建遮罩层后，图层 1 和图层 2 均被锁定。

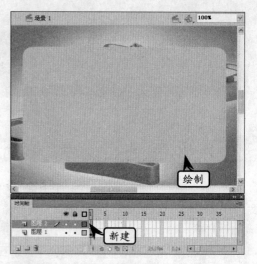

图 7-1 绘制遮罩图形

2. 制作遮罩动画

用于遮罩的对象多种多样，可以是几何图形、各种不规则图形、文字等。用户可以将多个图层组织在一个遮罩层下，实现各种复杂的遮罩效果，也可以将遮罩层或被遮罩层制作为补间动画，实现各种遮罩动画效果。下面就讲解一下创建遮罩动画的方法。

首先在舞台中导入一张素材图像，用作被遮罩的图像。然后，在第 30 帧处按 F5 键，插入普通帧，如图 7-3 所示。

新建图层 2，使用【椭圆工具】在舞台中绘制一个圆形。在第 30 帧处插入关键帧，并

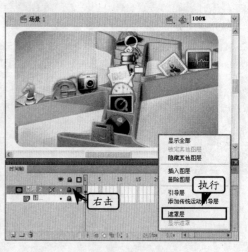

图 7-2 创建遮罩层

放大该圆形，使其遮挡住整个舞台。然后，在第 1～30 帧创建补间形状动画，如图 7-4

所示。

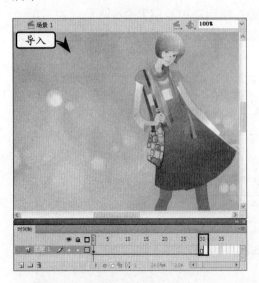

图 7-3 插入帧

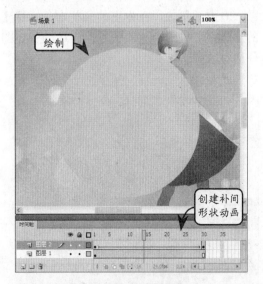

图 7-4 创建补间形状动画

右击图层 2，在弹出的菜单中执行【遮罩层】命令，将该图层转换为遮罩层，如图 7-5 所示。

创建完遮罩层后，按 Ctrl+Enter 键预览效果，如图 7-6 所示。

● 7.1.2 创建运动引导动画

运动引导动画是传统补间动画的一种延伸，用户可以在舞台中绘制一条辅助线作为运动路径，设置让某个对象沿着该路径运动。

要创建运动引导动画，至少需要两个图层：一个是普通图层，用于存放运动的对象；另一个是运动引导层，用于绘制作为对象运动路径的辅助线。下面就讲解一下创建运动引导动画的方法。

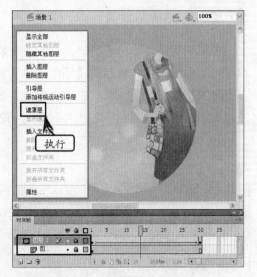

图 7-5 创建遮罩层

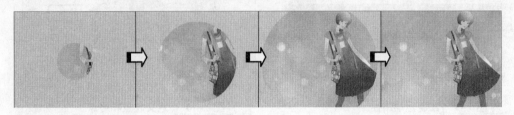

图 7-6 遮罩补间动画

首先，在舞台中导入背景图像。新建图层，创建用于飘浮运动的气泡元件，并延长图层 1 和图层 2 的帧数至第 30 帧，如图 7-7 所示。

右击图层 2，在弹出的菜单中，执行【添加传统运动引导层】命令，此时在图层 2 的上面将创建一个新的图层作为运动引导图，如图 7-8 所示。默认情况下，该图层中无任何对象。

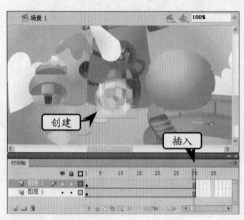

图 7-7 创建运动对象

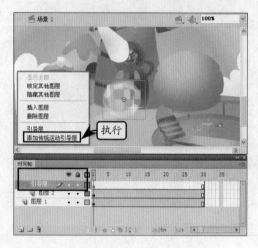

图 7-8 添加传统运动引导层

选择引导图，使用【铅笔工具】、【线条工具】或【钢笔工具】在舞台中绘制"气泡"飘浮的运动路径。本例使用【铅笔工具】绘制运动路径，如图 7-9 所示。

将图层 2 的最后一帧转换为关键帧。然后，分别选择第 1 帧和最后 1 帧，将气泡元件拖曳到运动路径的两端，作为对象运动的起点和终点，如图 7-10 所示。

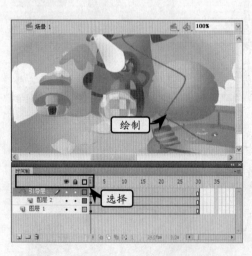

图 7-9 绘制运动路径

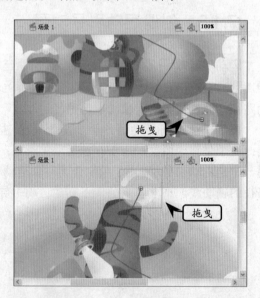

图 7-10 定义起点和终点

最后，选择图层 2 中任意一个普通帧，执行【创建传统补间】命令，即可完成传统运动引导动画的制作，效果如图 7-11 所示。

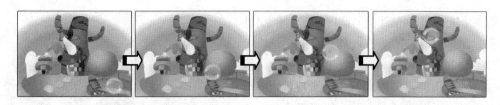

图 7-11　传统运动引导动画

7.2　创建 3D 动画

Flash 允许用户在舞台的 3D 空间中移动和旋转影片剪辑来创建 3D 效果。Flash 通过影片剪辑实例的 Z 轴属性来表示 3D 空间。通过使用 3D 平移和 3D 旋转工具沿着影片剪辑实例的 Z 轴移动和旋转影片剪辑实例，可以向影片剪辑实例中添加 3D 透视效果。

3D 平移和 3D 旋转工具都允许用户在全局 3D 空间或局部 3D 空间中操作对象。全局 3D 空间即为舞台空间。局部 3D 空间即为影片剪辑空间。如果影片剪辑包含多个嵌套的影片剪辑，则嵌套的影片剪辑的局部 3D 旋转与容器影片剪辑内的绘图区域相关。

7.2.1　3D 平移工具

使用【3D 平移工具】可以在 3D 空间中移动影片剪辑实例的位置，这样使影片剪辑实例看起来离观察者更近或更远。

单击工具箱中的【3D 平移工具】按钮，然后选择舞台中的影片剪辑实例。此时，该影片剪辑的 X、Y 和 Z 3 个轴将显示在实例的正中间。其中，X 轴为红色、Y 轴为绿色，而 Z 轴为一个黑色的圆点，如图 7-12 所示。

【3D 平移工具】的默认模式是全局。在全局 3D 空间中移动对象与相对舞台移动对象等效；在局部 3D 空间中移动对象与相对父影片剪辑（如果有）移动对象等效。

如果要切换【3D 平移工具】的全局模式和局部模式，可以选择【3D 平移工具】，然后单击工具箱中选项区域的【全局转换】按钮，如图 7-13 所示。

> **技 巧**
>
> 在使用【3D 平移工具】进行拖动的同时按 D 键可以临时从【全局】模式切换到【局部】模式。

如果要通过【3D 平移工具】进行拖动来移动影片剪辑实例，首先将指针移动到该实

图 7-12　3D 坐标

图 7-13　全局转换

例的 X、Y 或 Z 轴控件上，此时在指针的尾处将会显示该坐标轴的名称，如图 7-14 所示。

X 和 Y 轴控件是每个轴上的箭头。使用鼠标按控件箭头的方向拖动其中一个控件，即可沿所选轴（水平或垂直方向）移动影片剪辑实例，如图 7-15 所示。

Z 轴控件是影片剪辑中间的黑点，上下拖动该黑点即可在 Z 轴上移动对象，此时将会放大或缩小所选的影片剪辑实例，以产生离观察者更近或更远的效果，如图 7-16 所示。

图 7-14　显示坐标名称

图 7-15　移动对象

图 7-16　沿 Z 轴移动对象

提　示

单击 Z 轴的小黑点向上拖动，可以缩小所选的影片剪辑实例；单击 Z 轴的小黑点向下拖动，可以放大所选的影片剪辑实例。

除此之外，在【属性】检查器的【3D 定位和查看】选项中输入 X、Y 或 Z 的值，也可以改变影片剪辑实例在 3D 空间中的位置，如图 7-17 所示。

在 Z 轴上移动对象时，对象的外观尺寸将发生变化。外观尺寸在【属性】检查器中显示为【3D 位置和查看】选项中的【宽度】和【高度】值，这些值是只读的。

◢ 图 7-17　【属性】检查器

在 3D 空间中，如果想要移动多个影片剪辑实例，可以使用【3D 平移工具】移动其中一个实例，此时其他的实例也将以相同的方式移动，如图 7-18 所示。

- ❑ 如果要在全局 3D 空间中以相同方式移动组中的每个实例，首先将【3D 平移工具】设置为【全局】模式，然后用轴控件拖动其中一个实例。按住 Shift 键并双击其中一个选中实例可将轴控件移动到该实例。
- ❑ 如果要在局部 3D 空间中以相同方式移动组中的每个实例，首先将【3D 平移工具】设置为【局部】模式，然后用轴控件拖动其中一个实例。按住 Shift 键并双击其中一个选中实例可将轴控件移动到该实例。

◢ 图 7-18　移动多个对象

通过双击 Z 轴控件，也可以将轴控件移动到多个所选影片剪辑实例的中心，如图 7-19 所示。按住 Shift 键并双击其中一个实例，可将轴控件还原到该实例。

◢ 图 7-19　移动轴控件

如果更改影片剪辑实例的 Z 轴位置，则该实例显示时也会改变其 X 轴和 Y 轴的位置。这是因为，Z 轴上的移动是沿着从 3D 消失点（在 3D 元件实例【属性】检查器中设置）辐射到舞台边缘的不可见透视线的结果。

7.2.2 3D 旋转工具

使用【3D 旋转工具】可以在 3D 空间中旋转影片剪辑实例，这样通过改变实例的形状，使之看起来与观察者之间形成某一个角度。

单击【工具】检查器中的【3D 旋转工具】按钮，然后选择舞台中的影片剪辑实例。此时，3D 旋转控件出现在该实例之上，如图 7-20 所示。其中，X 轴为红色、Y 轴为绿色、Z 轴为蓝色，使用橙色的自由旋转控件可同时绕 X 和 Y 轴旋转。

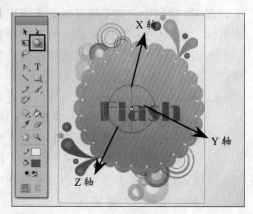

图 7-20　**3D 旋转坐标**

【3D 旋转工具】的默认模式为全局。在全局 3D 空间中旋转对象与相对舞台移动实例等效；在局部 3D 空间中旋转实例与相对父影片剪辑移动实例等效。

如果要切换【3D 旋转工具】的全局模式和局部模式，可以在选择【3D 旋转工具】的同时单击工具箱中选项区域的【全局】切换按钮，如图 7-21 所示。

如果要通过【3D 旋转工具】进行拖动来放置影片剪辑实例，首先将指针移动到该实例的 X、Y、Z 轴或自由旋转控件上，此时在指针的尾处将会显示该坐标轴的名称，如图 7-22 所示。

图 7-21　**全局转换**

> **技　巧**
>
> 在使用【3D 旋转工具】进行拖动的同时按 D 键可以临时从【全局】模式切换到【局部】模式。

拖动一个轴控件可以使所选的影片剪辑实例绕该轴旋转，例如左右拖动 X 轴控件可以绕 X 轴旋转；上下拖动 Y 轴控件可以绕 Y 轴旋转，如图 7-23 所示。

拖动 Z 轴控件可以使影片剪辑实例绕 Z 轴旋转进行圆周运动；而拖动自由旋转控件（外侧橙色圈），可以使影片剪辑实例同时绕 X 和 Y 轴旋转，如图 7-24 所示。

在舞台上选择一个影片剪辑，3D 旋转控件将显示为叠加在所选实例上。如果这些控件出现在其他位置，可以双击该控件的中心点以将其移动到选定实例的正中心，如图 7-25 所示。

图 7-22　**显示坐标轴名称**

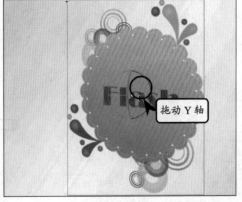

拖动 X 轴　　　　　　　　　　　　　　　　拖动 Y 轴

图 7-23 旋转对象

图 7-24 调整 Z 轴

图 7-25 移动 3D 旋转控件

　　如果想要相对于影片剪辑实例重新定位旋转控件的中心点，可以单击并拖动中心点至任意位置。这样，在拖动 X、Y、Z 轴或自由拖动控件时，将使实例绕新的中心点旋转。例如将旋转控件的中心点拖动至影片剪辑实例的左下角，然后拖动自由旋转控件，即可以新的中心点旋转，如图 7-26 所示。

图 7-26 新位置旋转对象

执行【窗口】|【变形】命令，打开【变形】面板。然后，选择舞台上的一个影片剪辑实例，在【变形】面板【3D 旋转】选项中输入 X、Y 和 Z 轴的角度，也可以旋转所选的实例，如图 7-27 所示。

在舞台中选择多个影片剪辑实例，3D 旋转控件将显示为叠加在最近所选的实例上。然后，使用【3D 旋转工具】旋转其中任意一个实例，其他的实例也将以相同的方式旋转，如图 7-28 所示。

图 7-27 使用【变形】面板

选择舞台上的所有影片剪辑实例，通过双击中心点，可以让中心点移动到影片剪辑组的中心，如图 7-29 所示。按住 Shift 键并双击其中一个实例，可将轴控件还原到该实例。

图 7-28 旋转多个对象

所选实例的旋转控件中心点的位置在【变形】面板中显示为【3D 中心点】，可以在【变形】面板中修改中心点的位置。例如，设置影片剪辑组旋转控件的中心点 X 为 200；Y 为 150；Z 为 10，如图 7-30 所示。

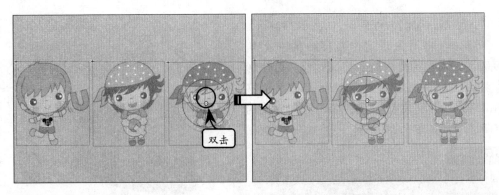

图 7-29 调整中心点

7.2.3 调整透视角度

FLA 文件的透视角度属性控制 3D 影片剪辑视图在舞台上的外观视角。增大或减小透视角度将影响 3D 影片剪辑的外观尺寸及其相对于舞台边缘的位置，如图 7-31 所示。增大透视角度可使影片剪辑对象看起来更接近观察者；减小透视角度属性可使对象看起来更远。此效果与通过镜头更改视角的照相机镜头缩放类似。

透视角度属性会影响应用了 3D 平移或旋转的所有影片剪辑。默认透视角度为 55°视角，值的范围为 1°～180°。如果要在【属性】检查器中查看或设置透视角度，必须在舞台上选择一个 3D 影片剪辑。此时，对透视角度所做的更改将在舞台上立即可见。

例如，在【属性】检查器的【透视角度】选项输入透视角度为 115，或拖动热文本以更改透视角度为 115，如图 7-32 所示。

> **注 意**
>
> 透视角度在更改舞台大小时自动更改，以便 3D 对象的外观不会发生改变。可以在【文档属性】对话框中关闭此行为。

7.2.4 调整消失点

FLA 文件的消失点属性控制舞台上影片剪辑对象的 Z 轴方向。FLA 文件中所有影片剪

图 7-30 设置中心点

图 7-31 透视效果

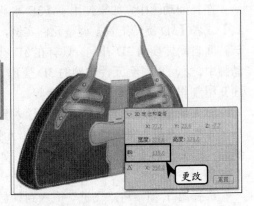

图 7-32 更改透视角度

辑的 Z 轴都朝着消失点后退, 如图 7-33 所示。

例如, 将消失点定位在舞台的左上角 (0,0), 则增大影片剪辑的 Z 属性值, 可使影片剪辑远离观察者并向着舞台的左上角移动; 减小影片剪辑的 Z 属性值, 则向相反的方向移动, 如图 7-34 所示。

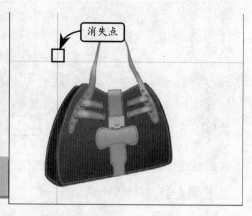

消失点

提 示

因为消失点影响所有影片剪辑, 所以更改消失点也会更改应用了 Z 轴平移的所有影片剪辑的位置。

消失点是一个文档属性, 它会影响应用了 Z 轴平移或旋转的所有影片剪辑, 不会影响其他影片剪辑。消失点的默认位置是舞台中心。如果要在【属性】检查器中查看或设置消失点, 必须在舞台上选择一个影片剪辑实例。

图 7-33 消失点

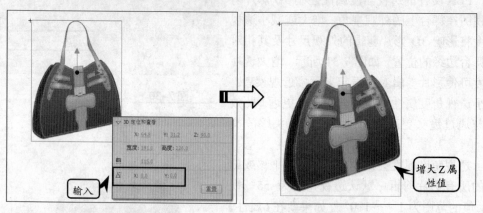

输入

增大 Z 属性值

图 7-34 设置消失点

7.2.5 创建 3D 补间

在补间动画中, 如果使用了【3D 平移工具】或者【3D 旋转工具】调整元件实例, 则该补间自动转换为 3D 补间。只有在 3D 补间动画中, 才可以看到元件实例的 3D 变形。下面介绍制作 3D 补间动画的详细步骤。

首先新建图层, 将所需的素材导入到舞台, 并将"飞机"图形转换为影片剪辑元件。然后, 延长各个图层的帧数至第 35 帧, 如图 7-35 所示。

选择第 1 帧, 将"飞机"拖入到舞台的右上角, 使用【3D 平移工具】选择该影片剪

转换为影片剪辑

图 7-35 导入素材图像

辑实例，并通过鼠标拖动 Z 轴使其值增大，以制作远离用户视觉的效果，如图 7-36 所示。

创建补间动画，将"飞机"影片剪辑实例移动到舞台左下角，并使用【3D 平移工具】减小其 Z 轴的值，使其产生接近用户视觉的效果，如图 7-37 所示。

右击补间范围中的任意一帧，在弹出的菜单中可以发现已经启用为【3D 补间】，说明该补间动画为 3D 补间动画，如图 7-38 所示。

保存文档，按 Ctrl+Enter 键预览动画，效果如图 7-39 所示。

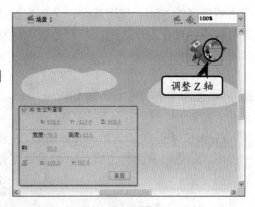

图 7-36 调整 Z 轴

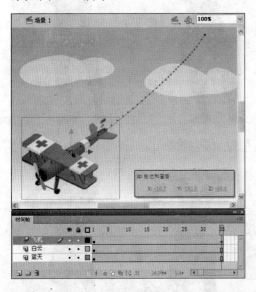

图 7-37 创建补间动画

图 7-38 启用 3D 补间动画

图 7-39 3D 补间动画

7.3 创建反向运动

反向运动（IK）是一种使用骨骼的有关节结构对一个对象或彼此相关的一组对象进

行动画处理的方法。使用骨骼，元件实例和形状对象可以按复杂而自然的方式移动，只需做很少的设计工作。例如，通过反向运动可以更加轻松地创建人物动画，如胳膊、腿和面部表情。

7.3.1 添加 IK 骨骼

Flash CS4 提供了全新的骨骼功能，能够帮助用户制作各种复杂的动作动画。在 Flash 中使用 IK 骨骼有两种方式：一种是通过骨骼连接元件实例；另一种是向形状对象的内部添加骨架。

1. 向元件添加骨骼

通过添加骨骼将每个实例与其他实例连接在一起，用关节连接一系列的元件实例，骨骼允许元件实例链一起移动。

例如，舞台中存在一个由多个元件实例组成的人体结构。选择【骨骼工具】按钮 ✐ （或按 X 键），单击要成为骨架的根部或头部的元件实例。然后，拖动到单独的元件实例，以将其链接到根实例，如图 7-40 所示。

图 7-40　添加骨骼

> **提　示**
>
> 在拖动时，将显示骨骼。释放鼠标后，在两个元件实例之间将显示实心的骨骼。每个骨骼都具有头部、圆端和尾部（尖端）。

若要添加其他骨骼，从第一个骨骼的尾部拖动到要添加到骨架的下一个元件实例即可，指针在经过现有骨骼的头部或尾部时会发生改变，如图 7-41 所示。

> **提　示**
>
> 为便于将新骨骼的尾部拖到所需的特定位置，用户可以执行【视图】|【贴紧】|【贴紧至对象】命令。

图 7-41　添加其他骨骼

从一个实例拖动到另一个实例以创建骨骼时，将添加一个附加点。例如，选择【任意变形工具】按钮 ▦ ，再单击所添加骨骼的元件，即可显示一个圆点，如图 7-42 所示。而将鼠标指向该圆点时，则在鼠标后尾随一个圆圈，即可拖动鼠标调整该附加点。

在向实例添加骨骼时，Flash 将每个实例移动到时间轴中的

图 7-42　附加点

新图层，即骨架图层，如图 7-43 所示。与给定骨架关联的所有骨骼和元件实例都驻留在该图层中。

2. 向形状添加骨骼

通过骨骼可以移动形状的各个部分并对其进行动画处理，而无需绘制形状的不同版本或创建补间形状。

向单个形状或一组形状添加骨骼，其中形状可以包含多个颜色和笔触。在任意情况下，添加第一个骨骼之前必须选择所有形状。在将骨骼添加到所选内容后，Flash 将所有的形状和骨骼转换为 IK 形状对象，并将该对象移动到新的骨架图层。向形状添加骨骼后，用于编辑形状的选项变得更加有限。

在舞台上选择整个形状，选择【骨骼工具】按钮，在形状内单击并拖动到形状内的其他位置。在拖动时，将显示骨骼。释放鼠标后，在单击的点和释放鼠标的点之间将显示一个实心骨骼，如图 7-44 所示。每个骨骼都具有头部、圆端和尾部（尖端）。

在添加第一个骨骼时，Flash 将形状转换为 IK 形状对象，并将其移动到时间轴中的新图层，即骨架图层。

图 7-43　骨架图层

图 7-44　向形状添加骨骼

提　示

若要删除单个骨骼及其所有子级，单击该骨骼并按 Delete 键。通过按住 Shift 键单击每个骨骼可以选择要删除的多个骨骼。若要从某个 IK 形状或元件骨架中删除所有骨骼，选择该形状或该骨架中的任何元件实例，然后执行【修改】|【分离】命令，IK 形状将还原为正常形状。

7.3.2　选择与设置骨骼速度

在 Flash 中，不仅允许用户为 Flash 元件添加骨骼，还提供了便捷的骨骼选定工具，帮助用户方便地选择已添加的骨骼。

除此之外，Flash CS4 还提供了 IK 骨骼速度的设置项目，帮助用户建立更加完善的骨骼运动系统。

1. 快速选择骨骼

Flash CS4 提供了便捷的骨骼选定工具，允许用户选择同级别以及不同级别的各种骨骼组件，帮助用户设置骨骼组件的属性。

使用鼠标单击任意一组骨骼，即可在【属性】检查器中通过骨骼级别按钮切换选择其他骨骼，如图 7-45 所示。

在 Flash CS4 中，骨骼本身的颜色将与其所在的图层轮廓颜色一致。而选定的骨骼则将是这个轮廓颜色的相反色。

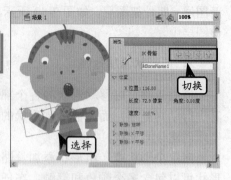

图 7-45　切换骨骼

根据骨骼的级别，可以使用的 IK 骨骼级别按钮主要包括以下 4 种。

- ❏ 上一个同级 ⟵ 选择上一个同级 IK 骨骼。
- ❏ 下一个同级 ⟶ 选择下一个同级 IK 骨骼。
- ❏ 子级 ⟱ 选择子级 IK 骨骼。
- ❏ 父级 ⟰ 选择父级 IK 骨骼。

2. 设置骨骼运动速度

在默认情况下，连接在一起的 IK 骨骼，其子级和父级的相对运动速度是相同的。也就是说，子级对象旋转多少角度，父级对象也会进行相同的角度同步旋转。

然而实际上，各种动物进行的反向运动往往是异步的。例如，人类的小腿以膝关节为中心旋转时，大腿往往只旋转很小的角度。

因此，如果用户需要逼真地模拟动物的运动，还需要设置 IK 骨骼的反向运动速度。在 Flash 影片中，选择父级 IK 骨骼。然后，在【属性】检查器中设置【速度】为"10%"，如图 7-46 所示。

同理，用户也可以设置子级 IK 骨骼的相对运动速度，使子级 IK 骨骼与父级 IK 骨骼之间的异步运动差更大。

在【属性】检查器中的【速度】设置是一种相对速度。因此，将父级骨骼的【速度】减小与将子级骨骼的【速度】增大，效果是相同的。

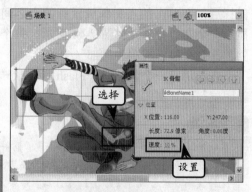

图 7-46　设置速度

7.3.3 联接方式与约束

Flash CS4 的 IK 骨骼功能十分强大，除了允许设置速度外，还允许用户启用多种联接方式以及约束骨骼运动的幅度等。

在舞台中绘制一个角色，并将身体、大腿、小腿和双脚分别转换为影片剪辑元件。然后为角色添加骨骼，以设置联接方式与约束，如图 7-47 所示。

1. 启用/禁用联接方式

Flash CS4 的 IK 骨骼主要有 3 种联接方式，即旋转、X 平移和 Y 平移。其中，X 平

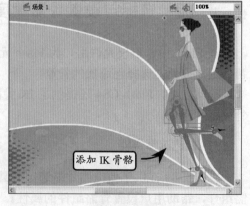

图 7-47　添加 IK 骨骼

移指元件沿水平方向平移；Y 平移指元件沿垂直方向平移。在默认的情况下，新建的 IK 骨骼往往只开启了旋转的联接方式，只能根据骨骼的节点进行旋转。

如果用户需要开启水平平移或垂直平移，以及关闭默认的旋转联接，则可通过【属性】检查器中的相应选项卡进行设置。

例如关闭旋转联接，为角色开启水平平移联接。用户首先选择角色的 IK 骨骼，然后，在【属性】检查器中取消【联接：旋转】选项卡中的【启用】复选框。然后，在【联接：X 平移】选项卡中单击【启用】复选框，即可操作角色的这一骨骼，进行水平平移运动，如图 7-48 所示。

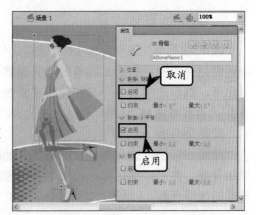

提　示

使用同样的方式，用户也可选择 Y 平移的启用，为骨骼添加垂直平移的联接。

图 7-48　设置水平平移运动

2. 约束骨骼

在默认情况下，已联接的骨骼是可以以任意的幅度进行运动的。例如，旋转的联接方式可以 360°旋转，而水平平移和垂直平移可以平移到舞台的任意位置。

Flash CS4 在【属性】检查器中提供了选项，允许用户约束骨骼平移的幅度，以限制骨骼的运动。

例如，约束旋转的骨骼，可以在舞台中选择已添加的旋转联接方式的骨骼，然后，在【属性】检查器中打开【联接：旋转】选项卡，启用【约束】复选框，在右侧的输入文本框中设置骨骼旋转的最小角度和最大角度，如图 7-49 所示。

在为骨骼设置约束后，骨骼之间的联接节点就会由圆形变为约束的角度，两个骨骼之间的夹角将无法超过该角度，如图 7-50 所示。

图 7-49　设置约束角度

7.3.4　IK 形状与绑定

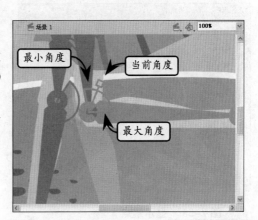

图 7-50　为骨骼设置约束

IK 骨骼不仅可应用于影片剪辑元件，也可应用于各种 Flash 绘制形状中。在为形状添加 IK 骨骼后，Flash 将自动把普通的绘制形状转换为 IK 形状。通过为矢量图形添加 IK 骨骼，可以方便地对各种绘制形状进行变形操作。

1. 制作 IK 形状

IK 形状是由矢量图形和 IK 骨骼组成的。以蝴蝶翅膀为例，先绘制蝴蝶的两只翅膀矢量图形，然后选择其中一只，使用【骨骼工具】为其添加 IK 骨骼，将其转换为 IK 形状，如图 7-51 所示。

使用相同的方法，为蝴蝶的另一只翅膀添加骨骼。然后，使用鼠标拖曳骨骼，控制蝴蝶的翅膀变形，如图 7-52 所示。

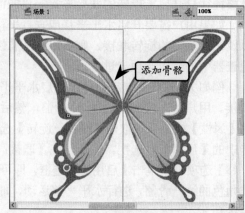

图 7-51　添加 IK 骨骼

2. 绑定形状

Flash CS4 允许用户将矢量形状的部分局部端点与 IK 骨骼绑定，以防止 IK 骨骼在为矢量图形变形时，影响这部分的形状。

在舞台中选择 IK 形状，然后选择在工具箱中的【绑定工具】，再次单击 IK 形状，即会显示 IK 形状中的端点，如图 7-53 所示。

使用鼠标按住 IK 形状中的端点，然后，从端点向骨骼的节点方向拖曳，将端点与节点绑定，如图 7-54 所示。

选择骨骼，即可查看当前已与该节骨骼绑定的各种端点，如图 7-55 所示。

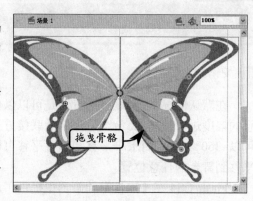

图 7-52　拖曳 IK 骨骼

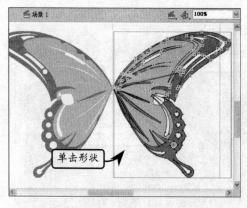

图 7-53　显示端点

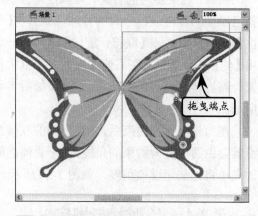

图 7-54　拖曳端点

在将端点与骨骼绑定后，拖曳骨骼时，该端点附近的图形填充和笔触将保持与骨骼的相对距离不变，如图 7-56 所示。

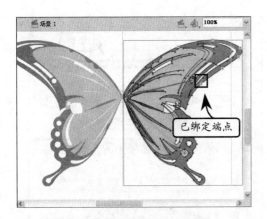

图 7-55 查看已绑定的端点

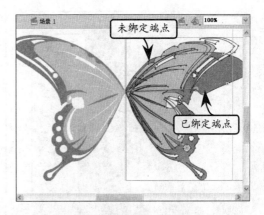

图 7-56 拖曳骨骼

7.4 课堂练习：制作卷轴动画

卷轴动画一般是卷轴由上向下或由左向右滚动的动画效果。本例通过使用【矩形工具】绘制卷轴，并结合【渐变变形工具】调整卷轴的填充颜色。然后，添加【遮罩层】制作一个由上向下的卷轴动画，效果如图 7-57 所示。

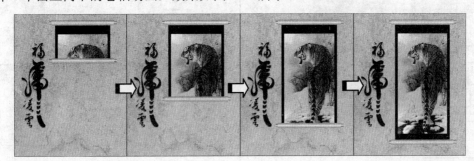

图 7-57 卷轴动画

操作步骤

1. 新建文档，在【文档属性】对话框中设置【尺寸】为 450 像素×550 像素，并设置【帧频】为 10fps。然后，执行【文件】|【导入】|【导入到舞台】命令，将素材图像"背景.png"导入到舞台中，如图 7-58 所示。

2. 新建"卷轴背景"图层，选择【矩形工具】，在舞台中绘制一个 220 像素×480 像素的黑色矩形。然后，将"虎.jpg"素材图像导入舞台，如图 7-59 所示。

3. 选择黑色矩形和"虎.jpg"图像，打开【对齐】面板，取消【相对于舞台】选项，并单击【居中中齐】和【垂直中齐】按钮，如图 7-60 所示。

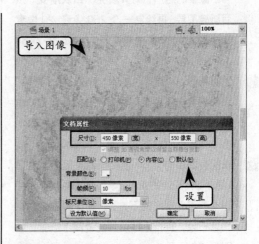

图 7-58 导入背景图像

图 7-59　绘制矩形

图 7-60　对齐对象

4　新建"卷轴"图形元件，绘制一个 270 像素×12 像素的矩形，为其填充黑白灰渐变。然后新建图层，再绘制一个 250 像素×20 像素的矩形，为其填充渐变颜色，如图 7-61 所示。

5　返回场景，新建"卷轴 1"图层，将"卷轴"元件放置在黑色矩形的顶部。然后新建"卷轴 2"图层，复制"卷轴"元件，并将副本拖放到其下面对齐，如图 7-62 所示。

6　在所有图层的第 50 帧处插入关键帧。选择"卷轴 2"图层的第 50 帧，将"卷轴"元件拖动到黑色矩形的下方，并在该图层上右击任意一帧，执行【创建传统补间】命令，如图 7-63 所示。

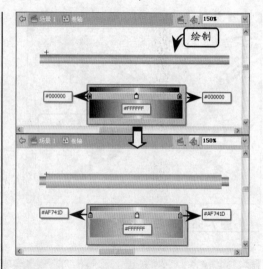

图 7-61　创建卷轴

图 7-62　复制卷轴

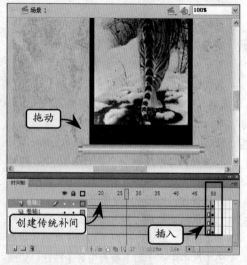

图 7-63　创建传统补间

7 在"卷轴背景"图层的上面新建"遮罩"图层。然后，在两个卷轴之间绘制一个矩形，其可填充为任意颜色，如图 7-64 所示。

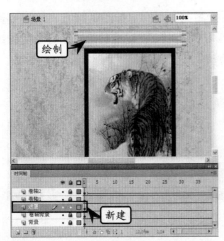

导入到舞台中，并移动到卷轴的左侧，如图 7-68 所示。

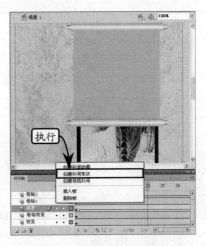

图 7-64　绘制遮罩图形

8 选择该图层的第 50 帧，插入关键帧。然后，使用【任意变形工具】向下拖动矩形至"卷轴 2"的位置，如图 7-65 所示。

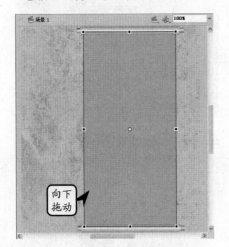

图 7-65　向下拖动矩形

9 右击该图层上任意一帧，在弹出的菜单中执行【创建补间形状】命令，创建补间形状动画，如图 7-66 所示。

10 右击"遮罩"图层，在弹出的菜单中执行【遮罩层】命令，将其转换为遮罩层，如图 7-67 所示。

11 新建"文字"图层，将素材图像"文字.png"

图 7-66　创建补间形状

图 7-67　创建遮罩层

图 7-68　导入文字图像

7.5 课堂练习：制作 3D 旋转相册

使用 Flash CS4 的 3D 功能，不仅可以帮助用户将某些元件按照 3D 的方式放置到舞台中，还可以控制各种元件进行 3D 的动作。本练习将使用 3D 旋转功能，结合【动画编辑器】面板，制作一个 3D 旋转的相册，如图 7-69 所示。

图 7-69 3D 相册

操作步骤

1. 新建文档，执行【文件】|【导入】|【打开外部库】命令，打开 res.fla 外部库文件。然后，将其中的元件和图像拖入到当前文档的【库】面板中，如图 7-70 所示。

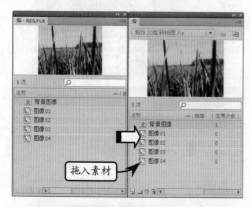

图 7-70 导入素材

2. 选择【库】面板中的"背景图像"位图，将其拖入到舞台中，并在【属性】检查器中设置其 X 和 Y 坐标均为 0，如图 7-71 所示。

3. 新建名称为"相册"的影片剪辑元件，并进入到该元件的编辑模式。然后，将"图像 01"和"图像 02"拖入到舞台，设置其坐标并放置在不同的图层中，如图 7-72 所示。

图 7-71 拖入背景图像

图 7-72 创建影片剪辑

4 新建图层 3，将"图像 03"元件拖入到舞台。选择该元件，打开【变形】面板，设置其【3D 中心点】选项中的 X 为 0；【3D 旋转】选项中的 Y 为 90，如图 7-73 所示。

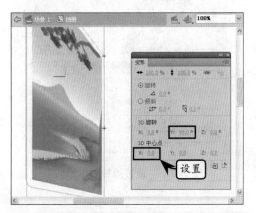

图 7-73 设置 3D 属性

5 新建图层 4，将"图像 04"元件拖入到舞台。选择该元件，在【变形】面板中设置【3D 中心点】选项中的 X 为 0；【3D 旋转】选项中的 Y 为 90，如图 7-74 所示。

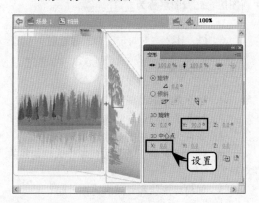

图 7-74 设置 3D 属性

6 返回场景。新建图层，将"相册"影片剪辑元件拖入到舞台中，并使用【对齐】面板使其水平中齐和垂直中齐，如图 7-75 所示。

7 选择图层 1 和图层 2 的第 48 帧，并插入普通帧。右击图层 2 的第 1 帧，执行【创建补间动画】命令，创建补间动画。然后，右击补间范围中的任意一帧，在菜单中执行【3D 补间】命令，如图 7-76 所示。

图 7-75 拖入到舞台

图 7-76 创建 3D 补间

8 右击图层 2 的第 48 帧，在弹出的菜单中执行【插入关键帧】|【旋转】命令，插入 3D 补间的结束关键帧，如图 7-77 所示。

9 打开【动画编辑器】面板，在面板中设置【基本动画】选项中的【旋转 Y】为 360°，即可完成 3D 旋转相册的制作，如图 7-78 所示。

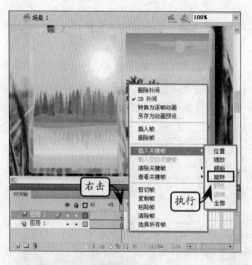

图 7-77　结束关键帧

图 7-78　设置旋转 Y

7.6　思考与练习

一、填空题

1. 透过_____图层可查看该填充形状下的链接层区域。

2. 要制作沿路径运动的动画，至少需要两个图层：一个是普通图层；另一个就是_____。

3. 使用_____和_____工具沿着影片剪辑实例的 Z 轴移动和旋转影片剪辑实例，可以向影片剪辑实例中添加 3D 透视效果。

4. FLA 文件的_____属性控制 3D 影片剪辑视图在舞台上的外观视角。

5. 通过_____可以更加轻松地创建人物动画，如胳膊、腿和面部表情。

二、选择题

1. 在下列对象中，哪个不可以作为遮罩层的遮罩项目？_____

    A. 文字对象　　　　　B. 影片剪辑
    C. 图形元件　　　　　D. 按钮元件

2. 以下哪个工具不可以用作绘制运动引导层中的辅助线？_____

    A. 铅笔工具　　　　　B. 颜料桶工具
    C. 钢笔工具　　　　　D. 线条工具

3. 使用以下哪个工具可以在 3D 空间中旋转影片剪辑？_____

    A. 选择工具　　　　　B. 缩放工具

    C. 3D 平移工具　　　　D. 3D 旋转工具

4. 透视角度属性会影响应用了 3D 平移或旋转的所有影片剪辑，其默认透视角度为_____。

    A. 0°　　　　　　　　B. 30°
    C. 55°　　　　　　　D. 180°

5. 向元件实例或形状添加骨骼时，Flash 将实例或形状以及关联的骨架移动到时间轴中的新图层。此新图层称为_____。

    A. 姿势层　　　　　　B. 遮罩层
    C. 引导层　　　　　　D. 普通层

三、问答题

1. 什么是遮罩动画？其应用范围有哪些？

2. 什么是运动引导动画？

3. 如何为舞台中的对象制作 3D 效果？

4. 使用【骨骼工具】如何制作人物走路的动画？

5. 如何将形状和骨骼绑定在一起？

四、上机练习

1. 制作水波纹动画

本练习主要运用图像错位制作水波纹效果。使用【椭圆工具】绘制无填充颜色的椭圆，然后制作成逐渐变大的补间形状动画，添加遮罩层后，形成水波纹，如图 7-79 所示。通过练习本例，要求用户能够了解创建补间动画的方法，熟练掌握制作遮罩动画过程中的技巧。

图 7-79 水波纹动画

2. 制作人物跑步动画

使用 Flash CS4 新增的 IK 骨骼功能，可以方便地模拟各种动物和机械的运动，制作出逼真的动画，同时，IK 骨骼还可以节省用户大量绘制逐帧动画的时间，提高设计动画的效率。本练习首先绘制人物的各个部分，包括头、胳膊、手、身体、腿和脚等，并转换为影片剪辑元件。然后，使用骨骼工具进行连接，制作一个跑步的动画，如图 7-80 所示。

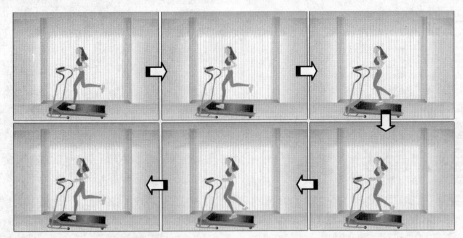

图 7-80 人物跑步动画

第8章

ActionScript 3.0 入门

　　ActionScript 3.0 是一种基于 Flash、Flex 等多种开发环境、面向对象编程的脚本语言。其主要用于控制 Flash 影片播放、为 Flash 影片添加各种特效、实现用户与影片的交互和开发各种网络应用的动画程序等。

　　随着 Flash CS4 的发布，ActionScript 3.0 增加了多种功能，优化了代码的编译性能，提高了影片执行的效率。本章主要针对 ActionScript 3.0，向用户介绍动作脚本的概念，包括如果设计一个动作脚本，在设置动作脚本时涉及到的相关动作，以及动作脚本的基本知识。

本章学习要点：

➢ 了解 ActionScript 3.0
➢ 了解动作脚本基本语法
➢ 熟悉数据类型和变量的用法
➢ 熟悉语法和运算符的用法
➢ 掌握函数、循环及条件语句的用法

8.1 ActionScript 3.0 概述

ActionScript 3.0 是一种内容丰富且功能强大的面向对象编程语言，它可以在 Adobe Flash Player 和 Adobe AIR 等环境下编译运行。通过 ActionScript 脚本语言，在 Flash 应用程序中可以实现交互、数据处理以及其他许多功能。

8.1.1 认识 ActionScript 3.0

ActionScript 是由 Flash Player 和 AIR 中的 AVM2 虚拟机执行的。ActionScript 代码通常由编译器（如 Flash 或 Flex 的内置编译器、Flex SDK 中提供的编辑器）编译为"字节代码格式"（一种计算机能够理解的编程语言）。字节码嵌入在 SWF 文件中，SWF 文件由 Flash Player 和 AIR 执行。

1. ActionScript 3.0 更新内容

对于了解面向对象编程基础的用户，看到 ActionScript 3.0 程序代码，会感到并不陌生。因为，它提供了可靠的编程模型，并较早期 ActionScript 版本改进了一些重要功能。其改进的功能如下所示。

- ❑ 将 AVM1 虚拟机更新为 AVM2 虚拟机，并且使用全新的字节代码指令集，使性能显著提高。
- ❑ 更新编译器代码库，优化方法比早期编译器版本好。
- ❑ 扩展并改进的应用程序编程接口（API），拥有对对象的低级控制和真正意义上的面向对象的模型。
- ❑ 基于 ECMAScript for XML (E4X)规范的 XML API。E4X 是 ECMAScript 的一种语言扩展，它将 XML 添加为语言的本机数据类型。
- ❑ 更新了基于文档对象模型（DOM），如第 3 级事件规范的事件模型。

2. ActionScript 的使用方法

对于已经熟悉 Flash 前期版本的用户，可能了解在文档中添加 ActionScript 脚本的方法。但对于初学 Flash 的用户，如何使用 ActionScript 脚本语言？下面列出几种使用 ActionScript 的方法。

- ❑ 使用【脚本助手】模式

可以在不亲自编写代码的情况下将 ActionScript 添加到 FLA 文件。例如，执行【窗口】|【动作】命令，并弹出【动作】面板。然后，单击【脚本助手】按钮 ✎ 脚本助手，输入每个动作所需的参数。但是，用户必须了解所使用的函数，不必学习语法。

- ❑ 使用【行为】面板

使用行为可以在不编写代码的情况下，将代码添加到文件中。行为是针对常见任务预先编写的脚本。例如，执行【窗口】|【行为】命令，即可弹出【行为】面板（或按 F9 键）。然后在【行为】面板中添加需要配置的行为内容。但是，行为仅对 ActionScript 2.0 及更早版本可用。

❑ 自己编写代码

用户还可以在【动作】面板中，编写自己的 ActionScript 程序。这样，可以更灵活地控制文档中的对象，但要求用户熟悉 ActionScript 语言。

❑ 使用特定组件功能

组件是预先构建的影片剪辑，可帮助用户实现复杂的功能。组件可以是简单的用户界面控件（如复选框），也可以是复杂的控件（如滚动窗格）。用户还可以自定义组件的功能和外观，并可下载其他开发人员创建的组件。大多数组件要求用户自行编写一些 ActionScript 代码来触发或控制组件。

8.1.2 使用【动作】面板

【动作】面板是用于编辑 ActionScript 代码的工作环境，可以将脚本代码直接嵌入到 FLA 文件中。动作面板由 3 个窗格构成：【动作】工具箱（按类别对 ActionScript 元素进行分组）、脚本导航器（快速地在 Flash 文档中的脚本间导航）和【脚本】窗格（可以在其中输入 ActionScript 代码），如图 8-1 所示。

使用【脚本】窗格可以创建导入应用程序的外部脚本文件，如图 8-2 所示。这些脚本可以是 ActionScript、Flash Communication 或 Flash JavaScript 文件。也可以单击【添加】按钮 ，将在菜单中列出可用于所创建的脚本类型的语言元素。

如果同时打开多个外部文件，文件名将显示在文档的标题栏位置。而打开多个图层中的代码时，则在【脚本】窗格底部显示该选项卡名称。而在该窗格的顶部显示为脚本工具箱内容，可以简化用户在编辑 ActionScript 代码中的工作，如表 8-1 所示。

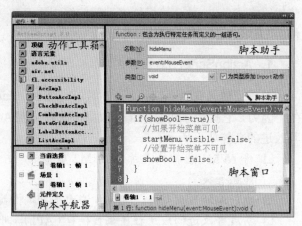

图 8-1　【动作】面板

图 8-2　【脚本】窗格

表 8-1　【脚本】工具箱中的按钮

图标	名称	含义
 	将新项目添加到脚本中	显示语言元素，这些元素也显示在【动作】工具箱中。选择要添加到脚本中的项目

图标	名　称	含　义
	查找	查找并替换脚本中的文本
	插入目标路径	（仅限【动作】面板）帮助用户为脚本中的某个动作设置绝对或相对目标路径
	语法检查	检查当前脚本中的语法错误。语法错误列在输出面板中
	自动套用格式	设置脚本代码的格式，以实现正确的编码语法和更好的可读性
	显示代码提示	使用它来显示正在处理的代码行的代码提示
	调试选项	（仅限【动作】面板）设置和删除断点，以便在调试时可以逐行执行脚本中的每一行。只能对 ActionScript 文件使用调试选项，而不能对 ActionScript Communication 或 Flash JavaScript 文件使用这些选项
	折叠成对大括号	对出现在当前包含插入点的成对大括号或小括号间的代码进行折叠
	折叠所选	折叠当前所选的代码块
	展开全部	展开当前脚本中所有折叠的代码
	应用块注释	将注释标记添加到所选代码块的开头和结尾
	应用行注释	在插入点处或所选多行代码中每一行的开头处添加单行注释标记
	删除注释	从当前行或当前选择内容的所有行中删除注释标记
	显示/隐藏工具箱	显示或隐藏【动作】工具箱
脚本助手	脚本助手	显示一个用户界面，用于输入创建脚本所需的元素
	帮助	显示【脚本】窗格中所选 ActionScript 元素的参考信息
	面板菜单	（仅限【动作】面板）包含适用于【动作】面板的命令和首选参数

8.1.3　调试脚本程序

Flash 包括一个单独的 ActionScript 3.0 调试器，它与 ActionScript 2.0 调试器的操作稍有不同。ActionScript 3.0 调试器仅用于 ActionScript 3.0 FLA 和 AS 文件。FLA 文件必须将发布设置设为 Flash Player 9。

1．测试影片

在【动作】面板的【脚本】中输入脚本代码后，执行【调试】|【调试影片】命令，则将弹出 Flash Player 播放器，在【时间轴】面板位置显示【编译器错误】选项卡，并显示错误报告，如图 8-3 所示。这是针对内嵌式 ActionScript 3.0 脚本代码调试的一种方法。

2．通过调试模式

在调试外部的.as 文件时，将切换至【调试】工作区。此时，将启动

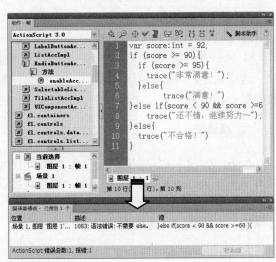

图 8-3　显示错误报告

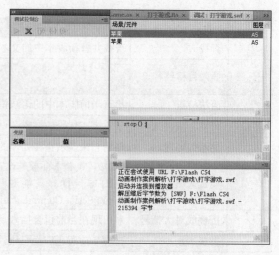

ActionScript 3.0 调试会话，同时 Flash 将启动 Flash Player 并播放 SWF 文件。调试版 Flash 播放器从 Flash 创作应用程序窗口的单独窗口中播放 SWF。

在 ActionScript 3.0 调试器中，包括【动作】面板、【调试控制台】面板、【输出】面板和【变量】面板，如图 8-4 所示。【调试控制台】面板显示调用堆栈并包含用于跟踪脚本的工具。【变量】面板显示了当前范围内的变量及其值，并允许用户自行更新这些值。

开始调试会话的方式取决于正在处理的文件类型。Flash 启动调试会话时，将为会话导出的 SWF 文件添加特定信

图 8-4 【调试】工作区

息。此信息允许调试器提供代码中遇到错误的特定行号。调试会话期间，Flash 遇到断点或运行错误时将中断执行 ActionScript 代码。

8.2 ActionScript 3.0 基础

ActionScript 3.0 是面向对象的编程语言，所以，在学习这门语言之前，首先需要了解一下编程的基础——变量、常量和数据类型，同时，它们也是创建 ActionScript 程序的基础。

8.2.1 常用编程元素

首先，对计算机程序的概念及其用途有一个概念性的认识是非常有用的。计算机程序主要包括两个方面。

- ❏ 程序是计算机执行的一系列指令或步骤。
- ❏ 每一步最终都涉及到对某一段信息或数据的处理。

通常认为，计算机程序只是用户提供给计算机并让它逐步执行的指令列表。每个单独的指令都称为语句。并且，在 ActionScript 中编写的每个语句的末尾都有一个分号。

1. 点语法

在 ActionScript 代码中，可以看到许多语句中使用点。点（.）运算符用来访问对象的属性和方法，主要用于几个方面：第一，可以采用对象后面跟点运算符的属性名称或者方法名称，来引用对象的属性或者方法；第二，可以使用点运算符表示包路径；第三，可以使用点运算符描述所显示对象的路径。

2. 语句中标点符号含义

除了点运算符以外，在 ActionScript 代码中还会常见到分号（;）、逗号（,）、冒号

（:）、小括号（( )）、中括号（[ ]）和大括号（{ }）。这些标点符号在代码中，都有着各自不同的作用，可以帮助定义数据类型、终止语句或者构建代码块等，详细如表 8-2 所示。

表 8-2　标点符号的应用

名称	含　义
分号	表示语句的结束
逗号	分割参数，如函数的参数、方法的参数等
冒号	为变量指定数据类型
小括号	有 3 种用法：其一，在表达式中用于改变优先运算；其二，在关键字后面，表示函数、方法等；其三，在数组中，使用小括号可以定义数组的初始值
中括号	用于数组的定义和访问
大括号	主要用于编程语言程序控制、函数或者类中

3. 注释

在编写 ActionScript 时，通常为便于用户或者其他人员阅读代码，在代码行之间插入注释。因此，注释是使用一些简单易懂的语言对代码进行简单的解释的方法。注释语句在编译过程中，并不会进行求值运算。

在前面介绍过，【脚本】窗格的工具栏中包含有【应用块注释】和【应用行注释】两个按钮。通过该按钮，可以在代码中添加行注释或者块注释（多行注释）。

❑ 单行注释

在一行中的任意位置放置两个斜杠来指定单行注释，计算机将忽略斜杠后直到该行末尾的所有内容，如图 8-5 所示。

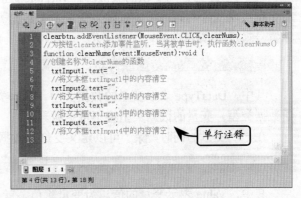

图 8-5　添加单行注释

技　巧

除此之外，用户还可以在语句行的后面直接输入双斜杠"//"，并在双斜杠后面输入注释内容。该内容不会影响代码的执行。

❑ 多行注释

多行注释包括一个开始注释标记(/*)、注释内容和一个结束注释标记(*/)。无论注释跨多少行，计算机都将忽略开始标记与结束标记之间的所有内容，如图 8-6 所示。

注释的另一种常见用法是临时

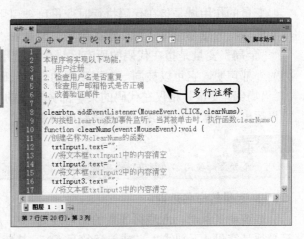

图 8-6　插入注释块

"禁用"一行或多行代码。例如,在测试代码过程中,可以将一行代码语句或者多行代码语句添加注释,这样计算机将不执行所注释的代码。

8.2.2 变量和常量

计算机在处理数据时,必须将其加载到内存中。在 ActionScript 中,需要将存放数据的内存单元命名。只有命名的内存单元中存放的数据才可被 ActionScript 程序访问。被命名的内存单元分为两种,即变量和常量。

1. 变量

变量表示计算机内存中的值。ActionScript 在处理数据时,按照变量的名称访问内存单元中的数据,并对该数据进行操作。

❑ **声明变量**

在 ActionScript 3.0 中使用变量,首先必须声明变量,其方法如下所示。

```
var VariableName;
```

其中,var 为声明变量的关键字;VariableName 表示变量的名称。

在声明变量的同时,还可以为变量定义数据类型。变量的名称和数据类型之间需要以冒号(:)运算符分隔,如下所示。

```
var VariableName:DataType;
```

其中,DataType 表示变量的数据类型。数据类型是变量的基本属性,一旦为变量赋予数据类型,变量的数据类型将不可更改。

在声明变量的同时,除了可以定义变量的数据类型,还可以为变量赋值,如下所示。

```
var VariableName:DataType = Value;
```

其中,Value 表示变量的值。为变量赋值,就是将数据添加到内存单元中的过程。

❑ **变量的作用域**

变量的作用域是指在代码执行时变量可被引用的区域。在 ActionScript 中,根据作用域可以将变量划分为 2 种,即"全局"变量和"局部"变量。

"全局"变量是指在代码的所有区域中可使用的变量,该类型的变量在所有函数或类的外部声明,它可以被同一个程序中的任何代码引用。

"局部"变量是指仅在代码的某个部分定义的变量。"局部"变量的作用域是有限的,如果超出了变量的作用域,则无法引用该变量。

> **提 示**
>
> 任何一个变量的使用都必须遵循作用域的限制。

❑ **变量的命名规则**

在声明变量时,应遵循变量的命名规则。在 ActionScript 中,变量名称的第一个字符必须是字母、下划线"_"或美元符号"$",其后的字符必须是字母、数字、下划线"_"

以及美元符号"$"。

另外，在同一作用域或有重合部分的作用域中，不允许声明相同名称的变量。变量的名称不能和链接的类属性、方法重名。

> **注 意**
>
> ActionScript 是对大小写敏感的编程语言，因此，大写字母和小写字母将被视为两种字符。

2. 常量

常量是指在计算机的内存单元中存储的只读数据，其在 ActionScript 程序运行中不会被改变。

与声明变量的语法相同，只不过声明常量是使用 const 关键字而不是 var 关键字。

```
const constName:DataType = Value;
```

其中，constName 表示常量的名称；DataType 表示常量的数据类型；Value 表示常量的值。

在 ActionScript 3.0 中，除了可以自定义常量外，还可以使用自带的常量，这类常量又被称为全局常量，其详细说明如表 8-3 所示。

表 8-3　全局常量

名　　称	说　　明	名　　称	说　　明
Infinity	表示正无穷大的特殊值	NaN	表示非数字值
-Infinity	表示负无穷大的特殊值	undefined	表示无类型变量或未初始化的动态对象属性

8.2.3　数据类型

在 ActionScript 3.0 中，声明一个变量或常量时，可以为其指定数据类型。ActionScript 的数据按照其结构可以分为基元数据类型、核心数据类型和内置数据类型。

1. 基元数据类型

基元数据是 ActionScript 最基础的数据类型。所有 ActionScript 程序操作的数据都是由基元数据组成的。基元数据包括 7 种子类型，其详细介绍如表 8-4 所示。

表 8-4　基元数据的 7 种子类型

数据类型	含　　义
Boolean	一种逻辑数据，其只有两个值，即 true（真）和 false（假）。在 ActionScript 中，已声明但未赋值的 Boolean 变量默认值为 False
Number	用来表示所有的数字，包括整数、无符号整数以及浮点数。Number 使用 64 位双精度格式存储数据，其最小值和最大值分别存放在 Number 对象的 Number.MIN_VALUE 和 Number.MAX_VALUE 属性中
int	一种整数数据型。其用于存储自–2 147 483 648～2 147 483 647 的所有整数。int 类型数据的默认值为 0

数据类型	含　义
Uint	表示无符号的整数（非负整数）。其取值范围为 0～4 294 967 295 的所有正整数。uint 类型数据的默认值也是 0
null	一种特殊的数据类型，其值只有一个，即 null，表示空值。null 值为字符串类型和所有类的默认值，且不能作为类型修饰符
String	表示一个 16 位字符的序列。字符串在数据的内部存储为 Unicode 字符，并使用 UTF-16 格式
void	变量也只有一个值，即 undefined，其表示无类型的变量。void 型变量仅可用作函数的返回类型。无类型变量是指缺乏类型注释或者使用星号(*)作为类型注释的变量

2．核心数据类型

除了基元数据外，ActionScript 还提供了一些复杂的数据类型，这些类型的数据是 ActionScript 的核心数据。

核心数据主要包括 Object（对象）、Array（数组）、Date（日期）、Error（错误对象）、Function（函数）、RegExp（正则表达式对象）、XML（可扩充的标记语言对象）和 XMLList（可扩充的标记语言对象列表）等。

其中，最常用的核心数据是 Object。Object 数据类型是由 Object 类定义的。Object 类用作 ActionScript 中的所有类定义的基类。

3．内置数据类型

大部分内置数据类型以及程序员定义的数据类型都是复杂数据类型，因为它们表示组合在一起的一组值。例如，下面常用的一些复杂数据类型。

❑ **MovieClip**　影片剪辑元件。

❑ **TextField**　动态文本字段或输入文本字段。

❑ **SimpleButton**　按钮元件。

❑ **Date**　有关时间中的某个片刻的信息（日期或时间）。

经常用作数据类型的同义词的两个词是类和对象。类仅仅是数据类型的定义——好比用于该数据类型的所有对象的模板。相反，对象仅仅是类的一个实际的实例；可将一个数据类型为 MovieClip 的变量描述为一个 MovieClip 对象。

8.2.4　运算符

运算符是执行某种运算的特殊符号，其具有一个或多个操作数并返回相应的值。操作数是被运算符用作输入的值，通常是字面值、变量或表达式。在 ActionScript 中，运算符共包含以下 6 种。

1．算术运算符

算术运算符的作用是对表达式进行数学运算，是 ActionScript 中最基础的运算符。ActionScript 中的算术运算符如表 8-5 所示。

表8-5　算术运算符

运算符	说　　明	运算符	说　　明
+	表达式相加	%	求表达式 a 与表达式 b 的余数
--	表达式递减	*	表达式相乘
/	表达式与表达式的比值	-	用于一元求反或减法运算
++	表达式递增		

算术运算符是 ActionScript 中的基础运算符。在 ActionScript 中使用算术运算符如下所示。

```
var a:int=256;    //声明变量 a 的值为整数 256
var b:int=512;    //声明变量 b 的值为整数 512
var c:int=b-a;    //声明变量 c，并求出两变量之差
trace(c);         //输出结果 c
```

2. 逻辑运算符

逻辑运算符是针对 Boolean 型数据进行的运算。在 ActionScript 中，共有 3 种逻辑运算符，如表 8-6 所示。

表8-6　逻辑运算符

运　算　符	说　　明	运　算　符	说　　明
&&	逻辑与运算	||	逻辑或运算
!	逻辑非运算		

在使用逻辑与运算符 "&&" 运算 Boolean 值时，如两个值都是 true（真），则结果为 true（真）；如两个值都是 false（假），则结果为 false（假）；如有一个值为 false（假），则结果为 false（假），如下所示。

```
var a:int=5;
if((a>5)&&(a<10));   //当 a 大于 5 且小于 10 时为真
```

在使用逻辑或运算符 "||" 运算 Boolean 值时，如两个值都是 true（真），则结果为 true（真）；如两个值都是 false（假），则结果为 false（假）；如有一个值为 true（真），则结果为 true（真），如下所示。

```
var a:int=5;
if((a<5)||(a>6));   //当 a 小于 5 或 a 大于 6 时为真
```

在使用逻辑非运算符 "!" 运算 Boolean 值时，如值为 true（真），则结果为 false（假）；如值为 false（假），则结果为 true（真），如下所示。

```
var a:int=5;
if(!(a>5));   //如 a 大于 5 则返回 false（假）；如 a 小于等于 5 则返回 true（真）
```

3. 按位运算符

按位运算符是一种用于计算数字底层（计算机识别的二进制数字）的运算符号，其

运算并非简单的算术运算或逻辑运算，而是根据二进制数字的位来操作的。在 ActionScript 中，共有 7 种按位运算符，如表 8-7 所示。

表 8-7　按位运算符

运　算　符	说　　明	运　算　符	说　　明
&	按位与运算	|	按位或运算
<<	按位左移动	>>	按位右移动
~	按位取反运算	>>>	无符号的按位右移动
^	按位异或		

在使用按位运算符时，必须将数字转换为二进制，然后才能对二进制数字的数位进行运算，如下所示。

```
var a=22;
var b=17;
trace(a & b);
```

在计算 a 和 b 按位与的结果时，首先应将其转换为二进制，a 的值应为 10110，b 的值应为 10001。将这两个值进行按位逻辑与的计算，如下所示。

```
     10110 (22)
&    10001 (17)
     10000 (16)
```

4．赋值运算符

赋值运算符是 ActionScript 中最常见的运算符。用 var 或 const 声明一个常量或变量后，必须为其赋值，才能对其进行操作。赋值运算符又可以分为简单赋值运算符和复合赋值运算符。简单赋值运算符即等号"="。在 ActionScript 中使用简单赋值运算符如下所示。

```
const g:Number=9.8;  //给常量 g 赋值为 9.8
```

复合赋值运算符是一种组合运算符，其原理是将其他类型的运算符与赋值运算符结合使用。在 ActionScript 中的复合赋值运算符共有 3 种，如下所示。

❑ **算术赋值运算符**

算术赋值运算符是算术运算符和赋值运算符的组合。在 ActionScript 中，算术赋值运算符共 5 种，如表 8-8 所示。

表 8-8　算术赋值运算符

运算符	说　　明
+=	加法赋值运算。a+=b 相当于 a=a+b
%=	求余赋值运算。a%=b 相当于 a=a%b
-=	减法赋值运算。a-=b 相当于 a=a-b
*=	乘法赋值运算。a*=b 相当于 a=a*b
/=	除法赋值运算。a/=b 相当于 a=a/b

❑ **逻辑赋值运算符**

逻辑赋值运算符是逻辑运算符和赋值运算符的组合。在 ActionScript 中共有 2 种逻辑赋值运算符，即逻辑与赋值运算符 "&&=" 和逻辑或赋值运算符 "||="。可以通过两个表述内容完全相同的表达式来描述逻辑赋值运算符，如下所示。

```
a&&=y;    //该表达式使用了逻辑赋值运算符
a=a&&y;   //该表达式的含义和上面的表达式完全相同
```

❑ **按位赋值运算符**

按位赋值运算符是按位运算符和赋值运算符的组合。在 ActionScript 中，共有 6 种按位赋值运算符，如表 8-9 所示。

表 8-9　按位赋值运算符

运算符	说　　明	运算符	说　　明
&=	按位与赋值。a&=b 相当于 a=a&b	<<=	按位左移赋值。a<<=b 相当于 a=a<<b
|=	按位或赋值。a|=b 相当于 a=a|b	>>=	按位右移赋值。a>>=b 相当于 a=a>>b
>>>=	按位无符号右移赋值，a>>>=b 相当于 a=a>>>b	^=	按位异或赋值。a^=b 相当于 a=a^b

5. 比较运算符

比较运算符主要用于对两个表达式的值进行比较。在 ActionScript 中，共有 8 种比较运算符，如表 8-10 所示。

表 8-10　比较运算符

运算符	说　　明	运算符	说　　明
==	等于号。表示两个表达式相等	>	大于号。表示第 1 个表达式大于第 2 个表达式
>=	大于等于号。表示第 1 个表达式不小于第 2 个表达式	!=	不等号。表示两个表达式不相等
<	小于号。表示第 1 个表达式小于第 2 个表达式	<=	小于等于号。表示第 1 个表达式不大于第 2 个表达式
===	绝对等于号。其与等于号（==）的区别在于绝对等于号仅针对数字(Number)、整数(int)、正整数(uint)3 种数据类型执行数据转换，而等于号会自动转换所有数据的类型	!==	不绝对等于号。其与绝对等于号完全相反

比较运算符通常用来检测两个表达式的值之间的关系，并将其作为语句中的条件，根据条件来执行某些语句。

6. 其他运算符

除了之前介绍的 5 种运算符外，ActionScript 还有其他一些运算符，如表 8-11 所示。

表 8-11 其他运算符

运算符	说　明	运算符	说　明
[]	该运算符用于初始化一个新数组或多维数组。或访问数组中的元素	as	验证表达式是否为数组中的成员
,	用于多个表达式之间的连接，按照表达式排列的顺序进行运算	is	验证对象是否与特定的数据类型、类或接口兼容
::	标识属性、方法或 XML 属性或特性的命名空间	new	对类和对象实例化
{}	创建一个新对象，并用指定的名称和值初始化对象	in	计算属性是否为对象的一部分
()	对一个或多个参数执行分组运算，执行表达式的顺序计算，以及将一个或多个参数传递给函数	instanceof	计算表达式的原型链是否包括函数的原型对象
:	用于指定数据的数据类型	typeof	计算表达式的数据类型并返回指定的字符串
.	访问类变量和方法，获取并设置对象属性以及分隔导入的包或类	void	计算表达式，然后返回 undefined
?:	条件运算符，计算表达式，如表达式的值为 true 则结果为表达式 2 的值，否则为表达式 3 的值		

8.3　流程控制

ActionScript 3.0 遵循结构化的设计方法，将一个复杂的程序划分为若干个功能相对独立的代码模块。而调用某个模块代码的过程，需要由一些特殊的语句结构来实现，如条件语句、循环语句和跳转语句。

8.3.1　条件语句

条件语句在程序中主要用于实现对条件的判断，并根据判断结果，控制整个程序中代码语句的执行顺序。

❑ **if 语句**

if 语句是最简单的条件语句，通过计算一个表达式的 Boolean 值，并根据该值决定是否执行指定的程序代码。

```
if(condition){
  statements
}
```

其中，if 是条件语句的关键字，必须为小写字母；condition 是一个表达式，如果为真（true），则执行大括号（{}）中的程序代码，否则不执行。

if 语句的执行过程如图 8-7 所示。

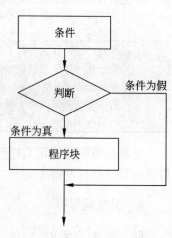

图 8-7 if 语句执行过程

当 if 语句的大括号中只有一行代码时，可以省略大括号。省略大括号后，代码的可读性将会降低，但可以使代码更加简洁。

```
if(condition)
    //statements
```

如果 if 语句中包含有多个条件，可以使用逻辑与运算符"&&"和逻辑或运算符"||"进行连接。逻辑与运算符"&&"表示"与"运算，即两个或多个条件必须同时为真（true）时，才会执行大括号中的程序。

```
if(condition1 && condition2){
  statements
}
```

逻辑或运算符"||"表示"或"运算，即两个或多个条件中有一个为真（true）时，就会执行大括号中的程序。

```
if(condition1 || condition2){
  statements
}
```

❑ **if…else 语句**

简单的 if 语句只当判断条件为真时，执行其包含的程序。如果想要在条件为假时，执行另一段程序，则需要使用 if…else 语句。

if…else 语句是 if 语句的扩展，其在 if 语句后又增加了一个特殊语句 else，以及一段符合 else 语句条件时执行的程序。

```
if(condition){
    statements1
}else{
    statements2
}
```

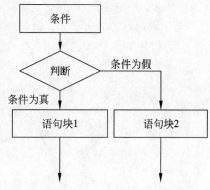

在 if…else 语句中，当条件为真（true）时，执行 if 语句中的程序；当条件为假（false）时，执行 else 语句中的程序。这两段程序只选择一段执行，然后继续执行下面的程序。

if…else 语句的执行过程如图 8-8 所示。

图 8-8 if…else 语句执行过程

如果 if 或 else 语句后面只有一条语句，则无需用大括号括起该语句。但是，建议用户始终使用大括号，因为以后在缺少大括号的条件语句中添加语句时，可能会出现意外的行为。

❑ **if…else if 语句**

在一段程序中，如果想要判断的条件不止两个，则需要使用 if…else if 语句，它可以判断更多的条件，以控制更加复杂的流程。

```
if(condition1){
    statements1;
}
else if(condition2){
    statements2;
}
……
else if(conditionN){
    statementsN;
}
else{
    statements(N + 1);
}
```

if…else if 语句是 if…else 语句的扩展，可以按照定义条件的顺序，依次执行各个条件的程序代码。先进行条件 1 的判断，如果条件 1 为真，则执行条件 1 包含的程序代码；如果为假，则跳过程序 1，进行条件 2 的判断，以此类推。

❑ **switch…case 语句**

switch…case 语句不是对条件进行判断得到 Boolean 值，而是对表达式进行求值并根据预设的结果来确定要执行的程序块。

每一个 case 语句都会先声明预设值，并添加当预设值成立时执行的程序代码，最后以 break 语句结尾。

```
switch(expression){
  case value1:
    statements1;
    break;
  case value2:
    statements2;
    break;
  ……
  case valueN:
    statementsN;
    break;
  default:
    statements(N + 1);
}
```

其中，expression 表示一个表达式；value1、value2、valueN 等为表达式的预设值。当表达式与以上预设值均不成立时，将会执行 default 所包含的程序代码。

8.3.2 循环语句

在程序设计中，如果需要重复执行一些有规律的运算，可以使用循环语句。循环语句可以对某一段程序代码重复执行，直至满足循环终止条件为止。

❑ **while 语句**

while 语句是一种简单的循环语句，仅由 1 个循环条件和循环体组成，通过判断条件来决定是否执行其所包含的程序代码。

```
while(condition){
  statements;
}
```

其中，statements 表示将要重复执行的程序代码，即为循环体。

在执行循环体中的程序之前，while 将先判断条件是否成立。如果成立，则开始执行。每执行 1 次循环体中的程序，while 都会再次判断当前的条件是否成立。如果成立，则继续执行；否则退出循环。

> **提　示**
>
> 为了防止死循环的产生，Flash 会自动停止所有执行时间超过 15s 的循环。

while 语句的执行过程如图 8-9 所示。

❑ **do…while 语句**

do…while 语句同样是由循环条件和循环体组成。与 while 语句不同的是，其循环条件放置在循环体的后面。

```
do{
  statements;
}while(condition)
```

do…while 语句保证至少执行一次循环体中的程序，然后再根据条件决定是否要继续执行循环。如果条件成立，它会继续执行大括号中的程序代码，直至条件不成立为止。

do…while 语句的执行过程如图 8-10 所示。

> **提　示**
>
> do…while 语句至少保证执行一次循环体，这是因为在执行循环体的程序代码后，才会判断条件是否成立。

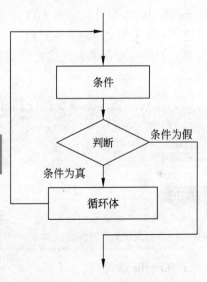

图 8-9　**while** 语句执行过程

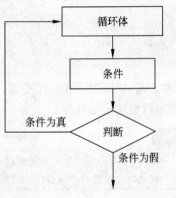

图 8-10　**do…while** 语句执行过程

❏ **for 语句**

for 语句是一种功能强大且使用灵活的语句。它不仅可以在指定循环次数的情况下执行程序，还可以在只给出循环结束条件的情况下执行。

```
for(initialization;expression;increment) {
  statements;
}
```

其中，initialization 为初始表达式，用来创建指定循环次数初始值的变量，该表达式只会执行一次；expression 为一个关系表达式或者逻辑表达式，用来判断循环是否继续；increment 为递增表达式用来增加或者减少变量的值，该表达式在每次循环执行完成后才会被执行。

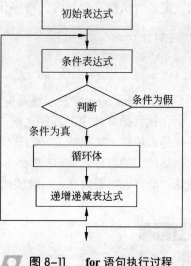

注 意

for 语句的执行过程如图 8-11 所示。

在 for 语句中，初始表达式可以同时声明多个初始变量，但声明变量的表达式之间需要使用逗号（,）隔开。

```
for(initialization1,initialization2;exp
ression;increment){
  statements;
}
```

图 8-11 for 语句执行过程

提 示

在 for 循环中，可以省略初始表达式，但不可省略其后的分号，否则 AVM2 虚拟机将把循环条件当成循环的初始表达式，从而造成错误。

❏ **for…in 语句**

for…in 语句是一种特殊的循环语句，它通常只出现在对象的属性或数组的元素中，可以用一个变量名称来搜索对象，然后执行每个对象中的表达式。

```
for(variable in object|array){
  statements;
}
```

其中，variable 表示为一个变量，用于遍历对象或数组；object 表示将要遍历的对象；array 表示将要遍历的数组。

提 示

在使用 for…in 语句循环对象时，变量的类型必须为 String 类型。如果声明为 Number 等其他类型，将不能正确地输出属性名或属性值。当然，也可以声明为任意类型（*）或不声明类型。

在使用 for…in 语句时，首先应创建一个对象或数组。然后通过该语句，可以依次执行对象或数组中的内容。

```
var obj:Object = {Name:"Tom",Age:25};  //创建 Object 对象
for(var i:* in obj){
  trace(i + ":" + obj[i]);  //输出：Name:Tom  Age:25
}
```

❑ **for each…in 语句**

for each…in 语句用于循环访问集合中的项目，它可以是 XML 或 XMLList 对象中的标签、对象属性保存的值或数组元素。

```
for each(variable in object|array){
  statements;
}
```

使用 for each…in 语句来循环访问通用对象的属性，但是与 for…in 语句不同的是，for each…in 语句中的迭代变量包含属性所保存的值，而不包含属性的名称。

```
var obj:Object = {Name:"Tom",Age:25};  //创建 Object 对象
for(var i:* in obj){
trace(i);  //输出：Tom 25
}
```

> **提　示**
>
> 在 for each…in 语句中，i 指对象或数组的属性值或元素本身，故不能声明其为某个固定的数据类型，只能将其声明为不固定的数据类型（*）。

8.3.3　跳转语句

除了条件语句和循环语句外，ActionScript 还提供了一种跳转语句，用于实现程序执行时多个代码块之间的跳转。

❑ **break 语句**

执行 break 语句可以退出当前的循环或语句，并继续执行后面的语句。

break 语句不仅可以在 switch…case 条件语句中使用，还可以在循环语句中使用，以提前结束循环，继续执行循环外的语句。

```
loop statement(condition){
  statements;
  if(condition){
    break;
  }
}
```

其中，loop statement 表示一个循环语句，可以是 while、do…while、for 和 for…in 等语句。当满足 if 语句的条件时，将执行其所包含的 break 语句跳出循环。

break 语句还可以在嵌套循环中使用。如果在内循环中执行 break 语句，Flash 只会跳出包含 break 语句的内循环，而不影响其他循环的执行。

```
loop statement(condition){
  loop statement(condition){
    if(condition){
      break;
    }
  }
  statements;
}
```

❑ **continue 语句**

continue 语句也是一种跳转语句，其作用是结束本次循环，并再次判断条件，决定是否继续执行下一次循环。

```
loop statement(condition){
  if(condition){
    continue;
  }
  statements;
}
```

其中，if 语句中包含结束本次循环的条件。当满足条件后，将跳出本次循环，并开始执行下一次循环。

提　示

continue 语句和 break 语句的区别在于，continue 语句只结束本次循环，而不终止整个循环的执行；break 语句则是结束整个循环，跳转出循环体执行下一阶段的代码。

❑ **label 语句**

label 语句是 ActionScript 3.0 引入的一种新的语句类型，其主要用于关联循环程序块，为 break 和 continue 命令提供目标对象。

```
label:loop statement(condition){
  loop statement(condition){
    if(condition){
      break label;
    }
  }
}
```

在上面的代码中，当满足 if 语句中的条件时，将会直接跳出引用 label 标签的父循环，从而结束整个系列的循环。

label 标签还可以跳出块语句。当块语句有相关联的标签时，则可以在该块语句内部添加引用该标签的 break 语句。

```
label:{
```

```
    break label;
}
```

8.4　函数

函数是执行特定任务并可以在程序中重复使用的代码块。如果要使用自定义的函数，首先用户需要定义函数，可以将要实现功能的代码放置在该函数体中。当定义完成后，调用该函数即可实现预设的功能。

8.4.1　定义函数

与变量相同，函数依附于定义它的影片。当一个函数被重新定义后，那么原有的函数将被新函数所替代。Flash 中的函数大致上分为 3 类，即自定义函数、一般函数、字符串函数。

1. 自定义函数

在 ActionScript 3.0 中可以通过以下两种方法来自定义函数。

❑　使用函数语句

函数语句是以 function 关键字开头，后跟函数名称、参数列表和返回数据的类型，以及用大括号括起来的函数体（即调用函数时要执行的程序代码）。

```
function FunctionName (…args):FunctionType{
  statements;
  return value;
}
```

其中，FunctionName 表示函数的名称；…args 表示传递给函数的参数列表；FunctionType 表示函数返回数据的类型；return 为用于返回函数结果的关键字；value 表示函数的返回值。

> **提　示**
>
> 在参数列表中，如果包含有多个参数，则各个参数之间使用逗号（,）隔开。另外，如果函数没有返回值，则可以省略 return value 语句。

如果不需要传递参数，则函数的参数列表可以为空，这样的函数叫做无参函数。

```
function FunctionName ():FunctionType{
  statements;
  return value;
}
```

❑　使用函数表达式

自定义函数的第二种方法是结合使用赋值语句和函数表达式。带有函数表达式的赋值语句是以 var 关键字为开头，后跟函数名、冒号运算符（:）、Function 类名、赋值运算符（=），以及函数表达式。

```
var FunctionName:Function = function(…args){
  statements;
}
```

注 意

> 函数表达式是表达式，而不是语句。因此，函数表达式不能独立存在，而函数语句则可以。函数表达式只能用作语句（通常是赋值语句）的一部分。

2. 一般函数

在 Flash 中包含了多种一般函数。这些函数的用途广泛，如表 8-12 所示。

表 8-12　一般函数

函　数　名	说　明	函　数　名	说　明
Boolean()	转换及传回布尔值	Number()	将参数转换成数值型
escape	转换 URL 码符号为十六进制字符	parseFloat()	将字符串转换为浮点数
eval()	将参数运算并传回值给变量	parseInt	将字符串转换为整数
getTimer	取得影片开始播放的时间	random	产生随机数
getVersion	取得系统 Flash 播放器的版本号	String()	将参数转换成字符型
getProperty	取得对象参数	targetPath	返回指定影片的字符型路径
isFinite	取得数值参数的判断值	unescape	将十六进制的 URL 码用 ASCII 表示
isNaN()	若参数为数值则返回真值，否则指出错误	updateAfterEvent()	在鼠标或键盘动作后更新状态

3. 字符串函数

字符串函数主要用于对字符串进行操作，在 Flash 的动作脚本中常见到的字符串函数包括以下几种。

❑ **chr**

chr 是一个字符串函数。它将 ASCII 码数字转换为字符。例如下面的字符函数就是将数字 70 转换为字母 F。

```
letter=chr(70)
```

❑ **length**

lengh 返回指定字符串或变量名称的长度。例如下面的字符函数就将返回字符串 helloapple 的值为 10。

```
lengh("helloapple")
```

❑ **ord**

ord 将字符转换为 ASCII 码数字。

❑ **substring**

substring 用于提取部分字符串。例如下面的字符串函数就将从字符串 helloapple 中提取字符串 apple。

```
substring("helloapple",6,5)
```

除了上面所说的几种字符串函数类型外，还包括了 mchr、mlength、mord、msubstring。这些函数的功能与上面所讲的功能大致上相同，只是这些函数被应用于多字节字符串处理中。

8.4.2 调用函数

通过使用后跟小括号"()"的函数标识符可以调用函数，其中需要把传递给函数的任何参数都包含在小括号中。下面的 FunctionName 表示调用函数的名称；argument 为传递给函数的参数。

```
FunctionName(argument);
```

当传递给函数多个参数时，则需要将这些参数以逗号","的形式分隔起来。下面的 argument1 和 argument2 分别表示传递给函数的参数。

```
FunctionName (argument1,argument2,…);
```

如果不需要传递给函数任何参数，则使小括号留空即可。

```
FunctionName();
```

提 示

用 function 关键字定义函数与调用函数的前后顺序无关。

8.4.3 从函数中返回值

如果要从函数中返回值，则必须使用 return 语句，该语句后跟要返回的表达式、变量或具体的值。

```
return expression|variable|value;
```

使用 return 语句还可以中断函数的执行，这个方式经常会用在判断语句中。如果某条件为 false，则不执行后面的代码，直接返回。

```
function isNum(num:*):void{
    var bool:Boolean = num is Number;
    if(!bool){
      return;
    }
    trace("数字");
}
```

在上面的代码中，首先判断传递的参数是否为数字类型。如果不是，则执行 if 语句中的 return 语句跳出函数，这样后面的代码将不会被执行。

return 语句只能返回一个值，当使用的 return 语句中包括多个返回值时，将只返回最后一个值。

```
return a,b,c;
```

在上面的代码中包含了 3 个返回值，但最终返回的只有 c 的值。

在某些特殊情况下，函数需要根据不同的判断结果返回不同的值。在条件语句中，每个条件分支都对应一条返回语句。

```
function result(…args){
    if(condition){
return a;
    }else if(condition){
return b;
    }else{
return c;
    }
}
```

在 ActionScript 3.0 中，使用 return 语句需要遵守以下几点规则。

❑ 如果指定返回类型为 void，则不应加入 return 语句。

❑ 如果为函数指定除 void 以外任何其他返回值的类型，则必须在函数中添加 return 语句。

❑ 如果不指定返回类型，则可以根据情况选择是否加入 return 语句。如果不加入 return 语句，则返回一个空字符串。

8.5　课堂练习：拍照动画

在 Flash 中，创建图像由小变大的补间动画，再利用遮罩层和 ActionScript 动作脚本，可以模拟出拍照过程。而为了使动画表现得更加真实，还可以在动画中加入声音元素。拍照动画如图 8-12 所示。

图 8-12　拍照动画

操作步骤

1 新建文档，在【文档属性】对话框中设置【尺

寸】为 580 像素×400 像素；【背景颜色】为"绿色"（#669900），如图 8-13 所示。

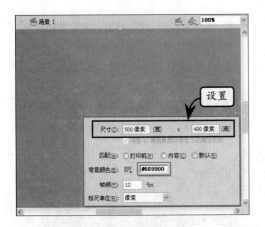

图 8-13 设置文档属性

2 执行【文件】|【导入】|【导入到舞台】命令，将素材图像 flower.jpg 导入到舞台，并将其转换为影片剪辑元件。然后，打开【变形】面板，设置【缩放宽度】和【缩放高度】均为 75%，如图 8-14 所示。

图 8-14 导入背景图像

提　示

在【对齐】面板中，使背景图像相对于舞台水平居中和垂直中齐。

3 右击第 1 帧，执行【创建补间动画】命令，创建补间动画。然后选择第 10 帧，在【变形】面板中设置其【缩放宽度】和【缩放高度】均为 100%，如图 8-15 所示。

4 新建图层，在第 12 帧处插入关键帧。然后，使用【矩形工具】在舞台的中心位置绘制一个 300 像素×230 像素的无边框矩形，如图 8-16 所示。

图 8-15 创建补间动画

图 8-16 绘制矩形

5 右击图层 2，在弹出的菜单中执行【遮罩层】命令，将该图层转换为遮罩层，如图 8-17 所示。

图 8-17 创建遮罩层

6 新建"闪光"图层，在第 11 帧处插入关键帧，绘制一个与遮罩图形大小和位置相同的白色（#FFFFFF）矩形，然后删除第 12 帧，如图 8-18 所示。

置，删除中间的边框，使其形成取景器效果。然后，删除第 10 帧以后的所有帧，如图 8-20 所示。

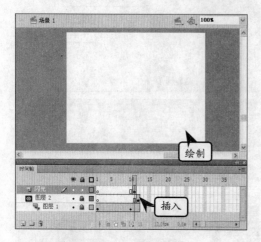

图 8-18 绘制白色矩形

图 8-20 创建取景框

注 意

绘制白色矩形后，必须将第 12 帧删除，这样才能够形成瞬间闪光效果。

7 新建"相框"图层，在第 12 帧处插入关键帧，绘制一个300 像素×230 像素的无填充、2 像素白色边框的矩形，将其作为照片的相框，如图 8-19 所示。

提 示

为了方便观察，可以将图层 2 设置为不可见，这样将会显示背景图像。

9 新建"相片阴影"图层，在第 12 帧处插入关键帧，绘制一个由黑色到透明的渐变矩形，并对其进行斜切变形。然后，将该图层移动至时间轴的最底层，如图 8-21 所示。

图 8-19 绘制相框

8 新建"取景框"图层，在第 2 帧处插入关键帧，将刚绘制的相框复制到该图层的原位

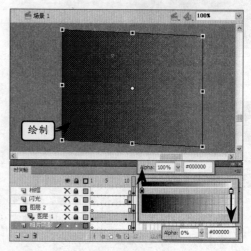

图 8-21 绘制阴影

10 新建"快门"图层，执行【公用库】|【按钮】命令，打开【公用库】面板。然后，将

bar capped orange 按钮元件拖入到舞台的右下角，并修改文本为 PLAY，如图 8-22 所示。

图 8-22 拖入按钮

11 新建"音效"图层，在第 9 帧处插入关键帧，将素材声音"拍照音效.mp3"导入到【库】面板，然后再将其拖入到舞台，以加载音频，如图 8-23 所示。

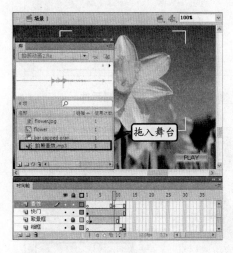

图 8-23 导入声音

12 新建"动作"图层，在最后一帧处插入关键帧。右击该帧，执行【动作】命令，打开【动作-帧】面板，并添加"stop();"代码，如图 8-24 所示。

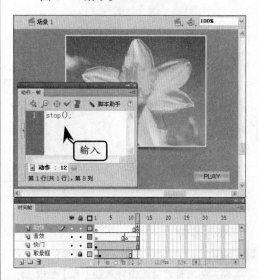

图 8-24 输入代码

13 选择按钮元件，在【属性】检查器中设置其【实例名称】为 btn。然后，在第 1 帧处打开【动作】面板，输入单击按钮才开始播放动画的代码，如下所示。

```
stop();
//停止播放
function
startMovie(event:MouseEvent):vo
id{
    this.play();  //开始播放动画
}

btn.addEventListener(MouseEvent
.CLICK, startMovie);
// 当单击 btn 按钮元件时，将调用
startMovie()函数
```

8.6 课堂练习：放大镜效果

放大镜效果就是两张相同内容、不同尺寸的图像，通过遮罩层实现局部放大的效果，

如图 8-25 所示。本例中通过 ActionScript 语言实现鼠标控制放大镜移动，以及被遮罩层中大图的位移，使放大镜效果更加逼真。

图 8-25　放大镜效果

操作步骤

1 新建尺寸为 580 像素×435 像素的空白文档，将所有素材图像导入到【库】面板。然后，将"小图.jpg"图像拖入到舞台，并设置其 X 和 Y 坐标均为 0，如图 8-26 所示。

图 8-26　拖入背景图像

2 新建"大图"影片剪辑，将"大图.jpg"拖入到舞台中。然后，在【属性】检查器中设置其 X 坐标为−580；Y 坐标为−435，如图 8-27 所示。

3 新建"放大镜效果"影片剪辑，将"大图"元件拖入到舞台中。然后，设置其 X 和 Y 坐标均为 0；【实例名称】为 pic，如图 8-28 所示。

图 8-27　新建影片剪辑元件

图 8-28　设置实例名称

4　新建图层 2，绘制一个宽度和高度均为 95
像素的圆形。然后，右击该图层，执行【遮
罩层】命令，将其转换为遮罩层，如图 8-29
所示。

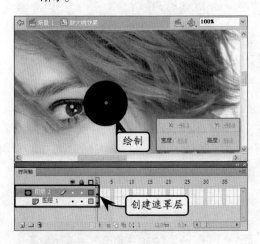

绘制

图 8-29 创建遮罩层

提　示

为了方便观察，将图层 1 和图层 2 解锁，这样
可以看到背景图像和遮罩图形。

5　新建图层 3。执行【文件】|【导入】|【打
开外部库】命令，打开"放大镜.fla"素材
文件。然后，将"放大镜"元件拖入到舞台
中，并调整其位置和角度，使镜片与遮罩圆
形重合，如图 8-30 所示。

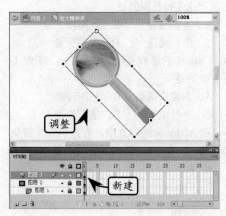

调整

新建

图 8-30 调整放大镜

6　选择该"放大镜"元件实例，在【属性】检
查器中添加"投影"滤镜效果，设置【角度】

为"100 度"；【距离】为"10 像素"；【颜
色】的 Alpha 值为 35%，如图 8-31 所示。

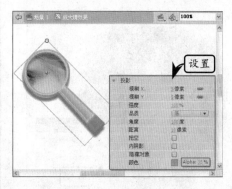

设置

图 8-31 添加投影滤镜

7　新建图层 4，在舞台中绘制一个圆形。然后，
为其填充由白色到透明的渐变色，将其作为
镜片的反光，如图 8-32 所示。

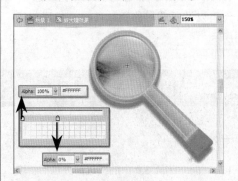

图 8-32 绘制反光

8　返回场景。新建图层 2，将"放大镜效果"
影片剪辑拖入到舞台中。然后，设置其【实
例名称】为 zoom，如图 8-33 所示。

输入

图 8-33 拖入影片剪辑

⑨ 新建图层 3，打开【动作】面板。然后，输入隐藏鼠标光标的代码，如图 8-34 所示。

图 8-34 隐藏鼠标代码

⑩ 将光标置于第 3 行，输入响应鼠标移动事件代码以及所调用的函数过程，代码如下所示。

```
stage.addEventListener(MouseEve
nt.MOUSE_MOVE,MouseMove);
//当鼠标移动时，调用 MouseMove 函数
function   MouseMove(event:Mouse
Event):void{
    zoom.x = event.stageX;
    //定义 zoom 实例的 X 坐标为鼠标光
    标的 X 坐标
    zoom.y = event.stageY;
    //定义 zoom 实例的 Y 坐标为鼠标光
    标的 Y 坐标
    this.zoom.pic.x=580-2*zoom.
    x;
    //定义 zoom 实例中 pic 实例的 X
    坐标
    this.zoom.pic.y=435-2*zoom.
    y;
    //定义 zoom 实例中 pic 实例的 Y
    坐标
}
```

8.7 思考与练习

一、填空题

1. ActionScript 3.0 中的改进部分包括新增的_____功能，以及能够更好地控制低级对象的改进 Flash Player API。

2. ActionScript 是一种基于_____的编程语言，用来编写 Adobe Flash 动画和应用程序。

3. 在 ActionScript 中，原始数据类型的处理速度通常比引用数据类型的处理速度_____。

4. 在 ActionScript 代码中，_____运算符用来访问对象的属性和方法。

5. 参数的主要作用是通过它可以将值传递给_____。

二、选择题

1. Flash 中包括了两种数据类型：原始数据类型和引用数据类型。下列不属于原始数据类型的是_____。

    A. String   B. Number

    C. Object   D. int

2. 在 Flash 的动作脚本中，变量的值不可以是哪种形式_____。

    A. Number   B. String

    C. 运算符   D. Boolean

3. 在动作脚本中包括了 3 种变量的范围，下面不属于这 3 种范围的是_____。

    A. 本地变量   B. 时间轴变量

    C. 全局变量   D. 局部变量

4. Flash 中的函数大致上分为 3 类，下面不属于这 3 类的是_____。

    A. 自定义函数   B. 初等函数

    C. 一般函数   D. 字符串函数

5. 在 ActionScript 3.0 中，要声明一个新变量，必须将_____语句和变量名结合使用。

    A. Public   B. Package

    C. Class   D. var

三、问答题

1. 什么是常量？什么是变量？它们有什么区别？

2. 循环结构的执行过程是什么？

3．流程控制分哪几种语句？它们的作用是什么？

4．Flash 中创建自定义函数的方法有哪些？

5．在 Flash 中使用 return 动作需要遵守什么规则？

四、上机练习

1．添加友情链接

对于个人主页来说，友情链接不仅是一个技术交流平台，也是一个宣传的有效途径，而对于商业网站来说，主要用于互相宣传，这样许多商家可以联合起来，互惠互利。本例将为制作好的网站添加友情链接，如图 8-35 所示。

该练习主要讲解了如何通过添加动作来制作友情链接的方法。它将制作好的网页导入舞台，然后在需要链接的图片和文字上添加一个透明按钮，并将其复制成多份分别放在所有的链接图片以及文字之上，最后为这些透明按钮加入动作即可。

图 8-35　添加友情链接

2．消失在空中的蝴蝶

本练习主要制作由播放按钮控制蝴蝶沿着引导层运动的动画，如图 8-36 所示。在该动画中，动作的添加决定着动画的播放与否。当单击播放按钮时，蝴蝶就飞向天空，反之，蝴蝶只是在树枝上扇动两只翅膀。

图 8-36　消失在空中的蝴蝶

第9章

ActionScript 3.0 进阶

　　ActionScript 3.0 是一种面向对象的程序设计语言，其除了具有编程语言的性质外，还符合所有面向对象编程的特征，如使用抽象、封装、继承和多态等概念，为程序的开发提供了灵活性、模块性和复用性。

　　本章将站在面向对象的角度讲解 ActionScript 3.0 语言，包括包、命名空间和类的概述，并详细介绍数组和 XML 对象的使用方法，使读者可以更进一步了解 ActionScript 3.0 脚本语言。

本章学习要点：

➢ 简单了解面向对象编程
➢ 熟悉类的概念及功能
➢ 掌握接口的用法
➢ 掌握数组的用法
➢ 掌握处理 XML 对象的方法

9.1　面向对象编程基础

面向对象（Object-oriented）是一种程序设计思想，其将对象作为程序的基本单元，将程序和数据封装在其中，以提高软件的重用性、灵活性和扩展性。

9.1.1　处理对象

在面向对象的编程中，程序指令划分为不同的对象——代码分组为功能块，因此相关类型的功能或相关的信息会组合到一个容器中。

在 ActionScript 面向对象的编程中，任何类都可以包含三种类型的特性：属性、方法和事件。这些元素共同用于管理程序使用的数据块，并用于动作的执行顺序等。

1．类（Class）

类是面向对象编程语言中的重要组成部分。类主要定义了一个事物的抽象特征，包括事物的各种基本性质（类属性）和其可实现的功能（方法）。

例如，"汽车"这个类包含汽车的所有基本特征，如拥有车轮、发动机等部件，可以在公路上行驶。而这些特征被称为类的"成员"。

```
公共的 类 计算机{
    声明 性质：拥有车轮；
    声明 性质：拥有发动机；
    声明 行驶()；
    }
```

在上面的代码中，声明了一个"汽车"类，并描述了该类的性质和功能。类可以为程序提供模版和结构，提高程序的通用性。

2．对象（Object）

对象也是面向对象编程语言中的重要组成部分，是类的实例。

例如，"汽车"类定义了所有的汽车，那么可以将"汽车"这个类进行实例化，也就是将类的特点赋予一个具体的实例。

```
声明 宝马：汽车=一种新的 汽车（）
```

在上面的代码中，"宝马"已经被声明为"汽车"类的一个实例，其拥有该类的所有特征和功能。

3．继承性（Inheritance）

继承性是面向对象的一种基本特性，其规定了对象与类之间的关系，即对象将继承类中所有的特征，包括类的基本性质和可实现的功能（在面向对象的编程语言中，就是类属性和方法）。

例如，前面实例化的"宝马"，将继承"汽车"的所有特性，包括拥有发动机、车轮等，以及可以行驶。

4．多态性（Polymorphism）

多态性是指在不同的环境下，类的基本性质和可实现的功能也会有所差别。在面向过程的编程语言中，程序在每一种环境中执行操作都需要单独编写方法；而在面向对象的编程语言中，则可以使用相同的方法，根据使用环境的改变实现不同的功能。

例如，"宝马"汽车在上班时可以载人，而在购物后可以载货。

在面向对象的程序设计中，通常在编写方法时就要考虑到使用方法的各种环境，需要大量的工作。然而，当方法编写完成后，其可适应的范围要比普通的方法更广泛，使用也更简便，这正是多态性的优越性。

5．封装性（Encapsulation）

封装性是面向对象编程的一个特点，即模块化的设计思想，将程序的所有类属性和方法封装起来，只保留对外的接口供用户调用。

例如，驾驶者并不需要了解"宝马"汽车的内部结构和制造方法，它的所有零部件和功能都已被封装起来。驾驶者只需要了解如何驾驶汽车即可。

封装可以最大程度地保证类和对象的独立性，用户不需要了解类中各种类属性和方法的编写，只需要了解调用这些类属性和方法的方式，即可使用这些类属性和方法。同时，封装也为程序提供了更大的适应性。

9.1.2　类和对象的组成

ActionScript 中的类和对象都是由属性、方法和事件组成的。通过自带类或自定义类提供属性、方法和事件给对象，管理对象的数据块、决定对象可以执行哪些动作，以及执行动作的前后顺序。

在编写一些小的 ActionScript 脚本程序时，这些程序往往只包含几个彼此交互的对象，类的作用并不明显。随着程序作用域的不断扩大以及其必须管理的对象不断增加，类的作用会越来越重要。

1．属性

属性是对象和类中包含的数据，是对象和类的性质。某个对象独有的属性即特征。类的作用是归纳和总结对象的特征，帮助程序通过这些特征来控制和调用对象。典型的属性如下所示。

```
circle.color = 0xffffffff;  //对象圆的颜色为白色
```

在上面的代码中，变量 circle 即对象的名称。color 即对象的属性，而 0xffffffff 即属性的属性值。在对象名称和属性之间的点（.）是一种特殊的运算符，其用于指示对象的属性。在 ActionScript 中，一个对象可以拥有多个属性，几个对象也可以拥有一个或多个共同的属性。

2. 方法

方法是指可以由对象执行的操作。大部分类都有固定的几种方法，通过类调用的对象将继承这些方法。例如，在 Flash 中使用时间轴上的关键帧和补间制作的影片剪辑，可以通过类 MovieClip 的各种方法来控制，如表 9-1 所示。

表 9-1　类 MovieClip 的公共方法

方　　法	说　　明
movieclip()	创建新的 MovieClip 实例
gotoAndPlay (frame:Object, scene:String = null):void	从指定帧开始播放 SWF 影片
gotoAndStop(frame:Object, scene:String = null):void	将播放头移到影片剪辑的指定帧并停在那里
nextFrame():void	将播放头转到下一帧并停止
nextScene():void	将播放头移动到 MovieClip 实例的下一场景
play():void	在影片剪辑的时间轴中移动播放头
prevFrame():void	将播放头转到前一帧并停止
prevScene():void	将播放头移动到 MovieClip 实例的前一场景
stop():void	停止影片剪辑中的播放头

除了这些方法外，类 MovieClip 还从其他的类中继承了一些方法。在 SWF 影片中，可以使用类 MovieClip 的方法控制影片剪辑的播放。例如，控制名为 clip01 的剪辑播放，其代码如下所示。

```
clip01.play();
```

在使用类的方法时，还可以为方法添加参数。例如，在 SWF 影片中通过 ActionScript 控制名为 clip02 的剪辑播放头跳转到时间轴的第 10 帧，其代码如下所示。

```
clip02.gotoAndPlay(10);
```

在上面的代码中，clip02 是影片剪辑的名称，gotoAndPlay 则是类 MovieClip 的方法，括号里的 10 是方法的参数。

3. 事件

在所有高级编程语言中，事件都是确定计算机执行哪些指令以及何时执行指令的机制。在 ActionScript 中也同样如此，事件决定了类和对象使用哪种方法，以及使用方法的时间。事件是 ActionScript 可以识别并响应的事情。

事件是实现交互的必要条件。指定为响应特定事件而应执行的某些动作的技术被称作事件处理。在 ActionScript 中，事件的处理包含 3 个要素。

❑ **事件源**

事件源即发生事件的对象。例如，影片的浏览者单击了某个按钮，那么这个按钮就是事件源。事件源必须是 AVM2 虚拟机可监测到的对象。

❑ **事件**

事件是对象发生的事情。例如，影片的浏览者在输入文本组件中输入了一个字母 a，则输入字母 a 这个行为就是事件。许多对象都会发生多个事件，发生的事件必须能被

AVM2 虚拟机所识别。

❏ 响应

当 AVM2 虚拟机识别了监测的事件源发生的事件，通常会根据程序执行一些操作。这个操作被称作事件的响应。处理事件，即响应事件。例如，当用户输入 a 和 b 两个字母，并按下一个按钮，AVM2 虚拟机根据代码的要求，输出字符串变量 ab。

例如，在影片中插入了一个按钮，并设置按钮的实例名称为 btn，则可以添加一些代码，实现对单击按钮事件的监听以及响应，如下所示。

```
btn.addEventListener(MouseEvent.CLICK,MouseClick);
//监听实例名称为 btn 的按钮的鼠标单击事件
function MouseClick(event:MouseEvent){
//当实例名称为 btn 的按钮被鼠标单击时，执行自定义函数 MouseClick
trace("Now you click me");
//事件的响应为输出文本 "Now you click me"
}
```

在上面的代码中，对象 btn 即事件源，MouseClick(鼠标单击)即事件，而 trace("Now you Click me")则是对事件的响应。

9.1.3 创建对象实例

使用对象之前首先应创建对象。在 Flash 中创建对象有两种方法，即在舞台中建立元件或组件等对象，或通过 ActionScript 的声明语句 var 和关键词 new 创建一个空对象。

创建对象仅仅是在内存中创建一个空的内存单元，这样的对象是无法被 ActionScript 控制的。如要实现 ActionScript 控制对象，还需要在创建对象之后为对象赋值。为对象赋值的过程叫做实例化，也就是创建特定类的实例。

创建对象实例同样也可以通过 Flash 软件操作或 ActionScript 代码实现。在 Flash 软件中新建一个元件，即可在【属性】检查器中赋予其一个【实例名称】。在设置其【实例名称】的同时，Flash 软件将自动声明一个拥有该实例名的变量，并创建一个对象实例，将该对象存储在该变量中，如图 9-1 所示。

在 ActionScript 中创建对象实例是通过声明对象并为其赋值来实现的。声明对象并为其赋值需要使用赋值语句 var 以及关键字 new，代码如下所示。

图 9-1 设置实例名称

```
var btn:Object=new Object();
//声明一个名称为 btn 的对象，并将其实例化
```

9.2 包和命名空间

在 ActionScript 3.0 中，包（Package）和命名空间（NameSpace）是两个紧密相关的概念。包是存放代码的单位。一个包中可以存放许多代码。命名空间通常是一个包，其中存放有多个类的属性、方法以及允许这些类管理的事件。

使用包，可以定义命名空间，并将多个类定义捆绑在一起，减少可能发生的命名冲突。包还可以将公有的代码共享。多个包之间的代码可以互相调用，通过这种调用，可以减少代码的行数，提高程序编写的效率。

命名空间类似于存放各种类的解释说明的词典，用于管理各个类的属性、方法。使用命名空间，可以控制标识符（如属性名和方法名）的可见性，为 AVM2 虚拟机提供类的解释。无论命名空间位于包的内部还是外部，都可以应用于代码。

9.2.1 包

在 ActionScript 1.0 和 2.0 中，可以将代码放置在影片时间轴、按钮、影片剪辑的时间轴上或外部的.as 文件内（以#include 引用）。ActionScript 3.0 则完全以类为基础，因此，所有的使用类的代码都必须放在类的方法中，这就需要使用到包。声明一个包，其代码如下所示。

```
package {
//声明包
    public class Examplefile {
    //创建公共类 Examplefile
        function Examplefile();
        //创建自定义函数
    }
}
```

在将这段代码写到.as 文件后，必须将.as 文件的名称设置为 Examplefile。然后在 Flash 的【属性】检查器中设置【类】为 Examplefile，单击【编辑类定义】按钮，将.as 文件与 FLA 文件连接在一起，如图 9-2 所示。

在 ActionScript 3.0 中，包的作用即把功能相关的类群集起来。因此，每一段 ActionScript 必须创建包，所有符合 ActionScript 3.0 标准的代码必须放在包里。在 ActionScript 3.0 中还可以不指明包的名称，仅使用 package 关键字和大括号。在这种情况下，类将创建在默认顶层包中，代码如下所示。

图 9-2 连接 **.as** 文件

```
package {
//声明包
    import com.example.utils.StringUtils;
    //导入公共类
}
```

9.2.2 命名空间

命名空间可以控制所创建的方法和属性的可见性。在 Flash CS3 以及 Adobe Flash Player 9.0 版本的 AVM2 虚拟机中，主要有 public（公共）、private（私有）、protected（受保护的）、internal（内部的）4 种内置的命名空间。除了这 4 个内置的命名空间外，用户还可以创建自定义的命名空间。

在 ActionScript 3.0 中，所有对类的属性、方法的解释都是通过命名空间进行的。如果用户未在代码中以命名空间开头，则解释器将通过默认的 internal 命名空间来解释类的属性和方法，代码如下所示。

```
class NSExample {
//定义一个名为 NSExample 的自定义类
    var stringtype:String;
    //声明一个自定义字符串变量
    function afunction () {
    //声明一个自定义函数
        trace(stringtype + " from afunction ()");
        //该函数的作用是输出变量和函数内容
    }
}
```

在上面的代码中，并没有对命名空间进行定义。AVM2 虚拟机在运行这段代码时，将自动以 internal 命名空间来解释类的属性。

1．定义命名空间

命名空间中包含一个名为统一资源标识符（URI）的值，该值有时称为命名空间名称。使用 URI 可确保命名空间定义的唯一性。用户可以像定义 XML 的命名空间一样使用显式定义方法，代码如下所示。

```
public flash_proxy = "http://www.adobe.com/flash/proxy";
```

除了上面的方法外，还可以省略 URI，以隐式的方法来定义命名空间，代码如下所示。

```
public flash_proxy;
```

使用隐式命名空间与显示命名空间的区别在于，省略 URI 后，不能在同一个域内重新定义命名空间。在包或类中定义命名空间后，定义的命名空间是不能被包或类之外的代码访问的，代码如下所示。

```
package flash.utils{
//定义一个名为 flash.utils 的包
    private flash_proxy;
```

```
        //定义命名空间
    }
```

如需要使包或类外的代码访问该命名空间，则需要使用访问控制说明符，代码如下
所示。

```
package flash.utils{
//定义一个名为 flash.utils 的包
    public namespace flash_proxy;
    //定义命名空间，并使其变为公有的命名空间
}
```

当把命名空间设置为 public 后，所有在包以外的代码都会拥有访问该命名空间的
权限。

2. 编辑命名空间

编辑命名空间即在命名空间中添加新的定义。ActionScript 3.0 允许用户在命名空间
中放置常量、变量以及函数（不允许放置类）。例如，在命名空间中放置函数，其代码如
下所示。

```
public NSexample;
//定义名称为 NSexample 的命名空间
class ClassName{
//定义一个名称为 ClassName 的自定义类
    NSexample Function01() {}
    在命名空间中放置名为 Function01 的函数
}
```

9.3 属性和方法

属性和方法是类的两个重要组成部分，用于表现类的性质和实现功能，下面将对其
进行详细介绍。

9.3.1 属性

属性是指在类中声明的各种可被外部引用的变量或常量。可被外部引用的常量又被
称作公共常量。公共常量和属性合称类属性。

❑ **定义属性**

定义类属性时，通常需要将要定义的变量或常量放置到构造函数或方法的外部进行
定义，并通过 public 修饰符确保类属性可被外部引用。

例如，在类中分别定义一个属性和一个公共常量，代码如下所示。

```
package {
  public class ClassName{
```

```
    public const PublicConstant = Value1;
    public var AttributeName = Value2;
  }
}
```

其中，public 为访问修饰符；class 为定义类的关键字；ClassName 为类的名称；const 为定义公共常量的关键字；PublicConstant 为公共常量的名称；Value1 为公共常量的值；AttributeName 为属性的名称；Value2 为属性的值。

提　示

类的公共常量是一个不可更改的值，而类中的各种属性则可以根据类的实例进行相应的变化。

❏ 成员属性和局部属性

类属性还可以根据其定义域的不同分为成员属性和局部属性，这两种属性的区别在于其定义域不同。

成员属性的定义域为整个类，在整个类中都可以方便地引用，而局部属性则只在定义的方法内有效。

定义成员属性和局部属性的方法如下所示。

```
package {
  public class ClassName {
    public var MemberAttribute=Value1;
    public function ClassName():void{
      var LocalAttribute=Value2;
    }
  }
}
```

其中，MemberAttribute 为成员属性的名称；Value1 为成员属性的值；LocalAttribute 为局部属性的名称；Value2 为局部属性的值。

提　示

局部属性既可以在构造函数中定义，也可以在方法中定义。通常局部属性是无法被外部引用的。

❏ 实例属性和静态属性

类属性中的成员属性还可以分为实例属性和静态属性。实例属性只能通过类的实例访问，而静态属性则只能通过类的名称来访问。

定义实例属性和静态属性的方法如下所示。

```
package {
  public class ClassName {
    public var InstantialAttribute=Value1;
    static public var StaticAttribute=Value2;
  }
}
```

其中，InstantialAttribute 为实例属性的名称；Value1 为实例属性的值；static 为定义静态属性的修饰符；StaticAttribute 为静态属性的名称；Value2 为静态属性的值。

实例属性是实例所特有的。修改某个实例属性，并不会影响到另一个实例的属性。而静态属性则是所有实例所共有的，修改任何一个静态属性，都会影响到所有的实例。

9.3.2 方法

方法是类定义中的函数。创建类的一个实例后，该实例就会捆绑一个方法。与在类外部声明的函数不同，不能将方法与附加方法的实例分开使用。

方法是使用 function 关键字定义的。可以使用函数语句，代码如下所示。

```
public function sampleFunction():String {}
```

也可以使用分配了函数表达式的变量，代码如下所示。

```
public var sampleFunction:Function = function () {}
```

❏ 构造函数方法

构造函数方法（即构造函数），是与在其中定义函数的类共享同一名称的函数。只要使用 new 关键字创建了类实例，就会执行构造函数方法中包括的所有代码。

例如，创建一个名称为 Example 的简单类，该类包含名称为 status 的属性，该属性的值在构造函数中定义。

```
class Example{
  public var status:String;
  public function Example(){
    status = "类属性的值";
  }
}
var myExample:Example = new Example();
trace(myExample.status);
//输出：类属性的值
```

> **提　示**
>
> 构造函数方法只能是公共方法，但可以选择性地使用 public 属性。不能对构造函数使用任何其他访问控制说明符（包括使用 private、protected 或 internal），也不能对函数构造方法使用用户定义的命名空间。

构造函数可以使用 super()语句显式地调用其直接超类的构造函数。如果未显式调用超类构造函数，编译器会在构造函数体中的第一个语句前自动插入一个调用。

```
class ExampleEx extends Example{
  public function ExampleEx(){
    trace(super.status);
    super();
  }
}
```

```
var mySample:ExampleEx = new ExampleEx();
//输出：null
```

❏ 静态方法

静态方法也叫做"类方法"，是使用 static 关键字声明的方法。

```
package {
public class ClassName{
    public function ClassName():void{}
    static function StaticMethod():FunctionType{}
}
}
```

其中，static 表示定义静态方法的修饰符；StaticMethod 表示静态方法的名称；FunctionType 表示静态方法的数据类型。

静态方法附加到类而不是类的实例，因此在封装对单个实例的状态以外的内容有影响的功能时，静态方法很有用。

提　示

> 由于静态方法附加到整个类，所以只能通过类访问静态方法，而不能通过类实例访问。

❏ 实例方法

实例方法指的是不使用 static 关键字声明的方法。实例方法附加到类实例而不是整个类，在实现对类的各个实例有影响的功能时，实例方法很有用。

```
package {
  public class ClassName{
    public function ClassName():void{}
    public function InstantialMethod():FunctionType{}
  }
}
```

其中，public 表示定义公共方法的修饰符；InstantialMethod 表示实例方法的名称。

提　示

> 在实例方法体中，静态变量和实例变量都在作用域中，这表示使用一个简单的标识符可以引用同一类中定义的变量。

实例方法体中 this 引用的值是对方法所附加实例的引用。下面的代码说明 this 引用指向包含方法的实例。

```
class ThisTest{
  function thisValue():ThisTest{
    return this;
  }
}
var myTest:ThisTest = new ThisTest();
trace(myTest.thisValue() == myTest);
```

```
//输出: true
```

9.4　接口

接口可以看成是 ActionScript 3.0 抽象程序最高的类型，也可以看成是统一不相关对象的标准，或者是方法声明的集合，它可以使不相关的对象之间能够彼此通信。合理地利用接口进行编程，可以规范程序，便于不同的使用人员合作与交流。

9.4.1　定义接口

接口定义的结构与类定义的结构类似，只是接口只能包含方法而不能包含方法体。另外，接口不能包含变量或常量，但是可以包含 getter 和 setter。如果想要定义接口，可以使用 interface 关键字。

例如，接口 IExternalizable 是 Flash Player API 中 flash.utils 包的一部分。IExternalizable 接口定义一个用于对对象进行序列化的协议，这表示将对象转换为适合在设备上存储或通过网络传输的格式，代码如下所示。

```
public interface IExternalizable{
    function writeExternal(output:IDataOutput):void;
    function readExternal(input:IDataInput):void;
}
```

Flash Player API 遵循一种约定，其中接口名以大写 I 开始，但是可以使用任何合法的标识符作为接口名。接口定义经常位于包的顶级，而且不能放在类定义或另一个接口定义中。

接口可以扩展一个或多个其他接口。例如，接口 IExample 扩展了 IExternalizable 接口，代码如下所示。

```
public interface IExample extends IExternalizable{
    function extra():void;
}
```

实现 IExample 接口的所有类不但必须包括 extra()方法的实现，而且还要包括从 IExternalizable 接口继承的 writeExternal()和 readExternal()方法的实现。

定义接口的基本形式如下。

```
package myPack{
        interface myInter{
          function myFun(...arg):Type
        }
}
```

在上面的代码中，各个参数的介绍如下所示。

- ❏ **myPack** 包名
- ❏ **myInter** 接口名
- ❏ **myFun** 函数名
- ❏ **...arg** 参数列表
- ❏ **Type** 数据类型

9.4.2 接口继承

接口和接口之间是可以继承的。假设应用程序需要处理 3 种形状：圆、正方形和等边三角形，不管是哪种形状，都要计算面积并用文本描述形状信息，因此，需要一个统一的标准，让所有形状类都可以实现这两个方法。

```
package{
        public interface IGeometricShap{
          function getArea():Number;
          function describe():String;
        }
}
```

其中，getArea()方法用于计算形状的面积；describe()方法用于描述形状的文字信息，如边长、边数、半径等。

但是，还是不能直接用 3 个具体形状类实现这个接口。因为圆的周边长度叫做周长，它的计算方式是独有的，所以其算法不同于三角形或正方形。不过，三角形、正方形和其他多边形之间仍然有着很多相似之处，所以可以为它们定义一个新接口类 IPolygon。IPolygon 接口需要继承 IGeometricShape 接口，代码如下所示。

```
package{
        public interface IPolygon extends IGeometricShape{
          function getPerimeter():Number;
          function getSumOfAngles():Number;
        }
}
```

这个接口定义了所有多边形的两个通用方法：getPerimeter()方法和 getSumOfAngles()方法，前者用于计算所有边相加后的总长，后者用于计算所有内角之和。IPolygon 接口扩展了 IGeometricShape 接口，这就说明实现 IPolygon 接口的所有类必须声明所有 4 个方法，即来自 IGeometricShape 接口的两个方法和来自 IPolygon 接口的两个方法。

IGeometricShape 接口和 IPolygon 接口是属于两个不同层次的抽象，前者抽象程度最高，适用于圆、正方形和三角形等形状；而 IPolygon 接口程度较低，适用于正方形和三角形。因此，具体的圆只需实现 IGeometricShape 接口，而具体的正方形和三角形实现 IPolygon 接口。

9.4.3　接口实现

类是唯一可实现接口的 ActionScript 3.0 语言元素。在类声明中使用 implements 关键字可实现一个或多个接口。例如，定义两个接口 IAlpha 和 IBeta 以及实现这两个接口的类 Alpha，代码如下所示。

```
//IAlpha 接口
interface IAlpha{
     function foo(str:String):String;
}
//IBeta 接口
interface IBeta{
  function bar():void;
}

class Alpha implements IAlpha, IBeta{
  public function foo(param:String):String {}
  public function bar():void {}
}
```

在实现接口的类中，实现的方法必须满足以下条件。
- ❑ 只能使用 public 访问修饰符。
- ❑ 使用与接口方法相同的名称。
- ❑ 拥有相同数量的参数，每一个参数的数据类型都要与接口方法参数的数据类型相匹配。
- ❑ 使用相同的返回类型。

不过在命名所实现方法的参数时，要有一定的灵活性。虽然实现的方法的参数数量和每个参数的数据类型必须与接口方法的参数数量和数据类型相匹配，但参数名不需要匹配。例如，在上一个示例中，将 Alpha.foo()方法的参数命名为 param，代码如下所示。

```
public function foo(param:String):String {}
```

将 IAlpha.foo()接口方法中的参数命名为 str，代码如下所示。

```
function foo(str:String):String;
```

另外，使用默认参数值也具有一定的灵活性。接口定义可以包含使用默认参数值的函数声明。实现这种函数声明的方法必须采用默认参数值，默认参数值是与接口定义中指定的值具有相同数据类型的一个成员，但是实际值不一定匹配。例如，以下代码定义的接口包含一个使用默认参数值 10 的方法。

```
interface IGamma{
    function doSomething(param:int = 10):void;
}
```

以下类定义实现 IGamma 接口，但使用不同的默认参数值。

```
class Gamma implements IGamma{
    public function doSomething(param:int = 15):void {}
}
```

提供这种灵活性的原因是：实现接口规则的设计目的是确保数据类型兼容性，因此不必要求采用相同的参数名和默认参数名就能实现目标。

9.5 应用数组

在 ActionScript 3.0 中，使用数组可以把相关的数据聚集在一起，对其进行组织和处理。数组可以存储多种类型的数据，并为每个数据提供一个唯一的索引标志作为这些数据的下标供程序访问。

9.5.1 创建数组

在 ActionScript 3.0 中，可以使用 Array 类构造函数或使用数组文本初始化数组来创建数组。使用 Array 构造函数共有三种方法。

（1）通过调用不带参数的构造函数可以得到一个空数组，代码如下所示。

```
var myArray:Array = new Array();
```

（2）将一个数字作为 Array 构造函数的唯一参数，则会创建长度等于该数值的数组，并且每个元素的默认值为 undefined，代码如下所示。

```
var myArray:Array = new Array(numElements);
```

其中，numElements 参数表示一个指定数组中元素数量的整数，该参数必须为 0～4 294 967 295 的无符号整数。

（3）调用构造函数并传递一个元素列表作为参数，将创建具有与每个参数相对应的元素的数组，该数组中第一个元素的索引（或位置）始终是 0，代码如下所示。

```
var myArray:Array = new Array(…values);
```

其中，…values 参数表示一个以逗号分隔的列表，可以包含一个或多个任意值。

提 示

如果传递给 Array 构造函数的只有一个单数值参数，则认为该参数指定数组的 length 属性。

另外，还可以不使用 Array 构造函数，创建具有数组文本或对象文本的数组。其中，可以将数组文本直接分配给数组变量，代码如下所示。

```
var myArray:Array = [...values];
```

9.5.2　遍历数组

遍历是编程语言中常见的一种对结构化数据的操作。其主要指沿着某条搜索路线，依次对树中的每个结点进行一次唯一的访问。通过遍历，可以实现对结构化数据的搜索等一系列功能。

如果想要访问存储在数组中的所有元素，可以使用 for 语句循环遍历数组。在 for 语句中，大括号内使用循环索引变量以访问数组的相应元素，循环索引变量的范围应该是 0 到数组长度减 1，代码如下所示。

```
var myArray:Array = new Array(...values);
for(var i:int = 0;i < myArray.length;i ++){
  trace(myArray[i]);
}
```

其中，i 索引变量从 0 开始递增，当等于数组的长度时停止循环，即 i 赋值为数组最后一个元素的索引时停止。然后，在 for 语句的循环体中，通过 myArray[i] 的形式访问每一个元素。

如果想要访问最后匹配的元素，而非最先匹配的元素时，可以使用 for 循环从 Array.length-1 向 0 反向遍历，每次索引变量都递减 1，代码如下所示。

```
var myArray:Array = new Array(...values);
for(var i:int = myArray.length - 1;i >= 0;i --){
  trace(myArray[i]);
}
```

其中，i 索引变量从数组最后一个元素的索引开始递减，当小于 0 时停止循环，即 i 索引变量赋值为数组的开始索引 0 时停止。

9.5.3　操作数组

在创建数组后，经常需要对数组中的元素进行操作，例如添加元素、删除元素等，以满足不同的需求。

1. 添加元素

使用 Array 类的 unshift()、push()和 splice()方法可以将元素添加到数组中。unshift()方法将一个或多个元素添加到数组的开头，并返回数组的新长度，此时数组中的其他元素从其原始位置向后移动一位。unshift()使用方法如下所示。

```
myArray.unshift(…args);
```

其中，…args 表示一个或多个要插入到数组开头的元素。当执行完成后将返回一个表示该数组新长度的整数。

使用 push()方法可以将一个或多个元素追加到现有数组的末尾，并返回该数组的新长度，使用方法如下。

```
myArray.push(…args);
```

其中，…args 表示要追加到数组末尾的一个或多个元素。

使用 Array 类的 length 属性值作为索引可以追加单一元素。因为 ActionScript 数组索引是从 0 开始，最后一个元素的索引是 Array.length–1。因此，把元素放在 Array.length 索引处，就是在当前数组的最后一个元素后面创建一个新的元素，代码如下所示。

```
myArray[myArray.length] = newElement;
```

其中，newElement 表示要追加到数组末尾的单个元素。

使用 splice()方法可以在数组中的指定索引处插入任意数量的元素，该方法修改数组但不制作副本，使用方法如下所示。

```
myArray.splice(startIndex,addCount,…values);
```

其中，startIndex 表示数组中开始进行插入位置处的元素的索引；addCount 表示要插入的元素数量；…values 表示一个用逗号分隔的一个或多个值的可选列表或数组，该列表或数组将要插入到该数组中 startIndex 参数指定的索引位置。

2. 删除元素

使用 Array 类的 shift()、pop()和 splice()方法可以从数组中删除元素。shift()方法用于删除数组的第一个元素，并返回该元素，其余的元素将从其原始位置向前移动一个索引位置。也就是说，它始终删除索引 0 处的元素。shift()使用方法如下所示。

```
myArray.shift();
```

pop()方法用于删除数组中最后一个元素，并返回该元素的值。也就是说，它将删除位于最大索引处的元素，使用方法如下所示。

```
myArray.pop();
```

splice()方法除了可以在数组中添加新元素外，还可以删除数组中任意数量的元素，其执行的起始位置是由传递到该方法的第一个参数指定的，使用方法如下所示。

```
myArray.splice(startIndex,deleteCount);
```

其中，startIndex 数组中开始进行删除元素的索引；deleteCount 表示要删除的元素数量。

如果没有为 Count 参数指定值，则该方法将删除从 startIndex 元素到数组中最后一个元素的所有值。

如果需要将数组的部分连续元素分离出来成为一个新的数组，可以通过 splice()方法将这些元素删除，然后再将它赋值给一个新的数组即可，代码如下所示。

```
var myArray:Array = new Array(…values);
var newArray:Array = myArray.splice(startIndex,Count);
```

其中，startIndex 表示要分离元素的起始索引位置；Count 表示要分离的元素数量；newArray 表示一个新数组。

9.5.4　搜索元素

用 ActionScript 编写的程序在执行过程中，可能需要访问数组中匹配指定值的元素，这就需要对数组中所有的元素进行搜索。搜索和遍历的不同之处在于，遍历的目的是为了访问整个数组中的每一个元素，而搜索则是有针对性地访问某个符合要求的元素。

在 ActionScript 中，搜索数组中的元素需要使用到类 Array 中的 indexOf()和 lastIndexOf()两种方法。indexOf()方法的作用是从索引号为 0 的元素开始，搜索数组中是否包含某个元素。该方法有两个参数，分别为 searchElement 和 fromIndex。

❑ **searchElement 参数**

该参数可以为任意类型的变量。定义该参数的值后，indexOf()方法即可搜索某个数组中是否包含与该参数值相等的元素。

❑ **fromIndex 参数**

该参数的作用是定义搜索数组元素的起始索引号。其值为 int 类型变量，默认值为 0。

indexOf()方法可以返回 int 类型的变量值。如在数组中搜索到与 searchElement 参数相等的元素，则返回该元素的索引号。否则将返回-1。

例如，在一个包含 20 以内所有平方数的数组中，查找是否包含数值 169，代码如下所示。

```
var i:int,m:int;
var SquareNumber:Array=new Array();
//声明并创建函数 SquareNumber
for (i=1; i<=20; i++) {
//创建关于 i 的循环
    m=i*i;
    //求出 i 的平方值
```

第 9 章　ActionScript 3.0 进阶

```
     SquareNumber [i-1]=m;
//将 i 的平方值定义为数组的元素
}
trace(SquareNumber.indexOf(169,0));
```

执行上面的代码，即可使用 indexOf()方法返回数组 SquareNumber 中是否包含 169。通过使用 indexOf()方法，可以制作一些查找数组元素的实例。

9.5.5 排序数组

使用 Array 类的 sort()、sortOn()和 reverse()方法，可以通过排序或反向排序来更改数组中元素的顺序，以上这些方法都用来修改现有数组。

sort()方法可以对数组的元素进行简单排序。当该方法不带参数时，会以升序排序数组元素，使用方法如下所示。

```
myArray.sort();
```

sort()方法按照"默认排序顺序"重新安排数组中的元素。默认排序顺序具有以下特征。

- ❑ 排序区分大小写，也就是说大写字符优先于小写字符。例如，字母 D 优先于字母 b。
- ❑ 排序按照升序进行，也就是说低位字符代码（例如 A）优先于高位字符代码（例如 B）。
- ❑ 排序将相同的值互邻放置，并且不区分顺序。
- ❑ 排序基于字符串，也就是说，在比较元素之前，先将其转换为字符串（例如，10 优先于 3，因为相对于字符串"3"而言，字符串"1"具有低位字符代码）。

如果需要不区分大小写或者按照降序对数组进行排序，或者数组中包含数字，从而需要按照数字顺序而非字母顺序进行排序，可以为 sort()方法传递 options 参数，以改变默认排序顺序的各个特征，代码如下所示。

```
myArray.sort(options);
```

options 参数是由 Array 类中的一组静态常量定义的，它们将排序的行为从默认行为更改为其他行为，如下所示。

- ❑ **Array.CASEINSENSITIVE** 此选项可使排序不区分大小写。例如，小写字母 b 优先于大写字母 D。
- ❑ **Array.DESCENDING** 用于颠倒默认的升序排序。例如，字母 B 优先于字母 A。
- ❑ **Array.UNIQUESORT** 如果发现两个相同的值，此选项将导致排序中止。
- ❑ **Array.NUMERIC** 指定排序按照数字顺序进行，比方说 3 优先于 10。

sortOn()方法可以根据数组中的一个或多个字段对数组中的元素进行排序。数组应具有下列特性。

- ❑ 该数组是索引数组，不是关联数组。
- ❑ 该数组的每个元素都包含一个具有一个或多个属性的对象。

❑ 所有这些对象都至少有一个公用属性，该属性的值可用于对该数组进行排序。这样的属性称为 field。

sortOn()方法可以接受 fieldName 和 options 两个参数，使用方法如下所示。

```
myArray.sortOn(fieldName,options);
```

sortOn()方法的参数介绍如下。

❑ **fieldName**　一个字符串，它标识要用作排序值的字段，或一个数组，其中的第一个元素表示主排序字段，第二个元素表示第二排序字段，以此类推。如果所比较的两个元素中均不包含 fieldName 参数中指定的字段，则认为将该字段设置为undefined，在排序后的数组中将连续放置这些元素，不必遵循任何特定顺序。

❑ **options**　所定义常数的一个或多个数字或名称，相互之间由 bitwise OR (|)运算符隔开，它们可以更改排序行为。options 参数可接受以下值：Array.CASEINSEN-SITIVE 或 1、Array.DESCENDING 或 2、Array.UNIQUESORT 或 4、Array.RETUR-NINDEXEDARRAY 或 8、Array.NUMERIC 或 16。

> **注　意**
>
> fieldName 和 options 数组必须具有相同数量的元素；否则，将忽略 options 数组。此外，Array.UNIQUESORT 和 Array.RETURNINDEXEDARRAY 选项只能用作数组中的第一个元素；否则，将忽略它们。

使用 reverse()方法可以将数组从当前顺序切换为相反顺序，即最后一个元素变为第一个元素，倒数第二个元素变为第二个元素，以此类推。reverse()方法不带参数也无返回值，使用方法如下所示。

```
myArray.reverse();
```

9.6　处理 XML 对象

XML 是 eXtensible Markup Language（可扩展标记语言）的缩写，是一种表示结构化信息的标准方法，以使计算机能够方便地使用此类信息，并且人们可以非常方便地编写和理解这些信息。

ActionScript 3.0 包含一组基于 ECMAScript for XML (E4X)规范的类，这些类包含用于处理 XML 数据的强大且易用的功能。

9.6.1　创建 XML 对象

XML 对象根据其内容可分为两类：有子元素的 XML 对象被视为包含复杂内容的XML 对象；如果 XML 对象是属性、注释、处理指令或文本元素中的任意一个，那它就是包含简单内容的 XML 对象。

通过使用 new 运算符和 XML()构造函数，可以创建一个空的 XML 对象，其基本形式如下所示。

```
var xml:XML = new XML();
```

如果想要在创建 XML 对象的同时初始化该对象，可以在赋值符号（=）的右侧添加 XML，其基本形式如下所示。

```
var xml:XML = <root>
                <element1> content1</element1>
                <element2> content2</element2>
                <element3> content3</element3>
                ......
                <elementN> contentN</elementN>
             </root>
```

另外，还可以将 XML 首先存储到字符串对象中，然后再将该对象以参数的形式传递给 XML()构造函数，代码如下所示。

```
var str:String = "<root><element1>statement1</element1><element2>
statement2</element2><element3>statement3</element3>...<elementN>state
mentN</elementN></root>";
var xml:XML = new XML(str);
```

XML 对象具有 5 个静态属性，其详细介绍如下所示。

❑ ignoreComments 和 ignoreProcessingInstructions 属性确定分析 XML 对象时是否忽略注释或处理指令。

❑ ignoreWhitespace 属性确定在只由空白字符分隔的元素标签和内嵌表达式中是否忽略空白字符。

❑ prettyIndent 和 prettyPrinting 属性用于设置由 XML 类的 toString()和 toXMLString() 方法返回的文本的格式。

9.6.2 添加 XML 元素

在编写 ActionScript 程序时，经常需要向 XML 对象中添加新元素。用 E4X 语法添加新元素是最简单的方式，只要用点运算符（.）即可，与一般的对象属性操作基本类似，代码如下所示。

```
var xml:XML = <example></example>;
//创建一个 XML 实例
xml.newElement = <newElement>content</newElement>;
//创建新的节点
```

在上面的代码中，通过 newElement 属性来添加新的元素，其实新元素的属性名和内容不一定要相同，代码如下所示。

```
var xml:XML = <example></example>;
xml.newElement = <element>content</element>;
```

除了可以使用点运算符（.）外，还可以使用操作符（[]）来添加新的元素，其一般形式如下所示。

```
var xml:XML = <example></example>;
var str:String = "newElement";
xml[str] = <newElement>content</newElement>;
```

上面的几种方法都是在 XML 树的尾部添加新元素，如果想要在指定的位置添加新元素，则需要使用 XML 对象的 insertChildBefore()和 insertChildAfter()方法。

insertChildBefore()方法可以在指定元素位置之前添加新元素，并返回生成的 XML 对象，其一般形式如下所示。

```
xml = xml.insertChildBefore(child1,child2);
```

insertChildBefore()方法可以接受以上两个参数：child1 表示在 child2 之后插入的源对象中的对象；child2 表示要插入的对象。

如果 child1 参数为 null，则该方法将在 XML 对象的所有子项之后插入 child2 的对象（也就是说，不在任何子项之前）。如果提供 child1，但 XML 对象中不包含该参数，则不修改该 XML 对象并返回 undefined。

提 示

如果对不是元素（文本、属性、注释、pi 等）的 XML 子项调用该方法，则返回 undefined。使用 delete（XML）运算符删除 XML 节点。

insertChildAfter()方法可以在指定元素位置之后添加新元素，并返回生成的 XML 对象，其一般形式如下所示。

```
xml = xml.insertChildAfter(child1,child2);
```

insertChildAfter()方法可以接受以上两个参数：child1 表示在 child2 之前插入的源对象中的对象；child2 表示要插入的对象。

如果 child1 参数为 null，则该方法将在 XML 对象的所有子项之前插入 child2 的内容（也就是说，不在任何子项之后）。如果提供 child1，但 XML 对象中不包含该参数，则不修改该 XML 对象并返回 undefined。

提 示

如果想要在 XML 对象所有子元素的开头或结尾添加新的元素，还使用 prependChild()和 appendChild()方法，它们均接受一个 value 参数，表示要插入的对象。

使用 E4X 的@操作符可以为元素添加新的属性。在元素后面使用点运算符（.），再紧跟@操作符，指定属性的名称，然后在赋值运算符（=）的右侧定义属性的值，其一般形式如下所示。

```
xml.@attributeName = "value";
```

当使用这种语法时，属性名必须是合法的变量名称，也就是说必须是数字、字母和下划线组成且不能以数字开头。但是，如果属性名包含一些特殊符号，则不能用@操作符，必须加上操作符（[]），例如：

```
xml.someElement.@[" attribute - name "] = "value";
```

在操作符中还可以使用表达式产生动态属性名，这在处理一系列的属性时非常有用，基本形式如下所示。

```
xml.someElement.@["name" + num] = "value";
```

9.6.3 读取 XML 元素

用 elements()方法可以列出 XML 对象的元素。一个由开始标记和结束标记组成的元素，例如<example></example>。elements()方法的一般形式如下所示。

```
xml.elements(name);
```

该方法只接受一个 name 可选参数，该参数可以是 QName 对象、String 数据类型或随后转换为 String 数据类型的任何其他数据类型。如果要列出所有元素，可以用星号（*）作为参数，这也是默认参数。

使用带星号参数的 length()方法还可以获取 XML 对象中元素的总数量，其基本形式如下所示。

```
xml.elements("*").length();
```

如果将 elements()方法与 for each 循环语句结合使用，可以遍历 XML 对象中的所有元素的属性，其基本形式如下所示。

```
for each(var element:XML in xml.elements()){
        trace(element.@attributeName)
}
```

上面的这种方法只读取了 XML 对象的下一级子元素，而对于该子元素中的下一级子元素将无法读取。此时，如果想要访问整个 XML 结构，还需要递归循环来处理，代码如下所示。

```
walk( xml );
function walk( xml:XML ):void {
        for each (var element:XML in xml.elements()) {
            trace(element.@attributeName);
            walk(element);
        }
}
```

使用 XML 对象的 attributes()方法也可以读取属性值列表。使用 xml.attributes()等效于 xml.@*。如果想要读取指定的属性，则可以在后面紧跟操作符（[]），并在操作符中输入一个索引序列，代码如下所示。

```
xml.attributes()[i];
```

该索引序列是以 0 开始，可用的最大索引值为该元素属性总数减 1。

9.6.4 读取 XML 元素值

使用 E4X 中的点运算符（.）和后代存取器运算符（..）可以访问 XML 对象中子元素的值，只需在点运算符（.）后面紧跟元素的名称即可，例如：

```
var xml:XML = <User><Name>Jun</Name></User>;
trace(xml.Name);
//输出: Jun
```

上面 XML 对象的树结构比较简单，对于较为复杂的 XML 树结构，可以使用多个点运算符（.），代码如下所示。

```
var xml:XML = <User><Name><firstName>Jun</firstName></Name></User>;
trace(xml.Name.firstName);
//输出: Jun
```

使用双点操作符（..）可以跳过一级访问，以简化操作步骤，代码如下所示。

```
var xml:XML = <User><Name><firstName>Jun</firstName></Name></User>;
trace(xml..firstName);
//输出: Jun
```

当有多个元素具有相同的名时，可能通过索引值访问，这类似于数组，也使用中括号根据索引值访问指定的元素值，代码如下所示。

```
var xml:XML = <User><Name>Jun</Name><Name>Tian</Name></User>;
trace(xml.Name[0]);  //输出: Jun
trace(xml.Name[1]);  //输出: Tian
```

如果想要访问指定名称的元素的值，但是并不知道其数量，这时可以使用 for each 循环遍历，代码如下所示。

```
for each ( var value:XML in xml.elementName) {
      trace(value);
}
```

另外，使用 text()方法可以返回元素的值的 XMLList 对象，再通过 toString()方法把文本节点转换为字符串，或是通过 int()或 Number()将其转换为其他类型，例如：

```
var xml:XML = <body> text1 <hr/> text2 </body>;
trace(xml.text()[0]); //text1
trace(xml.text()[1]); //text2
```

9.7　课堂练习：判断闰年

在公历中，闰年比普通年份多一天。判断闰年的条件主要有两条：其一，如年份不能被 100 整除，而又能被 4 整除，则该年份是闰年；其二，如年份能被 400 整除，则该年份也是闰年。下面通过 ActionScript 制作一个简单的程序来判断个年份是否为闰年，如图 9-3 所示。

图 9-3　判断闰年

操作步骤

1　新建 550 像素 × 400 像素的空白文档，执行【文件】|【导入】|【打开外部库】命令，打开"素材.fla"文件。然后，将"背景"影片剪辑拖入到舞台中，如图 9-4 所示。

图 9-4　拖入背景

2　新建"天使"图层，将"飞翔的天使"影片剪辑元件从【外部库】拖入到舞台，并移动其位置到左上角，如图 9-5 所示。

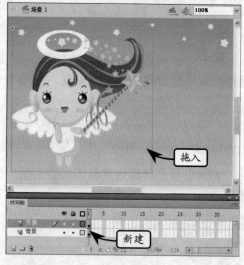

图 9-5　导入外部图像

3　新建"栏目"图层，选择【矩形工具】，在【属性】检查器中设置【圆角半径】为"3 像素"；【笔触颜色】为"橘红色"(#FF6700)；【填充颜色】为"淡黄色"(#FFFF99)，在舞台中绘制一个圆角矩形，并转换为图形元件，如图 9-6 所示。

图 9-6　绘制圆角矩形

4　新建"星星"图层，使用【多角星形工具】在圆角矩形的上方绘制两颗星，其【填充颜色】均为"淡黄色"（#FFFF99）；【笔触颜色】分别为"绿色"（#33CC00）和"红色"（#FF6700），如图 9-7 所示。

图 9-7　绘制星星

5　新建"文本"图层，使用【文本工具】在舞台中输入"请输入年份:"文字，并在两个星形上面分别输入"闰"和"年"，并设置【字体】为"方正卡通简体"，如图 9-8 所示。

> **提　示**
>
> 在【属性】检查器中，设置"请输入年份"的字体【大小】为"25 点"；"闰"字的【大小】为"20 点"；"年"字的【大小】为"30 点"。

图 9-8　输入文本

6　新建"组件"图层，执行【窗口】|【组件】命令，打开【组件】面板。然后，将 TextInput 输入框拖入到舞台中，并设置其【实例名称】为 year；【宽度】为 100；【高度】为 40，如图 9-9 所示。

图 9-9　拖入组件

7　新建"提交"按钮元件，使用【多角星形工具】在舞台中绘制一个笔触高度为 5px 的五角星，并设置其【笔触颜色】为"深蓝色"（#004E9C）；【填充颜色】为"浅蓝色"（#0098FF），如图 9-10 所示。

8　将该五角星转换为影片剪辑元件。在"指针经过"帧处插入关键帧，选择该元件实例，在【属性】检查器中添加"调整颜色"滤镜，并设置【色相】为-80，使其显示为绿色，如图 9-11 所示。

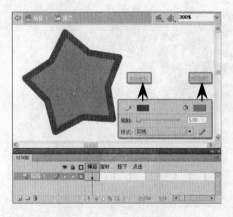

图 9-10　绘制蓝色五角星

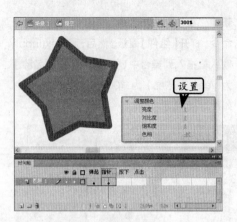

图 9-11　调整颜色

9 在"按下"和"点击"帧处分别插入关键帧。新建图层，选择"弹起"帧，使用【文本工具】在五角星上输入"提交"文本，并设置字体【系列】为"方正卡通简体"；【大小】为"20点"，如图9-12所示。

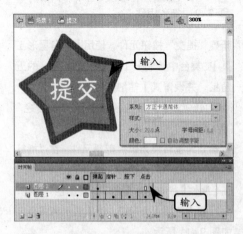

图 9-12　输入文本

10 返回场景。将"提交"影片剪辑元件拖入到文本框的右侧，并在【属性】检查器中设置其【实例名称】为 submit，如图 9-13 所示。

图 9-13　输入实例名称

11 将 Label 组件从【组件】面板中拖入到舞台中，并在【属性】检查器中设置其【实例名称】为 result；【宽度】为 200；【高度】为40，如图 9-14 所示。

图 9-14　拖入 Label 组件

12 新建"动作脚本"图层，按 F9 键打开【动作】面板，为输入文本框和显示结果标签定义样式，代码如下所示。

```
var    tf:TextFormat=new    Text
Format();
//创建文本样式 tf
tf.size=25;
//样式的大小为 25
```

Flash CS4 中文版标准教程

```
tf.color=0x003399;
//样式的颜色为蓝色
result.setStyle("textFormat",
tf);
//实例名称为 result 的组件读取样式 tf
year.setStyle("textFormat",tf);
//实例名称为 year 的组件读取样式 tf
```

13 为"提交"按钮创建鼠标侦听事件，读取用户输入的年份，用嵌套的 if…else 条件语句判断该年份是否为闰年，代码如下所示。

```
function          buttonclick(event:
MouseEvent):void{
//创建函数
     var a=int(year.text)
     //将组件 year 中的内容转换为整数
     类型并赋值给变量 a
     if (a%100==0){
     //如果变量 a 能够被 100 整除
          if (a%400==0){
          //如果变量 a 能够被 400 整除
          result.text="本年是
          闰年哦！";
          //组件 result 将显示相
          应的文本信息
```

```
     }else{
     //否则
          result.text="本年不
          是闰年哦！";
          //组件 result 将显示相
          应的文本信息
     }
     }
     else{
     //否则
          if (a%4==0){
          //如果变量 a 能够被 4 整除
          result.text="本年是
          闰年哦！";
          }else{
          result.text="本年不
          是闰年哦！";
          }
     }
}
submit.addEventListener(MouseEv
ent.CLICK, buttonclick);
//侦听实例名称为 submit 的鼠标单击事
件并调用 buttonclick 事件
```

9.8　课堂练习：Flash 相册

在 Flash 中，制作相册动画有两种方法：一种是将所有的素材图像导入其中，制作各种图片显示效果动画，然后通过鼠标单击事件链接到指定的动画帧；另一种方法就是通过 XML 与载入显示对象语句结合，而无需将素材图像导入文档中，即可制作出相册动画效果，如图 9-15 所示。

图 9-15　Flash 相册

操作步骤

1 在 data 目录中新建记事本，在其中输入如下代码。然后将其另存为 images.xml 文件。

```
<images>
    <image source="images/
Image1.jpg" thumb=
"thumbnails/Image1.jpg">
Scenery of image</image>
    <image source="images/
Image2.jpg" thumb=
"thumbnails/Image2.jpg">
People of image</image>
    <image source="images/
Image3.jpg" thumb=
"thumbnails/Image3.jpg">
Sunflower of image</image>
    <image source="images/
Image4.jpg" thumb=
"thumbnails/Image4.jpg">
Daisy of image</image>
</images>
```

> **提 示**
>
> 在 XML 文件中，source 表示的是尺寸较大的图像文件，thumb 表示的是尺寸较小的图像文件。

2 新建 840 像素 × 540 像素的空白文档，选择【矩形工具】，启用【对象绘制】按钮，在【属性】检查器中设置【笔触颜色】为"白色"（#FFFFFF）；【笔触高度】为 8；禁用填充颜色。然后在舞台中绘制一个边框矩形，如图 9-16 所示。

图 9-16 绘制边框矩形

> **提 示**
>
> 为了方便观察绘制的白色矩形，将文档的背景颜色定义为灰色。

3 选择【线条工具】，在 X 坐标轴为 180 像素的位置沿垂直方向绘制一条白色（#FFFFFF）的线条。然后选择矩形和线条，将其转换为影片剪辑元件，如图 9-17 所示。

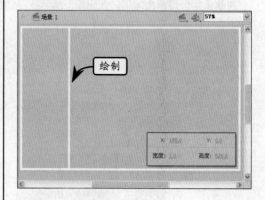

图 9-17 绘制线条

4 选择"边框"影片剪辑元件，在【属性】检查器中添加【投影】滤镜效果，并设置【模糊 X】和【模糊 Y】均为"2 像素"；【强度】为 300%；【角度】为 45；【颜色】为"灰色"（#CCCCCC），如图 9-18 所示。

图 9-18 添加投影滤镜

> **提 示**
>
> 当为影片剪辑添加投影滤镜后，就可以将舞台背景颜色设置为白色，这样可以更清楚地查看投影效果。

⑤　新建图层 2，右击第 1 帧，执行【动作】命令打开【动作】面板。然后在该面板中导入本例中所需要使用的类，代码如下所示。

```
import fl.transitions.Tween;
import fl.transitions.easing.*;
```

提　示

其中，fl.transitions 包中包含一些类，可通过它们使用 ActionScript 来创建动画效果。可以将 Tween 和 TransitionManager 类作为主要类以在 ActionScript 3.0 中自定义动画；Tween 类能够使用 ActionScript，通过指定目标影片剪辑的属性在若干帧数或秒数中具有动画效果，从而对影片剪辑进行移动、调整大小和淡入淡出操作；easing 属性用来设置动画的补间效果，是 fl.transitions 或 fl.transitions.easing 包中的一种效果。

⑥　使用 var 关键字创建所需使用的变量，并通过 URLLoader 对象的 load()方法加载外部 XML 文件，代码如下所示。

```
var fadeTween:Tween;
var imageText:TextField = new
TextField();
var imageLoader:Loader;
var xml:XML;
var xmlList:XMLList;
var xmlLoader:URLLoader = new
URLLoader();
xmlLoader.load(new URLRequest
("data/images.xml"));
```

⑦　侦听 URLLoader 对象的加载完成事件。当 XML 文件加载完成后，即调用 xmlLoaded()函数，根据文件中图片的 URL 地址将其加载到 Flash 文档中，并移动到指定的位置，代码如下所示。

```
xmlLoader.addEventListener(Even
t.COMPLETE, xmlLoaded);
//侦听加载完成事件，当加载完成后调用
xmlLoaded()函数
function xmlLoaded(event:Event)
:void{
```

```
    xml = XML(event.target.
data);
    //获取 XML 文件中的数据
    xmlList = xml.children();
    //获取 XML 文件中的子对象
    for(var i:int = 0; i <
    xmlList.length(); i++){
        imageLoader = new
        Loader();
        imageLoader.load(new
        URLRequest(xmlList[i].
        attribute("thumb")));
        //加载缩略图
        imageLoader.x = 25;
        imageLoader.y=i * 126 +
        25;
        //指定缩略图的位置
        imageLoader.name =
        xmlList[i].attribute
        ("source");
        //定义图片的名称
        addChild(imageLoader);
        //显示图片
        imageLoader.addEvent-
        Listener(MouseEvent.
        CLICK, showPicture);
        //侦听缩略图的鼠标单击事件,
        当单击图片时调用 show
        Picture()函数
    }
}
```

提　示

其中，target 属性为事件目标，此属性包含目标节点；children()方法是按 XML 对象的显示顺序列出其子项。一个 XML 子项就是一个 XML 元素、文本节点、注释或处理指令。

⑧　创建 showPicture()函数，该函数根据缩略图的名称加载外部的大图片及图片名称，并指定图片在舞台上显示的位置，代码如下所示。

```
function showPicture(event:
MouseEvent):void{
    imageLoader = new Loader();
```

```
imageLoader.load(new
URLRequest(event.target.
name));
//根据缩略图的名称加载外部大图片
imageLoader.x=210;
imageLoader.y = 25;
//定义大图片的位置
addChild(imageLoader);
//显示大图片
imageText.x = imageLoader.x;
imageText.y = 490;
//指定图片名称的位置
for(var j:int = 0; j <
xmlList.length(); j++){

if(xmlList[j].attribute("source
") == event.target.name){
         imageText.text =
xmlList[j];
```

```
        }
    }
    fadeTween = new Tween
    (imageLoader,"alpha",None.
    easeNone,0,1,1,
true);
        //为图片交换应用透明滤镜效果
}
```

9 使用 autoSize 属性调整图片名称的所占区域的大小及对齐方式，然后将其显示在舞台上，代码如下所示。

```
imageText.autoSize = TextField
AutoSize.LEFT;
//以左侧为基准调整标签的大小，以适应
所有文字
addChild(imageText);
```

9.9　思考与练习

一、填空题

1. 面向对象（Object-oriented）是一种程序设计思想，其将对象作为程序的基本单元，将_____和_____封装在其中，以提高软件的重用性、灵活性和扩展性。

2. 方法的接口包括方法名、所有参数和_____。

3. 在 ActionScript 3.0 中，_____是存放代码的单位，它可以存放许多代码。

4. XML 是一种具有数据描述功能、_____及可验证性的语言。

5. 在 ActionScript 3.0 中，可以使用_____类从 URL 加载 XML 数据。

二、选择题

1. 下面_____选项不属于类成员之一。
    A. 常量　　　　　B. 变量
    C. 函数　　　　　D. 方法

2. ActionScript 3.0 提供了 4 个特殊的属性来访问类定义的成员，下面_____属性只能访问类定义内的成员。
    A. public　　　　B. private

    C. protected　　　D. internal

3. static 属性可以与用 var、const 或_____关键字声明的那些类成员一起使用。
    A. function　　　B. class
    C. abstract　　　D. internal

4. 在 ActionScript 3.0 中，要定义接口，可以使用_____接口。
    A. function　　　B. class
    C. import　　　　D. interface

5. 在 ActionScript 3.0 中，对 XML 的设计主要包括 3 个优点，下面_____选项不属于它的优点。
    A. 简易　　　　　B. 连续性
    C. 可操作　　　　D. 熟悉

三、问答题

1. 在 ActionScript 2.0 与 ActionScript 3.0 中，对于包中的类定义的区别是什么？

2. 在 ActionScript 中，变量可以分为静态变量和实例变量，它们二者的功能及区别是什么？

3. 什么是接口？接口如何继承和实现？

4. 如何创建数组以及搜索数组中的元素？

5. XML 与 XMLList 的概念分别是什么？

四、上机练习

1．制作 Flash 时钟

在互联网中经常可以遇到显示当前时间的钟表程序。使用 ActionScript 3.0 的 Date()（日期）函数的各种方法，可以方便地获取当前的时间，例如分钟数、秒数和小时数等。本练习将使用 ActionScript 3.0 制作一个钟表程序，如图 9-19 所示。

由于圆周为 360°，因此每秒钟秒针将旋转 6°，每分钟分针旋转 6°，每小时时针旋转 30°（12 小时制）。

2．雪花飘落

在 Flash 影片中，如需要使一个类的对象实例在影片中显示，可为对象实例使用 stage.addChild()方法。如需要删除一个已显示对象，则可以使用 stage.removeChild()方法。本练习将使用 stage.addChild()方法制作一个雪花飘落的动画，如图 9-20 所示。

在显示和删除对象时，还可以使用 stage. addChildAt()方法和 stage.removeChildAt()方法分别为对象添加层次和移除固定层次的对象。

图 9-19 **Flash 时钟**

图 9-20 雪花飘落

第 10 章

组件应用

在 Flash CS4 中，组件是制作丰富 Internet 应用程序的构建模块。组件是带有参数的影片剪辑，在 Flash CS4 中进行创作或运行时，可以使用 ActionScript 3.0、属性和事件自定义此组件。设计这些组件的目的是为了让开发人员重复使用和共享代码，以及封装复杂功能，使设计人员无需编写复杂的动作脚本就能够使用和自定义这些功能。

本章学习要点：

➢ 认识组件
➢ 添加与删除组件
➢ 设置组件属性与参数
➢ 了解各个组件的功能
➢ 自定义组件

随着 Flash 功能的不断发展完善，越来越多的网页、动画、程序开始将组件融入到自己开发的应用程序中，因为它们可以让设计人员省去大量的编码和工作时间。在制作 Flash 交互程序时，组件是一些功能实现的最佳方案。

10.1.1　组件的优势

组件可以将应用程序的前台设计和后台编码分开。通过使用组件，开发人员可以将常用功能封装到组件中，而设计人员可以通过更改组件的参数来自定义组件的大小、位置和行为。通过编辑组件的图形元素或外观，还可以更改组件的外观，如图 10-1 所示。

组件之间共享核心功能，如样式、外观和焦点管理。将第一个组件添加到应用程序时，此核心功能大约占用 20KB 的大小。当添加其他组件时，添加的组件会共享初始分配的内存，降低应用程序大小的增长。

图 10-1　更改组件外观

1．ActionScript 3.0 强大功能

提供了一种强大的、面向对象的编程语言，这是 Flash Player 功能发展过程中重要的一步。该语言的设计意图是，在可重用代码的基础上构建丰富的 Internet 应用程序。因为 ActionScript 3.0 基于 ECMAScript（编写脚本的国际标准化语言），所以在程序设计中语言更加规范。

2．基于 placeStateFLA 的用户界面组件

提供对外观的轻松访问，以方便在创作时进行自定义。这些组件还提供样式（包括外观样式），设计人员可以利用样式来自定义组件的某些外观，并在运行时加载外观。

3．新的 FVLPlayback 组件增加 FLVPlaybackCaptioning

组件及全屏支持、改进的实时预览、允许用户添加颜色和 Alpha 设置的外观，以及改进的 FLV 下载和布局功能。

4．【属性】检查器和【组件】面板

这两个面板可以在 Flash 中进行创作时更改组件参数。这种可视化参数更改可以使设计人员更为直观地设置组件。

5．UIComponent 基类

为扩展它的组件提供核心方法、属性和事件。所有的 ActionScript 3.0 用户界面组件继承自 UIComponent 类，这样使组件更加规范，便于脚本调用和设置。

6. 在基于 placeCityUI StateFLA 的组件中使用 SWC

可提供 ActionScript 定义（作为组件的时间轴内部的资源），用以加快编译速度。

7. 便于扩展的类层次体系结构

使用 ActionScript 3.0，可以创建唯一的命名空间，按需要导入类，并且可以方便地创建子类来扩展组件。

10.1.2 认识组件

组件是带有参数的影片剪辑，通过设置这些参数，可以修改组件的外观和行为。组件使设计人员可以快速地构建功能强大且具有一致外观和行为的应用程序。设计人员可以使用 Flash 组件实现这些控件，而不用创建自定义按钮、组合框和列表。只需将这些组件从【组件】面板拖到应用程序文档中即可。还可以方便地自定义这些组件的外观和直观感受，从而适合不同的应用程序设计。

1. 认识 Flash CS4 组件面板

执行【窗口】|【组件】命令，打开【组件】面板，该面板分为 User Interface（用户界面）和 Video（视频）两组组件，如图 10-2 所示。

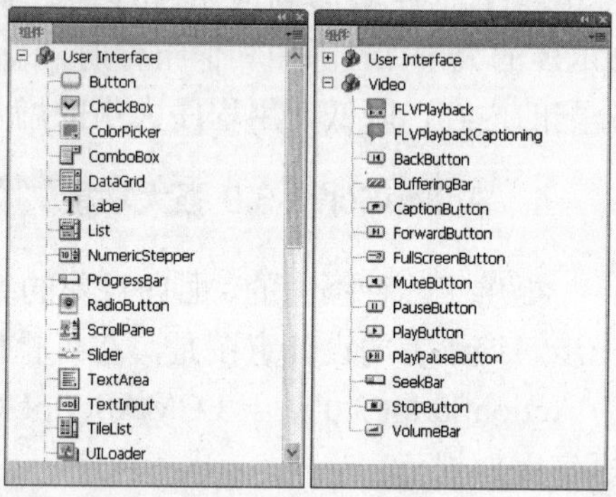

这两组组件的功能介绍如下。

- 用户界面组件所提拱的菜单、列表、单选框、复选框等组件，可以很轻松地在 Flash 中打造出信息反馈、会员注册等界面。

图 10-2 组件面板

- 视频组件可以轻松地将视频播放器包括在 Flash 应用程序中，以便播放通过 HTTP 渐进式下载的 Flash 视频(FLV)文件。

2. 组件参数与属性

每个组件都具有参数，通过设置这些参数可以更改组件的外观和行为。参数是组件的类的属性，显示在【属性】检查器和【组件】面板中。

- **在【属性】检查器中设置组件属性**

在舞台中选择组件的一个实例，在【属性】检查器中可以设置该组件的实例名称、位置、大小和色彩效果等属性。

例如，选择舞台中的按钮组件，设置其【实例名称】为 myButton；【宽度】为 200；【混合】为"减去"等，即可改变该按钮的外观，如图 10-3 所示。

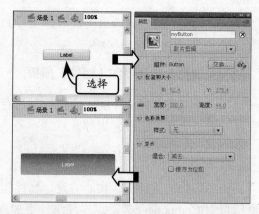

图 10-3 设置组件属性

❑ **在【组件】面板中设置组件参数**

在舞台中选择组件的一个实例,在【组件】面板中可以设置该组件的标签名称、标签位置等参数。

例如,选择舞台中的按钮组件,执行【窗口】|【组件】命令打开【组件】面板。然后在该面板中输入 label 参数的值为"提交按钮",并选择 selected 参数的值为 true,如图 10-4 所示。

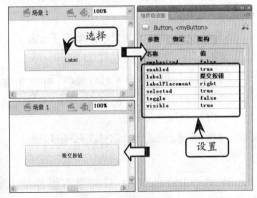

图 10-4 设置组件参数

❑ **在 ActionScript 中设置组件属性**

在 ActionScript 3.0 中,可以使用点(.)运算符访问舞台中对象或实例的属性或方法。点语法表达式以实例的名称开头,后面跟着一个点,最后以要指定的属性结尾。例如,设置 CheckBox(复选框)实例 myCheckBox 的 width 属性,使其宽度为 50 像素。

```
myCheckBox.width = 50;
```

使用 if 语句判断 myCheckBox 的 selected 属性是否为 true,这样可以检查用户是否已经选中该复选框。

```
if (myCheckBox.selected == true) {
    trace("复选框处于选中状态! ");
}
```

10.1.3 组件体系结构

ActionScript 3.0 用户界面(UI)组件是作为基于 FLA 的组件实现的,但 Flash CS4 同时支持基于 SWC 和 FLA 的组件。

1. 基于 FLA 的组件

ActionScript 3.0 用户界面组件是具有内置外观的基于 FLA(.fla)的文件,可以通过在舞台上双击组件访问此类文件以对其进行编辑,如图 10-5 所示。

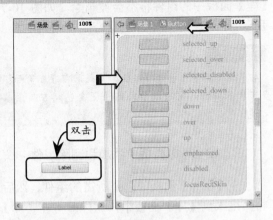

图 10-5 进入编辑模式

2. 基于 SWC 的组件

基于 SWC 的组件也有一个 FLA 文件和一个 ActionScript 类文件，但它们已编译并导出为 SWC。

SWC 文件是一个由预编译的 Flash 元件和 ActionScript 代码组成的包，使用它可避免重新编译不会更改的元件和代码。

FLVPlayback 和 FLVPlaybackCaptioning 组件是基于 SWC 的组件，它们具有外部外观，而不是内置外观，也就是说用户无法直接在组件内部进行修改。

10.1.4　添加和删除组件

在文档中添加组件，只需要将组件拖入到舞台或【库】面板中；如果不需要使用，则删除组件，这样可以减小 Flash 文档的大小。

1. 在舞台中添加和删除组件

在【组件】面板中，选择所需的组件，然后将其拖入到舞台中，这样即可在舞台中添加组件，如图 10-6 所示。

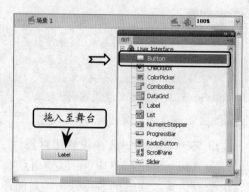

图 10-6　向舞台拖入组件

> **提 示**
>
> 在将组件拖入到舞台的同时，Flash 会将一个可编辑的影片剪辑导入到【库】面板中。

选择舞台中添加的组件，按 Delete 键或 Backspace 键即可删除该组件。但是，导入到【库】面板中的组件将不会被删除，如图 10-7 所示。

> **提 示**
>
> 从舞台中删除组件是不够的，如果未在【库】面板中删除组件，则在编译时组件还会包括在应用程序中。

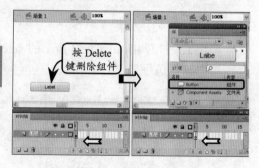

图 10-7　删除舞台中的组件

2. 在【库】面板中添加和删除组件

在【组件】面板中选择所需的组件，然后将其拖入到【库】面板中，这样即可在【库】面板中添加组件，如图 10-8 所示。

选择【库】面板中的组件，单击该面板左下角的【删除】按钮，即可将该组件从【库】面板中删除，如图 10-9 所示。

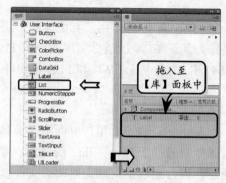

图 10-8　向【库】面板添加组件

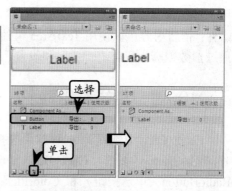

技 巧

与删除舞台中的组件相同，选择【库】面板中的组件，按 Delete 键或 ←Backspace 键也可删除。

3. 使用 ActionScript 添加组件

使用 ActionScript 将组件添加到文档之前，必须将该组件放置在【库】面板中。然后，必须导入该组件的类文件，使用 import 语句并指定包名称和类名称。例如导入按钮（Button）类。

```
import fl.controls.Button;
```

图 10-9　删除组件

提 示

组件类文件安装在包含一个或多个类的包中，如 Button 类放置在 fl.controls 包中。

如果要创建组件的一个实例，必须调用该组件的 ActionScript 构造函数方法。例如，创建一个名称为 myButton 的 Button 实例。

```
var myButton:Button = new Button();
```

最后，调用 addChild()方法将组件实例添加到舞台或应用程序容器。例如，将 myButton 实例添加到舞台中。

```
addChild(myButton);
```

此时，可以指定组件的大小和在舞台上的位置、侦听事件等，并可以设置属性以修改组件的行为。

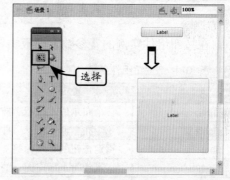

10.1.5　调整组件大小

用户在制作应用程序时，会对组件的大小有着不同的要求，此时，可以使用工具箱中的【任意变形工具】 来调整组件实例的大小，如图 10-10 所示。

图 10-10　【任意变形工具】调整组件

另外，也可以在【属性】检查器中输入【宽度】和【高度】的数值调整组件的大小，这种大小调整比较精确。在【宽度】和【高度】的左侧有一个链锁按钮，它可以将【宽度】和【高度】关联起来，使组件大小等比例缩放，如图 10-11 所示。

10.2　UI 组件

UI 组件就是用户界面组件，这些组件主要

图 10-11　【属性】检查器调整组件大小

用于实现一些交互功能。例如，留言板中用户名和留言标题的文本框可以用 TextInput 组件；留言内容可以使用 TextArea 组件；提交按钮可以使用 Button 组件。它们之间可以通过参数或脚本语言进行关联和设置，下面就来学习 UI 组件特性。

10.2.1 选择类组件

Flash CS4 中预置了 4 种常用选择类组件，包括 Button（按钮）、CheckBox（复选框）、RadioButton（单选按钮）和 ColorPicker（颜色拾取按钮）。

1. 按钮组件（Button）

按钮组件是一个可调整大小的矩形按钮，用户可以通过鼠标或按住 Space 键单击该按钮，以便在 Flash 程序中启动操作，如图 10-12 所示。

图 10-12　按钮组件

> **提示**
>
> Button 是许多表单和 Web 应用程序的基础部分。每当需要让用户启动一个事件时，都可以使用按钮实现。例如，大多数表单都有"提交"按钮。

在按钮组件实例的【参数】面板中，其参数名称及说明如表 10-1 所示。

表 10-1　按钮组件参数

参 数 名 称	说 明
emphasized	一个布尔值，指示当按钮处于弹起状态时，Button 组件周围是否绘有边框
enabled	一个布尔值，指示组件能否接受用户输入
label	指定按钮的文本标签
labelPlacement	标签相对于指定图标的位置
selected	一个布尔值，指示切换按钮是否已切换至打开或关闭位置
toggle	一个布尔值，指示按钮能否进行切换
visible	一个布尔值，指示当前组件实例是否可见

使用 ActionScript 在舞台中创建一个按钮组件实例，并设置其文本标签和位置，代码如下所示。

```
import fl.controls.Button;
var myButton:Button = new Button();
addChild(myButton);
myButton.label = "提交按钮";   //Button 实例的标签
myButton.move(100,100);        //Button 实例的位置
```

> **注　意**
>
> 在使用 ActionScript 创建按钮实例之前，必须将按钮组件拖入到【库】面板中。

2．复选框组件（CheckBox）

复选框组件是一个可以启用或未启用的方框。当复选框被启用后，方框中会出现一个复选标记，如图 10-13 所示。

提　示

在复选框组件实例的【参数】面板中，其参数的说明与复选框组件实例的参数相同。

Flash CS4 还为复选框组件提供了上、下、左、右 4 种标签显示方式，用户可以通过设置 labelPlacement 的 top、bottom、left 和 right 4 个参数来实现想要的标签显示效果，如图 10-14 所示。

使用 ActionScript 在舞台中创建一个复选框组件实例，并分别设置其文本标签、启用状态和位置，代码如下所示。

```
import fl.controls.CheckBox;
var myCheckBox:CheckBox = new Check
Box();
myCheckBox.label = "同意";
myCheckBox.selected = true;
                    //启用复选框
myCheckBox.move(100,150);
addChild(myCheckBox);
```

3．单选按钮组件（RadioButton）

使用单选按钮组件可以强制用户在一组选项中只能选择一项。该组件必须用于至少有两个单选按钮实例的组中，如图 10-15 所示。

提　示

在任意给定时刻，都只能有一个组成员被启用。选择组中的一个单选按钮，将会取消组中当前启用的另一个单选按钮。

在单选按钮组件的【参数】面板中，其特殊参数的名称及说明如表 10-2 所示。

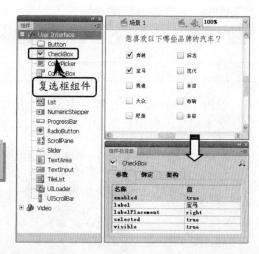

图 10-13 复选框组件

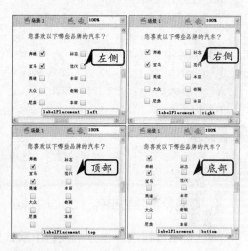

图 10-14 标签显示方式

图 10-15 单选按钮组件

表 10-2　单选按钮组件参数

参 数 名 称	说　　　　明
groupName	指定单选按钮组的组名
value	与单选按钮关联的用户定义值

使用 ActionScript 在舞台中创建一组单选按钮组件实例，并分别设置各个实例的组名、文本标签、启用状态和位置，代码如下所示。

```
import fl.controls.RadioButton;
//第 1 个 RadioButton 组件实例
var aRadioButton:RadioButton = new RadioButton();
aRadioButton.label = "同意";              //文本标签
aRadioButton.groupName = "viewGroup";     //组名
aRadioButton.selected = true;             //启用单选按钮
aRadioButton.move(100,150);
addChild(aRadioButton);
//第 2 个 RadioButton 组件实例
var bRadioButton:RadioButton = new RadioButton();
bRadioButton.groupName = "viewGroup";    //组名
bRadioButton.label = "不同意";           //文本标签
bRadioButton.move(150,150);
addChild(bRadioButton);
```

注　意

这两个单选按钮必须设置为相同的组名，这样才能够将它们认为是同一单选按钮组，即只能启用它们其中的一项。

4. 颜色拾取按钮组件（ColorPicker）

颜色拾取按钮组件在方形按钮中默认显示单一颜色，并允许用户从样本列表中选择颜色。用户单击按钮时，【样本】面板中将出现可用的颜色列表，同时出现一个文本字段，显示当前所选颜色的十六进制值，如图 10-16 所示。

技　巧

除了通过单击面板中的颜色样本外，还可以在文本字段中输入颜色的十六进制值来选择颜色。

在颜色拾取按钮组件的【参数】面板中，其特殊参数的名称及说明如表 10-3 所示。

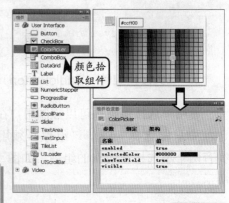

图 10-16　颜色拾取按钮组件

表 10-3　颜色拾取按钮组件特殊参数

参 数 名 称	说　　　　明
selectedColor	指定调色板中当前加亮显示的样本颜色
showTextField	一个布尔值，指示是否显示 ColorPicker 组件的内部文本字段

使用 ActionScript 在舞台中创建一个颜色拾取按钮组件实例，并为其指定默认显示的颜色样本，及显示组件内部的文本字段，代码如下所示。

```
import fl.controls.ColorPicker;
var myColorPicker:ColorPicker = new ColorPicker();
myColorPicker.selectedColor = 0xFF6600;
//默认加亮显示的颜色样本
myColorPicker.showTextField = true;
//显示组件内部的文本字段
myColorPicker.move(100,150);
addChild(myColorPicker);
```

10.2.2 文本类组件

虽然 Flash CS4 具有功能强大的文本工具，但是通过文本类组件可以更加快捷规范地创建文本区域。Flash CS4 提供了单行文本组件（Label）、多行文本组件（TextArea）、文本框组件（TextInput）。

1. 单行文本组件（Label）

单行文本组件显示单行文本，通常用于标识网页上的其他元素或活动。该组件允许使用 HTML 标签更改文本样式，还可以控制标签的对齐方式和大小，如图 10-17 所示。

提示

单行文本组件没有边框、不能具有焦点，并且不广播任何事件。由于没有边框，因此查看其实时预览的唯一方法是设置其 text 参数。

图 10-17　单行文本组件

在单行文本组件的【参数】面板中，其特殊参数的名称及说明如表 10-4 所示。

表 10-4　单行文本组件参数

参 数 名 称	说　　明
autoSize	指定调整标签大小和对齐标签的方式，以适合其 text 属性的值
condenseWhite	指示是否应从包含 HTML 文本的 Label 组件中删除额外空白，如空格和换行符
htmlText	指定由 Label 组件显示的文本，包括表示该文本样式的 HTML 标签
selectable	一个布尔值，指示文本是否可选
text	指定由 Label 组件显示的纯文本
wordWrap	一个布尔值，指示文本字段是否支持自动换行

使用 ActionScript 在舞台中创建一个单行文本组件实例，并为其设置大小和位置，及指定显示带有 HTML 格式的文本，代码如下所示。

```
import fl.controls.Label;
var myLabel:Label = new Label();
```

```
myLabel.width = 200;      //Label 实例的宽度
myLabel.height = 50;      //Label 实例的高度
myLabel.move(50,200);     //指定实例位置
myLabel.htmlText = "<font size='20' color='#FF0000'>为自己的理想而奋斗!
</font>";
//带有 HTML 格式的文本
addChild(myLabel);
```

2. 多行文本组件（TextArea）

多行文本组件是一个带有边框和可选滚动条的多行文本字段，可以通过 HTML 语言在该组件中显示文本和图像，如图 10-18 所示。

在【组件】面板中，htmlText 参数的值为 "百度一下<img src="http://www.baidu.com/img/logo-yy.gif">"。

在多行文本组件的【参数】面板中，其特殊参数的名称及说明如表 10-5 所示。

图 10-18 多行文本组件

表 10-5 多行文本组件的特殊参数

参 数 名 称	说　明
editable	一个布尔值，指示用户能否编辑组件中的文本
horizontalScrollPolicy	指定水平滚动条的滚动方式：始终打开、始终关闭和自动打开
maxChars	指定用户可以在文本字段中输入的最大字符数
restrict	指定文本字段从用户处可接受的字符串
verticalScrollPolicy	指定垂直滚动条的滚动方式：始终打开、始终关闭和自动打开

如果文本超出了文本区域的水平或垂直边界，则会自动出现水平和垂直滚动条，除非其关联的属性 horizontalScrollPolicy 和 verticalScrollPolicy 设置为 off。

使用 ActionScript 在舞台中创建一个多行文本组件实例，为其指定默认显示的文本内容，并限制用户可输入的最大字符数及启用自动换行，代码如下所示。

```
import fl.controls.TextArea;
var myTextArea:TextArea = new TextArea();
myTextArea.setSize(400,200);
//指定 TextArea 实例的大小
myTextArea.move(50,50);
myTextArea.maxChars = 200;
//限制可输入的最大字符数为 200
myTextArea.wordWrap = true;  //启用自动换行
myTextArea.htmlText = "请在<i>这里</i>输入您的<font color='#0000FF'>留言内
容</font>! ";
addChild(myTextArea);
```

3. 文本框组件（TextInput）

文本框组件是单行文本组件，其中包含本机 ActionScript TextField 对象。该组件除了可以用作普通的文本输入框外，还可以用作遮蔽文本的密码输入框，如图 10-19 所示。

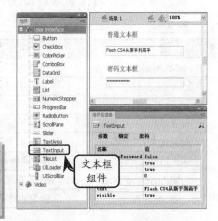

提 示

在应用程序中，可以启用或禁用文本框组件。文本框组件被禁用以后，便无法接收来自鼠标或键盘的输入。启用的文本框组件像 ActionScript TextField 对象一样可以实现焦点、选择和导航。

图 10-19 　文本框组件

在文本框组件的【参数】面板中，包含一个特殊的 displayAsPassword 参数，该参数为一个布尔值，指示当前创建的文本框组件实例用于包含密码还是文本。

使用 ActionScript 在舞台中创建一个文本框组件实例，指定其为密码文本框，并限制最多可输入 16 个字符，代码如下所示。

```
import fl.controls.TextInput;
var myTextInput:TextInput = new TextInput();
myTextInput.setSize(100,20);
//指定 TextInput 实例的大小
myTextInput.move(50,50);
myTextInput.maxChars = 16;
myTextInput.displayAsPassword = true;
addChild(myTextInput);
```

10.2.3　列表类组件

在 Flash 应用程序中，为了方便组织和管理同一类别的信息，Flash CS4 提供了 4 种列表组件：列表框组件（List）、下拉列表组件（ComboBox）、数据表组件（DataGrid）和项目列表组件（TileList）。

1. 列表框组件（List）

列表框组件是一个可滚动的单选或多选列表框，列表还可显示图形及其他组件。在【参数】面板中，单击 dataProvider 参数字段

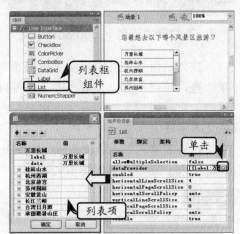

图 10-20 　列表框组件

右侧的按钮将会弹出【值】对话框，在该对话框中可以添加显示在列表中的项，如图 10-20 所示。

在列表框组件的【参数】面板中，其特殊参数的名称及说明如表 10-6 所示。

表 10-6　　列表框组件参数

参 数 名 称	说 明
allowMultipleSelection	一个布尔值，指定能否一次选择多个列表项目
dataProvider	指定项目列表中的项名称及其值
horizontalLineScrollSize	指定当单击滚动箭头时要在水平方向上滚动的像素数
horizontalPageScrollSize	指定按滚动条轨道时，水平滚动条上滚动滑块要移动的像素数
horizontalScrollPolicy	指定水平滚动条的状态：始终打开、始终关闭和自动打开
verticalLineScrollSize	指定当单击滚动箭头时要在垂直方向上滚动的像素数
verticalPageScrollSize	指定按滚动条轨道时，垂直滚动条上滚动滑块要移动的像素数
verticalScrollPolicy	指定水平滚动条的状态：始终打开、始终关闭和自动打开

使用 ActionScript 在舞台中创建一个列表框组件实例，并为其指定列表项的名称和值，代码如下所示。

```
import fl.controls.List;
var myList:List = new List();
myList.allowMultipleSelection = true;
//指定用户可多项选择
myList.addItem({label:"万里长城",value:"changcheng"});
myList.addItem({label:"桂林山水",value:"guilin"});
myList.addItem({label:"杭州西湖",value:"xihu"});
myList.addItem({label:"北京故宫",value:"gugong"});
//定义列表中的项和值
addChild(myList);
```

提 示

列表框组件使用基于零的索引，其中索引为 0 的项即显示在顶端的项。当使用 List 类的方法和属性添加、删除或替换列表项时，可能需要指定该列表项的索引。

2. 下拉列表组件（ComboBox）

下拉列表组件允许用户从下拉列表中进行单项选择，该组件可以是静态的，也可以是可编辑的。可编辑的下拉列表允许用户在列表顶端的文本字段中直接输入文本。

下拉列表由 3 个子组件构成：BaseButton、TextInput 和 List 组件，如图 10-21 所示。

提 示

将 editable 参数的值设置为 true，即可定义为可编辑的下拉列表，在该组件中只有按钮是点击区域，文本框不是。对于静态下拉列表，按钮和文本框一起组成点击区域。点击区域通过打开或关闭下拉列表来做出响应。

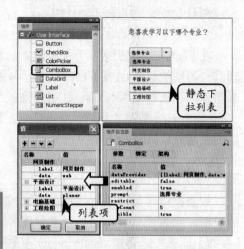

图 10-21　　下拉列表组件

在下拉列表组件的【参数】面板中，其特殊参数的名称及说明如表 10-7 所示。

表 10-7　下拉列表组件参数

参 数 名 称	说 明
editable	一个布尔值，指定 ComboBox 组件为可编辑还是只读
prompt	指定对 ComboBox 组件的提示
restrict	指定用户可以在文本字段中输入的字符
rowCount	指定没有滚动条的下拉列表中可显示的最大行数

使用 ActionScript 在舞台中创建一个下拉列表组件实例，并为其指定列表项的名称和值，代码如下所示。

```
import fl.controls.ComboBox;
var myComboBox:ComboBox = new ComboBox();
myComboBox.addItem({label:"网页",value:"web"});
myComboBox.addItem({label:"平面",value:"planar"});
myComboBox.addItem({label:"电脑",value:"computer"});
myComboBox.addItem({label:"工程",value:"project"});
//定义下拉列表中的项和值
addChild(myComboBox);
```

3. 数据表组件（DataGrid）

数据表组件可以将数据显示在行和列构成的网格中，这些数据来自数组，或 DataProvider 可以解析为数组的外部 XML 文件。

数据表组件包括垂直和水平滚动、事件支持（包括对可编辑单元格的支持）和排序功能，如图 10-22 所示。

图 10-22　数据表组件

在数据表组件的【参数】面板中，其特殊参数的名称及说明如表 10-8 所示。

表 10-8　数据表组件参数

参 数 名 称	说 明
headerHeight	以像素为单位指定 DataGrid 标题的高度
resizableColumns	一个布尔值，指定用户能否更改列的尺寸
rowHeightNumber	以像素为单位指定 DataGrid 组件中每一行的高度
showHeaders	一个布尔值，指定 DataGrid 组件是否显示列标题
sortableColumns	一个布尔值，指定用户能否通过单击列标题单元格对数据提供者中的项目进行排序

使用 ActionScript 在舞台中创建一个数据表组件实例，并为其指定列名称和数据源，代码如下所示。

```
import fl.controls.DataGrid;
import fl.data.DataProvider;
```

```
var myDataGrid:DataGrid = new DataGrid();
myDataGrid.columns = ["姓名","性别","工作组"];
//定义列名称
addChild(myDataGrid);
var arr:Array = new Array();
arr.push({姓名:"李军",性别:"男",工作组:"网页组"});
arr.push({姓名:"张芳",性别:"女",工作组:"基础组"});
arr.push({姓名:"陈民",性别:"男",工作组:"平面组"});
arr.push({姓名:"李莉",性别:"女",工作组:"动画组"});
myDataGrid.dataProvider = new DataProvider(arr);
//指定 arr 数组为 myDataGrid 实例的数据源
```

4. 项目列表组件（TileList）

项目列表组件由一个列表组成，该列表由通过数据提供者提供数据的若干行和列组成。项目是指在项目列表单元格中存储的数据单元。项目源自数据提供者，通常有一个 label 属性和一个 source 属性，如图 10-23 所示。

提 示

label 属性标识要在单元格中显示的内容，而 source 属性则为它提供值。

在项目列表组件的【参数】面板中，其特殊参数的名称及说明如表 10-9 所示。

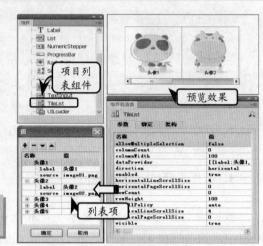

图 10-23 项目列表组件

表 10-9 项目列表组件参数

参 数 名 称	说　　明
columnCount	指定在列表中至少可见的列数
columnWidth	以像素为单位指定应用于列表中列的宽度
direction	指定 TileList 组件是水平滚动还是垂直滚动
rowCount	指定在列表中至少可见的行数
rowHeight	以像素为单位指定应用于列表中每一行的高度
scrollPolicy	指定 TileList 组件的滚动方式

使用 ActionScript 在舞台中创建一个项目列表组件实例，设置其行高和列宽，并为其指定数据源，代码如下所示。

```
import fl.controls.TileList;
import fl.data.DataProvider;
var arr:Array = new Array();
arr.push({label:"头像 1", source:"image01.png"});
arr.push({label:"头像 2", source:"image02.png"});
arr.push({label:"头像 3", source:"image03.png"});
```

```
arr.push({label:"头像 4", source:"image04.png"});
arr.push({label:"头像 5", source:"image05.png"});
var myTileList:TileList = new TileList();
myTileList.dataProvider = new DataProvider(arr);
//指定 arr 数组为 myTileList 实例的数据源
myTileList.columnWidth = 128;    //指定列宽为 128px
myTileList.rowHeight = 128;      //指定行高为 128px
myTileList.columnCount = 2;      //指定可见列数为 2
myTileList.rowCount = 1;         //指定可见行数为 1
addChild(myTileList);
```

10.2.4　控制类组件

控制类组件可以通过本身的调整对相关联的元素进行调整，包含数字微调组件（NumericStepper）、加载进度组件（ProgressBar）、滑块组件（Slider）、滚动条组件（UIScrollBar）。

1. 数字微调组件（NumericStepper）

数字微调组件允许用户逐个通过一组经过排序的数字。该组件由显示在向上箭头和向下箭头按钮旁边的文本框中的数字组成，如图 10-24 所示。

用户按下按钮时，数字将按指定的单位递增或递减，直到用户释放按钮或达到最大或最小值为止。

提 示

数字微调组件除了可以通过按键调整数值外，还可以直接在文本框输入数值。

图 10-24　数字微调组件

在数字微调组件的【参数】面板中，其特殊参数的名称及说明如表 10-10 所示。

表 10-10　数字微调组件参数

参 数 名 称	说　　明
maximum	指定数值序列中的最大值
minimum	指定数值序列中的最小值
stepSize	指定一个非零数值，该值描述值与值之间的变化单位
value	指定 NumericStepper 组件的当前值

使用 ActionScript 在舞台中创建一个数字微调组件实例，设置其可选的最大值和最小值，指定值与值之间的变化单位，代码如下所示。

```
import fl.controls.NumericStepper;
var myNS:NumericStepper = new NumericStepper();
```

```
myNS.maximum = 100;        //指定数值序列的最大值为 100
myNS.minimum = 0;          //指定数值序列的最小值为 0
myNS.value = 60;           //指定实例默认显示的数值为 60
myNS.stepSize = 1;         //值与值之间的变化单位为 1
addChild(myNS);
```

2. 加载进度组件（ProgressBar）

加载进度组件用于显示内容的加载进度，当内容较大且可能延迟应用程序的执行时，显示进度可以让用户明确知道已加载的进度，如图 10-25 所示。

提 示

加载进度对于显示图像和部分应用程序的加载进度非常有用。加载进度组件使用 9 切片缩放，并具有条形外观、轨道外观和不确定外观。

图 10-25 加载进度组件

在加载进度组件的【参数】面板中，其特殊参数的名称及说明如表 10-11 所示。

表 10-11 加载进度组件参数

参 数 名 称	说 明
direction	指定进度栏的填充方向
mode	指定用于更新进度栏的方法
source	指定加载的内容，ProgressBar 将测量对此内容的加载操作的进度

使用 ActionScript 在舞台中创建一个加载进度组件实例，设置其大小、最大值和最小值，并指定加载一个外部的文件，代码如下所示。

```
import fl.controls.ProgressBar;
var dataPath:String = "happy.mp3";
var loader:URLLoader = new URLLoader();
loader.load(new URLRequest(dataPath));
//加载外部文件
var myPB:ProgressBar = new Progress
Bar();
myPB.source = loader;
myPB.setSize(300,20);  //指定进度栏的大小
myPB.maximum = 100;    //进度栏的最大值
myPB.minimum = 0;      //进度栏的最小值
addChild(myPB);
```

3. 滑块组件（Slider）

滑块组件允许用户通过滑动与值范围相对应的轨道端点之间的图形滑块来选择值，如选择数字或百分比等，如图 10-26 所示。

图 10-26 滑块组件

Slider 的当前值由滑块在轨道端点之间或在此 Slider 的最小值与最大值之间的相对位置决定。

在滑块组件的【参数】面板中，其特殊参数的名称及说明如表 10-12 所示。

表 10-12　滑块组件参数

参 数 名 称	说　　明
direction	指定滑块的方向
liveDragging	一个布尔值，指定在用户移动滑块时是否持续调用 SliderEvent.CHANGE 事件
maximum	Slider 组件实例所允许的最大值
minimum	Slider 组件实例所允许的最小值
snapInterval	指定用户移动滑块时值增加或减小的量
tickInterval	相对于组件最大值的刻度线间距
value	指定 Slider 组件的当前值

使用 ActionScript 在舞台中创建一个滑块组件实例，并设置其最大值、最小值、默认值及增加或减少的量，代码如下所示。

```
import fl.controls.Slider;
var mySlider:Slider = new Slider();
mySlider.maximum = 100;      //指定滑块的最大值为100
mySlider.minimum = 0;        //指定滑块的最小值为0
mySlider.value = 50;         //指定滑块的默认值为50
mySlider.setSize(200,10);
mySlider.snapInterval = 2;   //指定每次增加的量为2
addChild(mySlider);
```

使用 ActionScript 可以使滑块的值影响另一个对象的行为。例如，可以将滑块与图片关联，根据滑块的相对位置或值来缩小或放大图片。

4. 滚动条组件（UIScrollBar）

使用滚动条组件可以将滚动条添加到文本字段中。用户可以在创作时将滚动条添加到文本字段中，也可以在 ActionScript 运行时添加。

在使用滚动条组件之前，在舞台上创建一个文本字段，然后将其从【组件】面板拖到文本字段的边框位置，如图 10-27 所示。

如果滚动条的长度小于其滚动箭头的总尺寸，则滚动条将无法正确显示。一个箭头按钮将隐藏在另一个的后面。

在滚动条组件的【参数】面板中，其特殊

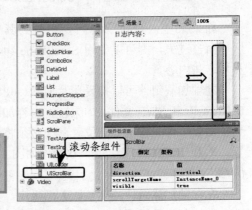

图 10-27　滚动条组件

参数的名称及说明如表 10-13 所示。

表 10-13　　滚动条组件参数

参 数 名 称	说　　明
direction	指定滚动条是水平滚动还是垂直滚动
scrollTargetName	指定注册到 ScrollBar 组件实例中的 TextField 组件实例

使用 ActionScript 在舞台中创建一个滚动条组件实例,并将其注册到一个 TextField 实例中,代码如下所示。

```
import fl.controls.UIScrollBar;
var myTextField:TextField = new TextField();
myTextField.wordWrap = true;
myTextField.width = 160;
myTextField.height = 120;
myTextField.border = true;
addChild(myTextField);
var vScrollBar:UIScrollBar = new UIScrollBar();
vScrollBar.scrollTarget = myTextField;
//将 vScrollBar 实例注册到文本字段中
vScrollBar.height = myTextField.height;
vScrollBar.move(myTextField.x + myTextField.width, myTextField.y);
//定义 vScrollbar 实例的位置
addChild(vScrollBar);
```

提 示

如果调整滚动条的尺寸,以至没有足够的空间留给滚动框(滑块),则 Flash 会使滚动框变为不可见。

10.2.5　容器类组件

容器类组件可以将外部的文本文件、图像文件和视频等加载到组件内部,包含卷轴加载容器(ScrollPane)和加载容器组件(UILoader)。

1. 卷轴加载容器组件(ScrollPane)

如果某些内容对于它们要加载到其中的区域而言过大,则可以使用 ScrollPane 组件来显示这些内容。

卷轴加载组件可以接受影片剪辑、JPEG、PNG、GIF 和 SWF 文件。如果在将内容加载到卷轴加载组件时指定一个位置,则必须将该位置(X 和 Y 坐标)指定为(0,0),如图 10-28 所示。

在卷轴加载组件的【参数】面板中,其特殊参数的名称及说明如表 10-14 所示。

图 10-28　　卷轴加载组件

▦ 表10-14 卷轴加载组件参数

参数名称	说 明
scrollDrag	指定当用户在滚动窗格中拖动内容时是否发生滚动
source	指定以下内容：绝对或相对 URL（该 URL 标识要加载的 SWF 或图像文件的位置）、库中影片剪辑的类名称、对显示对象的引用或者与组件位于同一层上的影片剪辑的实例名称

使用 ActionScript 在舞台中创建一个卷轴加载组件实例，为其加载一张尺寸较大的图像，代码如下所示。

```
import fl.containers.ScrollPane;
var mySP:ScrollPane = new ScrollPane();
mySP.setSize(400,300);
mySP.source = "image.jpg";   //指定内容图像
mySP.scrollDrag = true;      //允许拖动窗格时发生滚动
addChild(mySP);
```

提 示

用户可以使用鼠标在卷轴加载组件的内容以及垂直和水平滚动条上与卷轴加载组件进行交互。如果 scrollDrag 属性设置为 true，则用户可以使用鼠标拖动内容。

2. 加载容器组件（UILoader）

加载容器组件是可以显示 SWF、JPEG、渐进式 JPEG、PNG 和 GIF 文件的容器。当需要从远程位置检索内容并将其拖到 Flash 应用程序中时，都可以使用 UILoader，如图 10-29 所示。

在加载容器组件的【参数】面板中，其特殊参数的名称及说明如表 10-15 所示。

◖◗ 图 10-29 加载容器组件

▦ 表10-15 加载容器组件参数

参 数 名 称	说 明
autoLoad	指定 UILoader 实例是否自动加载指定的内容
maintainAspectRatio	指定是要保持原始图像中使用的高宽比，还是要将图像的大小调整为 UILoader 组件的当前宽度和高度
scaleContent	指定是否要将图像自动缩放到 UILoader 实例的大小
source	指定以下内容：绝对或相对 URL（该 URL 标识要加载的 SWF 或图像文件的位置）、库中影片剪辑的类名称、对显示对象的引用或者与组件位于同一层上的影片剪辑的实例名称

使用 ActionScript 在舞台中创建一个加载容器组件实例，为其加载一张外部的图像，并使该图像自动缩放到与实例相同的大小，代码如下所示。

```
import fl.containers.UILoader;
var myLoader:UILoader = new UILoader();
```

```
myLoader.setSize(500,400);
myLoader.source = "image.jpg";  //加载外部图像
myLoader.scaleContent = true;
//指定图像自动缩放到与实例相同的大小
addChild(myLoader);
```

10.3　Video 组件

视频（Video）组件主要用来控制视频和音频等多媒体内容，这些组件大致可以分为两类，一类是核心组件，如 FLVPlayback，它主要用来播放视频；另一类就是外观组件，如 MuteButton、PauseButton、PlayButton、PlayPauseButton 等，它们主要是为 FLVPlayback 组件服务，进行个性化外观的设置。

10.3.1　视频播放组件

通过 FLVPlayback 组件，可以轻松地将视频播放器包括在 Flash CS4 应用程序中，以便播放通过 HTTP 渐进式下载 FLV 格式的 Adobe Flash 视频文件。FLVPlayback 组件具有以下特性和优点。

□ 可拖到舞台并顺利地快速实现视频播放。

□ 支持全屏大小。

□ 提供预先设计的外观集合，用户可以选择自己喜欢的外观。

□ 允许为预先设计的外观选择颜色和 Alpha（不透明度）值。

□ 允许高级用户创建个性化的外观。

□ 在创作过程中提供实时预览。

□ 提供布局属性，以便在调整大小时使 FLV 文件保持居中。

□ 允许在下载足够的渐进式下载 FLV 文件时开始回放。

□ 提供可用于将视频与文本、图形和动画同步的提示点。

□ 保持合理大小的 SWF 文件。

打开【组件】面板，将 FLVPlayback 组件拖入舞台中，这时可以看到舞台中增加了一个播放器，这就是 FLVPlayback 组件，如图 10-30 所示。

选择舞台中的 FLVPlayback 组件，打开【参数】面板，在 source 选项中输入 FLV 视频文件的地址，如图 10-31 所示。

执行【控制】|【测试影片】命令（快

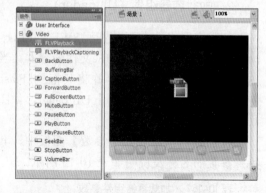

图 10-30　添加 **FLVPlayback** 组件

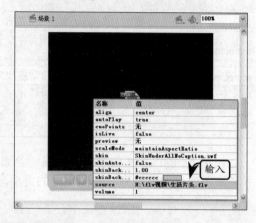

图 10-31　添加视频地址

捷键 Ctrl+Enter）生成影片，这时就能看到添加的 FLV 视频文件，如图 10-32 所示。而且可以通过下面的控制按钮对视频播放、停止、声音、进度等操作进行控制。

10.3.2 视频播放外观组件

在为 FLVPlayback 组件外观服务的组件当中，FLVPlaybackCaptioning 组件是用来显示视频字幕，BackButton、ForwardButton、MuteButton、PauseButton、PlayButton、PlayPauseButton 和 StopButton 等组件是创建更为个性化的界面。

1. 字幕组件（FLVPlaybackCaptioning）

图 10-32 播放视频文件

FLVPlaybackCaptioning 组件允许用户为视频提供紧密的字幕支持。字幕组件支持 W3C 标准 XML 格式的 Timed Text，并包括以下功能。

- 利用嵌入的事件提示点显示字幕 将 FLV 文件中嵌入的事件提示点与 XML 相关联，以提供字幕显示的功能，而不是使用 Timed Text XML 文件。
- 多个 **FLVPlayback** 字幕 创建用于多个 FLVPlayback 实例的多个 FLVPlayback 字幕实例。
- 切换按钮控件 通过字幕切换按钮来实现用户与字幕之间的交互。

打开【组件】面板，分别将 FLVPlayback、FLVPlaybackCaptioning 和 CaptionButton 3 个组件拖入舞台中，如图 10-33 所示。

选择 FLVPlayback 组件，在【参数】面板 sourec 中输入 FLV 视频文件的路径和名称，如果 Flash 文件和 FLV 文件在一个文件夹中，只输入 FLV 文件名称即可，如图 10-34 所示。

在 XML 编辑软件或记事本中输入如图 10-35 所示的代码，完成后将其保存为*.xml 文件。其中，xml:lang="zh-CN"是显示为简体中文；begin 表示这段文字什么时间显示；dur 表示这段文字显示多长时间，如图 10-35 所示。

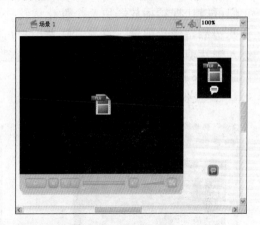

图 10-33 添加组件

图 10-34 载入 FLV 文件

选择 FLVPlaybackCaptioning 组件，在【参数】面板 sourec 中输入 XML 视频文件的路径和名称，将 showCaptions 设置为 true，如图 10-36 所示。showCaptions 是控制视频初始化是否显示字幕。

执行【控制】|【测试影片】命令（快捷键 Ctrl+Enter）生成影片，可以看到视频上面刚才添加的文字，通过右侧的 CaptionButton 组件来控制字幕的隐藏和显示，如图 10-37 所示。

2. 辅助组件

在 Video 组件中，除了核心组件 FLVPlayback 和字幕组件 FLVPlayback Captioning 以外的 12 个组件都是辅助组件，它们可以让视频播放器更为个性化。这些组件其实都是影片剪辑，这就意味着用户可以进入影片剪辑内部进行更为个性化的设置，如图 10-38 所示。

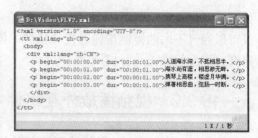

图 10-35 创建 XML 文档

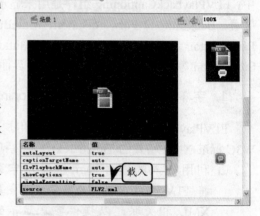

图 10-36 载入 XML 文件

图 10-37 视频字幕显示

图 10-38 更改 MuteButton 组件

10.4 课堂练习：用户登录程序

本实例通过 UI 组件制作一个用户登录程序，它可以判断浏览者输入的用户名和密码是否正确。如果正确动画将跳转到登录成功界面，否则跳转到登录失败的界面，如图 10-39 所示。通过本例的学习，读者可以了解 UI 组件中 Button、Label、TextInput 3 个组件的使用方法及它们之间如何进行关联。

图 10-39 制作用户登录程序

操作步骤

1 新建文档,执行【文件】|【导入】|【导入到库】命令,将素材图像导入到【库】面板。然后将"背景.png"素材图像拖入到舞台中,并在第 3 帧处按 F5 键插入普通帧,如图 10-40 所示。

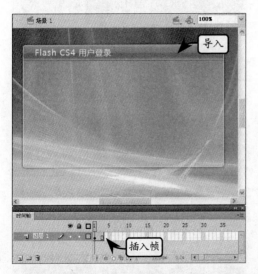

图 10-40 导入背景图像

2 新建图层 2,打开【组件】面板,将 Label 组件拖入到舞台中,并复制一个副本。然后,设置【实例名称】分别为 Name 和 Password,并在【组件检查器】面板中设置 text 分别为"名 称:"和"密 码:",如图 10-41 所示。

3 在【组件】面板中,将 TextInput 组件拖入到舞台中 Label 组件的右侧,并复制一个副本。然后设置【实例名称】分别为 ID 和 PWD,并在【组件检查器】面板中设置 PWD 组件的 displayAsPassword 为 true,如图 10-42 所示。

图 10-41 拖入 Label 组件

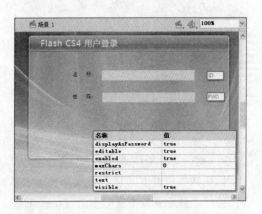

图 10-42 拖入 TextInput 组件

4 将 Button 组件从【库】面板拖入到舞台中,并复制一个副本。然后设置【实例名称】分别为 Enter 和 Reset,并在【组件检查器】面板中设置 label 属性分别为"确定"和"重置",如图 10-43 所示。

5 在图层 2 的第 2 帧处插入关键帧,在舞台中绘制一个圆角半径为"5 像素"的白色矩形,并设置其填充颜色的透明度为 25%,如

图 10-44 所示。

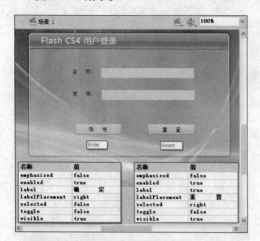

图 10-43 拖入 Button 组件

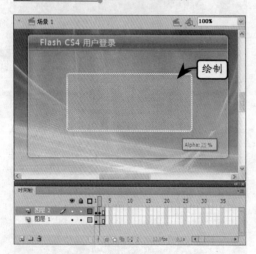

图 10-44 绘制矩形

图 10-45 制作成功界面

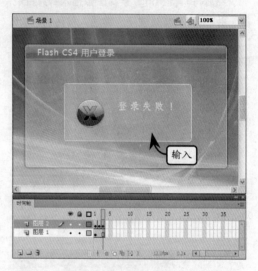

图 10-46 制作失败界面

图 10-47 添加返回按钮

6 将 Dark02.png 拖入到圆角矩形的上面。然后在其右侧输入"您已经成功登录本系统!",并设置其【系列】为 Times New Roman;【样式】为 Bold;【大小】为"20 点",如图 10-45 所示。

7 在图层 2 的第 3 帧处插入关键帧,将 Dark02.png 替换为 Dark01.png,并输入"登录失败!"文字,如图 10-46 所示。

8 在文字的下面拖入一个 Button 组件,设置其【实例名称】为 Return。然后在【组件检查器】面板中设置 label 属性为"返 回",如图 10-47 所示。

9 新建图层 3,在第 1 帧处打开【动作】面板,首先输入停止动画(stop();)命令。然后通

过 TextFormat 对象的 setStyle()方法为
Label 和 Button 组件定义文字样式，代码如
下所示。

```
stop();          //停止影片播放
var tf:TextFormat = new Text
Format();       //创建文字样式
tf.size = 14;  //设置文字大小为14
Name.setStyle("textFormat",tf);
//实例名为 Name 的组件应用样式
Password.setStyle("textFormat",
tf);//实例名为 Password 的组件应用
样式
Enter.setStyle("textFormat",
tf);//实例名为 Enter 的组件应用样式
Reset.setStyle("textFormat",
tf);//实例名为 Reset 的组件应用样式
```

10 通过 addEventListener()方法侦听"确定"
和"重置"按钮的鼠标单击事件，当事件发
生时，分别调用 LoginAction() 和
ResetAction()函数。前者用于判断用户输入
的用户名和密码是否正确；后者用于清除文
本框中的内容，代码如下所示。

```
Enter.addEventListener(MouseEve
nt.CLICK, LoginAction);
//单击实例名称为 Enter 的按钮,调用函
数 LoginAction()
Reset.addEventListener(MouseEve
nt.CLICK, ResetAction);
//单击实例名称为 Reset 的按钮,调用函
数 ResetAction()
//如果用户名和密码输入正确就跳转到第
2 帧,否则跳转到第 3 帧
function LoginAction(event:
MouseEvent):void{
    if (ID.text=="admin" && PWD.
    text=="123456"){
        gotoAndPlay(2);
    }else{
        gotoAndPlay(3);
    }

}
//清空用户名和密码文本框中的内容
function ResetAction(event:
```

```
MouseEvent):void{
    ID.text="" ;
    PWD.text="";
}
```

11 在第 2 帧插入关键帧，在【动作】面板中输
入停止播放（stop();）命令，将动画停止播
放，如图 10-48 所示。

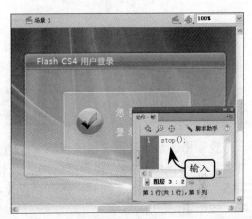

🔘 图 10-48   输入代码

12 在第 3 帧处插入关键帧，在【动作】面板中
首先输入停止播放（stop();）命令，使用相
同的方法为按钮上的文本应用样式。然后侦
听"返回"按钮的鼠标单击事件，当事件发
生时，调用 ReturnAction()函数，以跳转到
第 1 帧处，代码如下所示。

```
stop();  //停止影片播放
Return.setStyle("textFormat",
tf);  //实例名为 Name 的组件应用样式
Return.addEventListener(MouseEv
ent.CLICK, ReturnAction);
//单击实例名称为返回的按钮,调用函数
ReturnAction()
function ReturnAction(event:
MouseEvent):void{
    gotoAndPlay(1);//跳转到第 1 帧
}
```

注 意

Return.setStyle("textFormat", tf);不能写在第 1
帧，因为 Return 按钮在第 3 帧上，样式无法对
其他帧上的组件进行设置，所以脚本代码要和
组件在相同帧数上。

13 完成以后，按 Ctrl+Enter 键预览影片，如图 10-49 所示。用户可以输入正确或错误的用户名和密码观看效果。

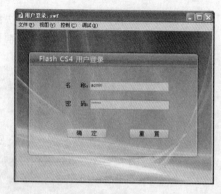

图 10-49 预览效果

10.5 课堂练习：制作视频播放器

视频播放器就是用来播放视频文件的工具。在 Flash 中，用户可以通过导入视频的方式制作一个 FLV/F4V 视频播放器，用来控制 FLV/F4V 视频文件的播放，例如开始、暂停、前进、后退等。同时，还可以更改播放控制器的外观，以与不同的背景图像相搭配，如图 10-50 所示。

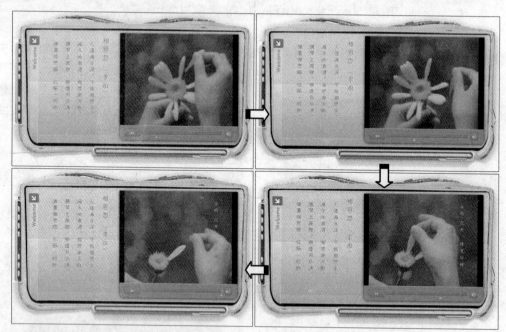

图 10-50 视频播放器

操作步骤

1 新建文档，执行【导入】|【导入视频】命令，打开【导入视频】对话框。然后单击【浏览】按钮，在弹出的对话框中选择 FLV 视频文件，如图 10-51 所示。

2 单击【下一步】按钮，进入【外观】设置，在【外观】下拉列表中选择播放控制器的外观，然后单击右侧的【拾色器】按钮，在弹出的【颜色】面板中选择绿色(#00CC33)，如图 10-52 所示。

图 10-51　选择 FLV 文件

图 10-52　选择播放器外观

3 在【完成视频导入】设置中，将会显示视频文件的绝对路径和相对路径，如图 10-53所示。

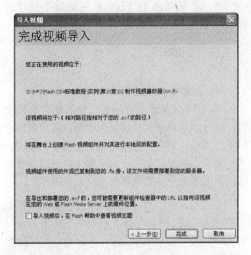

图 10-53　完成导入

4 单击【完成】按钮后，即可将 FLV 视频文件导入到舞台中，如图 10-54 所示。

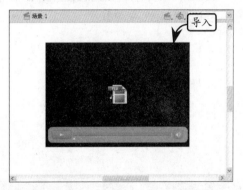

图 10-54　导入 FLV 视频文件

5 新建图层 2，执行【文件】|【导入】|【导入到舞台】命令（快捷键 Ctrl+R），导入一张背景图片，如图 10-55 所示。

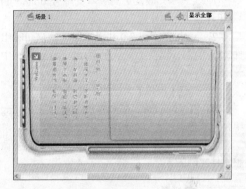

图 10-55　导入背景图像

6 将图层 2 移动到图层 1 下面。然后将视频组件调整到合适的位置，并调整其大小，如图 10-56 所示。

图 10-56　导入背景图像

7 完成以后，按 Ctrl+Enter 键预览影片，如图 10-57 所示。用户可以通过播放器上的按钮控制影片播放、暂停等。

图 10-57 预览影片

10.6 思考与练习

一、填空题

1. _____版及更高版本支持 ActionScript 3.0 组件。

2. ActionScript 2.0 中_____、Media 组件、UI 的部分组件都无法在 ActionScript 3.0 中使用。

3. 打开【组件】面板的快捷键是_____。

4. FLVPlayback 和 FLVPlaybackCaptioning 组件是基于_____的组件。

5. 可以使用工具箱中的【_____】来调整组件实例的大小。

二、选择题

1. ActionScript 3.0 用户界面（UI）组件是基于_____的组件。

    A. FLA   B. SWF
    C. AS   D. FLV

2. 下面哪一个不是 Flash CS3 的组件？_____

    A. Button   B. DataGrid
    C. MediaController   D. Label

3. 基于 FLA 组件的优势是_____。
    A. 组件清晰度高
    B. 不用手动编写代码
    C. 可以声音控制
    D. 外观可以个性化设置

4. ActionScript 3.0 组件是由哪两组组件组成？_____
    A. User Interface 和 Video

    B. Data 和 Video
    C. Media 和 Video
    D. Media 和 User Interface

5. _____组件有遮蔽文本的密码字段功能。

    A. Slider   B. TextInput
    C. ProgressBar   D. Label

三、问答题

1. 概述基于 FLA 组件的优势。

2. 基于 FLA 组件和基于 SWC 组件有何不同？

3. 为什么组件对中文支持不太好，有何解决方案？

4. 概述可视化组件参数设置的方便之处。

5. 尝试对基于 FLA 组件进行个性化的修改。

四、上机练习

1. 判断输入不能为空

用户在登录时有可能忘记输入用户名或密码，这时如果程序的错误提示能指出用户名或密码不能为空，将会更为准确地指出错误的原因。那么用户会感觉这是一个智能程序。下面是登录代码的核心部分，效果如图 10-58 所示。

```
function LoginAction(event:
MouseEvent):void{
    if (ID.text=="admin" && PWD.
    text=="huoke"){
```

```
        gotoAndPlay(2);
    }else if (ID.text=="" || PWD.
text==""){
//继续判断如果用户名或密码任意一个
为空
        gotoAndPlay(4);
            //指针将跳转到第4帧
    }else{
        gotoAndPlay(3);
    }
```

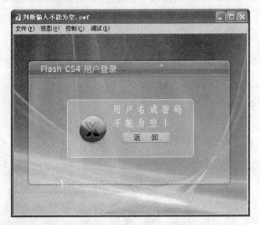

图 10-58　用户名或密码不能为空

2. 更改对象颜色

下面通过 ColorPicker 组件对影片剪辑的颜色进行更换。首先将 ColorPicker 组件拖入舞台中，在【属性】检查器中设置其【实例名称】为 aCp。然后，在第 1 帧处打开【动作】面板，通过 DrawBox() 方法绘制一个矩形，并侦听 ColorPicker 组件的更改事件，当事件发生时，调用 changeHandler() 函数更改矩形的颜色，效果如图 10-59 所示。

```
import fl.events.ColorPicker
Event;
var aBox:MovieClip = new Movie
```

```
Clip(); //创建一个影片剪辑
drawBox(aBox, 0xFF0000);//定义为
                                红色
addChild(aBox);//将影片剪辑添加到
                                舞台
//更改实例名称为 aCp 组件，调用函数
changeHandler
aCp.addEventListener(ColorPicke
rEvent.CHANGE,changeHandler);
//调用 drawBox 函数
function changeHandler(event:
ColorPickerEvent):void {
    drawBox(aBox, event.target.
    selectedColor);
}
//设置 box 的颜色、坐标和大小
function drawBox(box:MovieClip,
color:uint):void {
        box.graphics.begin
        Fill(color, 1);
        box.graphics.drawRect
        (100, 150, 200, 500);
        box.graphics.end
        Fill();
}
```

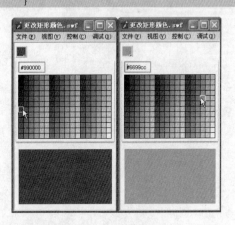

图 10-59　更改矩形颜色

第 11 章

动画后期制作

在 Flash 中，为影片添加声音和视频，可以使内容变得更加丰富多彩。声音对画面内容起到了辅助说明的作用，而背景音乐可以对画面起到烘托的作用；视频的应用为动画添加了精彩之笔，展现了画中画的情景。当然，还可以将制作好的影片剪辑和视频文件导入到动画中。

为了方便用户在浏览器上利用 Flash Player 插件或者 ActiveX 控件观赏影片，可以使用动作脚本提供的各种人机交互功能的影片发布为 SWF 文件或者其他格式文件。

本章主要介绍有关导入音频、视频以及优化、导出、发布和预览动画作品的操作方法和技巧，也就是动画作品的后期制作。

本章学习要点：

➢ 应用音频
➢ 应用视频
➢ 导出影片
➢ 发布影片

11.1 应用音频

在 Flash 中，用户不仅可以导入外部的声音文件，还可以使用公用库中的声音文件。在导入声音文件后，既可以使其独立于时间轴连续播放，也可以使用时间轴将动画与音轨保持同步。通过在 Flash 影片中使用声音可以增强导航元素（如按钮的交互性），同时，利用声音淡入淡出功能还可以调整音轨使其更加优美。另外，还可以通过给网页添加背景音乐，让访问者在浏览网站的同时，可以欣赏优雅的音乐。

11.1.1 将声音导入到 Flash

Flash 提供了多种使用声音的方式。Flash 的声音分为"事件声音"和"音频流"两种，它们之间最大的区别不是声音文件本身，而体现在动画播放的过程。事件声音必须完全下载后才开始播放，如果没有明确的停止命令，它将一直连续播放；音频流则在前几帧下载了足够的数据后才开始播放，通过和时间轴同步使其更好地在网站上播放。

在 Flash 中，可以导入 WAV、AIFF 和 MP3 格式的声音文件，如果系统上安装了 QuickTime 4 或更高的版本，还可以导入其他格式的声音文件，如 Sound Designer Ⅱ、只有声音的 QuickTime 影片、Sun AU 以及 Sytem 7 声音等。

> **提 示**
>
> 当声音导入到文档后，将与位图、元件一起保存在【库】面板中，因此与使用元件一样，只需要一个声音文件的副本，就可以在影片中以各种方式使用该声音。

1. 声音的采样比率

Flash 可以导入采样比率为 11kHz、22kHz 或 44kHz 的 8 位或 16 位的声音。如果声音的记录格式不是 11kHz 的倍数（例如 8、32 或 96kHz），那么它将重新采样。在导出时，Flash 会把声音转换成采样比率较低的声音。

由于声音在存储和使用时需要占用大量的磁盘空间和内存，所以在向 Flash 中添加声音效果时，最好导入 16 位 22kHz 单声道声音。如果内存有限，应使用短的声音剪辑或用 8 位声音而不是 16 位声音。

2. 将声音导入到库

用户可以将外部的声音文件导入到 Flash 的【库】面板中，在文档中使用该声音。首先执行【文件】|【导入】|【导入到库】命令，打开【导入到库】对话框。然后，选择并打开所需的声音文件，将其添加到【库】面板，如图 11-1 所示。

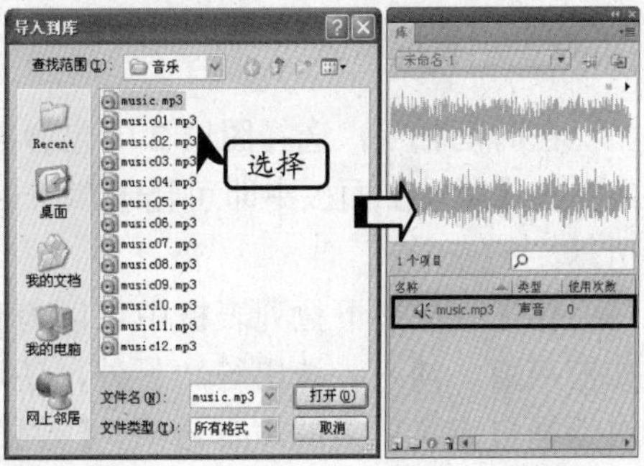

图 11-1 【库】面板中的声音元件

3. 导入公用库声音

用户还可以通过 Flash 中附带的【公用库】向【库】面板添加内置的声音。执行【窗

口】|【公用库】|【声音】命令，打开【公用库】
面板。然后将所需的声音文件拖入到【库】面
板中，如图 11-2 所示。

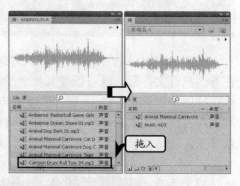

提 示

要在 Flash 文档之间共享声音，可以把声音包含在共
用库中。当添加该声音时，直接将其从公用库中拖入
到当前文档的库中。另外，需要将声音置于时间轴上
的一个单独层上。

11.1.2 为影片添加声音

图 11-2　导入公用库声音

将声音从【库】添加到文件中并放置在单独的图层上，用户除了可以聆听声音的
原始效果，还可以通过【属性】检查器中的【声音】选项，为声音制作淡入淡出或者
音量由高到低等效果。除此之外，还可以控制声音在某个时候播放或停止。

1．为影片添加声音文件

为影片添加声音，不仅可以丰富其内容，而且
能够在欣赏画面的同时，聆听到优美的声音。在
Flash 中要为影片添加声音文件，首先将声音文件
导入到【库】面板。执行【插入】|【图层】命令，
为声音创建一个新的图层。然后，将声音文件从
【库】面板中拖入到舞台，即可在当前的图层中添
加声音，如图 11-3 所示。

提 示

用户可以将多个声音放在同一个图层上，也可以放在包含
其他对象的图层上。但是，对于初学者来说，建议将每个
声音放在一个独立的图层上，使每个层作为一个独立的声
音通道。当播放影片时，所有层上的声音混合在一起。

图 11-3　在文档中使用声音

2．声音控制区

在时间轴上，选择图层 2 中包含声音文件的任意一帧，
然后在【属性】面板中即可显示声音的控制区域，如图 11-4
所示。

在【效果】下拉列表框中可以为音频添加预设的效果，
如左声道、淡入、淡出等。另外，还可以通过【编辑封套】
对话框自定义所需的声音效果。【效果】下拉列表框中各个
选项的详细介绍如下。

图 11-4　声音控制区

❑ **无**　不对声音文件应用效果，并可以删除以前应用的
效果。

❏ **左声道** 仅播放左声道的声音。此时单击【编辑】按钮，可打开【编辑封套】对话框，在上面一个波形预览窗口（左声道）中的直线位于最上面，表示左声道以最大的声音播放，而下面一个波形预览窗口（右声道）的直线位于最下面，表示右声道不播放，如图 11-5 所示。

❏ **右声道** 仅播放右声道的声音，选择该项，则右声道会以最大声音播放，左声道不播放，这时的波形预览窗口与选择左声道时正好相反，如图 11-6 所示。

❏ **从左到右淡出** 把声音从左声道切换到右声道，这时左声道的声音逐渐减小，而右声道的声音逐渐增大，如图 11-7 所示。

❏ **从右到左淡出** 把声音从右声道切换至左声道，这时右声道的声音逐渐减小，而左声道的声音逐渐增大，如图 11-8 所示。

❏ **淡入** 在声音播放过程中逐渐增大声音，选择该项，声音在开始时没有，然后逐渐增大，当达到最大时保持不变，如图 11-9 所示。

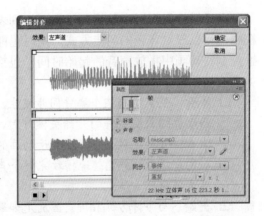

🌑 **图 11-5** 左声道

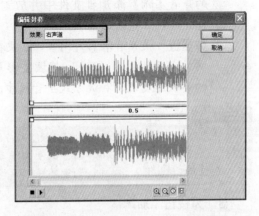

🌑 **图 11-6** 右声道

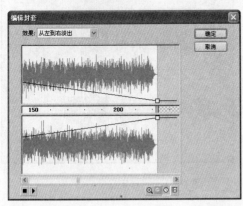

🌑 **图 11-7** 从左到右淡出

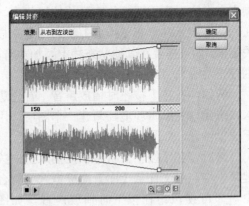

🌑 **图 11-8** 从右到左淡出

❏ **淡出** 在声音播放过程中逐渐减小声音，选择该项，在开始一段时间声音不变，随后声音逐渐减小，如图 11-10 所示。

❏ **自定义** 允许使用【编辑封套】创建自定义的声音淡入和淡出点，如图 11-11 所示。

在【属性】面板中的【同步】下拉列表框中，可以设置声音的同步方式，同时也能够控制在动画中播放声音的起始时间，包括如下选项。

❑ **事件**　使声音与某个事件同步发生。当动画播放到事件的开始关键帧时，声音就开始播放。它将独立于动画的时间线播放，并完整地播放完整个声音文件。

❑ **开始**　与事件方式相同，区别是如果这些声音正在播放，就要创建一个新的声音实例，并开始播放。

❑ **停止**　停止声音的播放。

❑ **数据流**　使声音和影片同步，以便在网站上播放影片。Flash 将调整影片的播放速度使它和流方式声音同步。

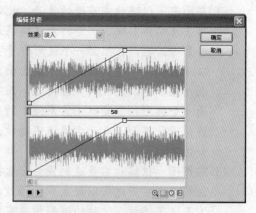
图 11-9　淡入

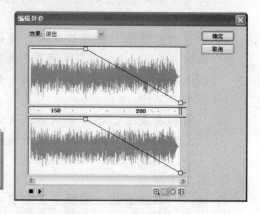
图 11-10　淡出

注　意

如果使用 MP3 声音作为音频流，则必须重新压缩声音，以便能够导出。可以将声音导出为 MP3 文件，所用的压缩设置与导入它时的设置相同。

3. 为按钮添加声音

为按钮元件添加声音，首先要进入该元件的编辑环境，可以在任意空白关键帧上添加声音，它对应于要添加声音的按钮状态。在默认情况下，只有【弹起】状态帧是空白关键帧。如果需要在其他状态帧上添加声音，则首先要添加空白关键帧或关键帧。

例如，在按下按钮时播放声音。首先进入按钮元件的编辑环境，新建一个图层，用于放置声音，如图 11-12 所示。

然后，在【按下】状态帧处插入空白关键帧，将声音文件从【库】面板拖入到舞台中，即可使按钮在按下时播放声音，如图 11-13 所示。

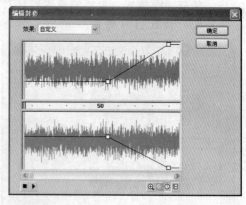
图 11-11　自定义

提　示

当"图层 1"上存在帧时，新建图层中也会相应地存在空白帧，所以在为【按下】帧添加声音时，【点击】帧会附属于前一帧的属性，也会具有声音。为了避免这一情况发生，则需要在【点击】帧处插入空白关键帧。

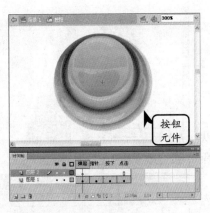

图 11-12　按钮元件

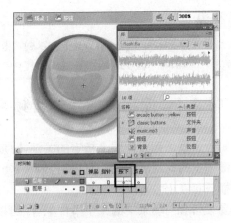

图 11-13　拖入声音

● 11.1.3　编辑音频

在 Flash CS4 中，使用【编辑封套】对话框可以对基本的声音进行控制，如定义声音的播放起点、声音的大小以及声音的长短等。

打开【编辑封套】对话框，在音频时间线上，拖动起点和终点游标，可以改变音频的起点和终点，如图 11-14 所示。

如果要改变音频的幅度，可以单击幅度包络线来创建控制柄，然后拖动幅度包络线上的控制柄，即可改变音频上不同点的高度，如图 11-15 所示。

在【编辑封套】对话框中，还包括了许多按钮，它们的含义及功能如表 11-1 所示。

图 11-14　游标

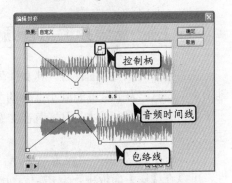

图 11-15　改变声音的幅度

表 11-1　【编辑封套】对话框

图　标	名　　称	功　　能
■	停止声音	终止播放
▶	播放声音	测试效果
🔍	放大	放大窗口内音频的显示
🔍	缩小	缩小窗口内音频的显示
🕙	秒	时间线以秒为单位进行显示
🎞	帧	时间线以帧为单位进行显示

包络线表示声音播放时的音量。最多可以创建 8 个控制柄。如果要删除控制柄,可以将其拖出窗口。

11.1.4 控制关键帧的音频

将声音添加到音频层上指定的关键帧,就可以为关键帧上的动画配音,并且能够控制关键帧的音频的播放和停止时间。

要使音频与场景中的某个事件配合,可以先选择该事件发生的起始关键帧作为音频的起始关键帧,再将声音添加到该帧上,同时,还可以选择一种同步方式,如图 11-16 所示。

然后,在音频层的时间轴上再创建一个关键帧,作为声音的终点关键帧,此时在音频层的时间轴中将出现音频线,如图 11-17 所示。

选择终点关键帧,在【属性】检查器的【名称】下拉列表框中选择与起点关键帧相同的声音文件,然后,在【同步】下拉列表框中选择【停止】选项。这样在播放动画时,播放到该终点帧处,声音就会停止播放,如图 11-18 所示。

11.1.5 压缩并输出音频

在将声音导入到 Flash 后,其文件体积将相应地增大。此时,为了尽可能减小文件的大小,而又不影响声音的质量,可以采用将声音文件压缩的方法来实现。

在 Flash 中,如果需要设置单个声音的导出属性,可以在【库】面板中,双击声音元件的图标,打开【声音属性】对话框,如图 11-19 所示。

使用【声音属性】对话框可以设置单个音频的输出质量,如果声音文件已经在外部编辑过,则单击【更新】按钮。

如果没有定义个别音频和输出属性,Flash 将会按照【发布设置】对话框中的设置来发布动画音频。执行【文件】|【发布设置】命令,在弹出的对话框中打开 Flash 选项卡,即可查看音频文件的默认输出设置,如图 11-20 所示。

单击【音频流】或【音频事件】右侧的【设

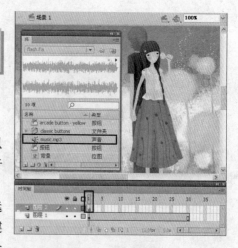

图 11-16 添加音频

图 11-17 音频线

图 11-18 设置声音

图 11-19 【声音属性】对话框

Flash CS4 中文版标准教程

置】按钮，即可打开【声音设置】对话框。在该对话框中可以设置音频文件的压缩方式、比特率、品质等，如图 11-21 所示。

在【声音属性】对话框的【压缩】下拉列表框中，各个压缩方式的功能介绍如下。

1. ADPCM

该选项用于设置 8 位或者 16 位声音数据的压缩。例如导出单击按钮这样的短声音时，就可以使用 ADPCM 设置。在【压缩】列表框中选择 ADPCM 时，则会显示采样率、ADPCM 位等选项，如图 11-22 所示。

ADPCM 压缩方式的各个选项介绍如下。

❏ 启用【将立体声转换为单声道】复选框，可以将混合立体声转换为单声。

❏ 【采样率】下拉列表框用于控制声音的保真度和文件大小。其包括如下选项：5kHz 是最低的可接受标准；对于音乐短片，11kHz 是最低的建议声音品质；22kHz 是用于网页回放的常用选择；44kHz 是标准的 CD 音频比率。

❏ ADPCM 位决定在 ADPCM 编码中使用的位数。其中，2 位是最小值，其音效最差；5 位是最大值，其音质最好。

2. MP3

该选项可以使音频输出为 MP3 压缩格式，并且可以输出较长的流式音频（如音乐声

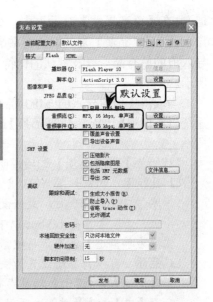

图 11-20　发布设置

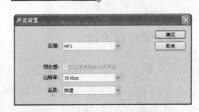

图 11-21　声音设置

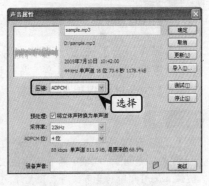

图 11-22　ADPCM 压缩

道）。在【声音属性】对话框中，如果启用【使用导入的 MP3 品质】复选框，则系统将使用该 MP3 导入前的原有品质以及默认的比特率，如图 11-23 所示。

当取消【使用导入的 MP3 品质】复选框后，系统将新增加【比特率】和【品质】选项，如图 11-24 所示。

【比特率】和【品质】选项说明如下。

❑ 比特率　用来设置 MP3 音频的最大传输速率。在输出音乐时，最好设置为 16kbps 以上。如果设置在 16kbps 以下，【将立体声转换为单声道】复选框将被禁用。

❑ 品质　可以将品质设置为快速、中、最佳。【快速】选项用于将动画发布到 Internet 上，而【中】和【最佳】选项用于在本地计算机上运行动画。

3. 原始和语音

【原始】选项在导出声音时不进行压缩，当选择该选项时，【声音属性】对话框只能设置【预处理】和【采样率】选项，如图 11-25 所示。

提　示

【原始】选项采样率和 ADPCM 选项的采样率是一样的。

选择【语音】选项，可以使用一个特别适合于语音的压缩方式来导出声音。当选择该选项时，【声音属性】对话框将出现如下选项，如图 11-26 所示。

技　巧

设置音频的起点和终点游标，将音频文件中的无声部分从 Flash 文件中删除，以减小声音占用的空间；尽量在不同关键帧上使用相同的音频，对其使用不同的效果；可以利用循环效果将容量很小的音频文件组织成背景音乐，如击鼓声。

11.2　应用视频

Flash CS4 是一种功能非常强大的工具，可以将视频添加到基于 Web 的应用程序中。Flash 的 FLV 和 F4V（H.264）视频格式具备技术和创意优势，允许将视频、数据、图形、声音和交互式控制融为

图 11-23　使用导入的 MP3 品质

图 11-24　比特率和品质

图 11-25　原始压缩

图 11-26　语音压缩

一体。其中，FLV 视频可以使用户轻松地将视频以通用的格式放在网页上。

11.2.1 导入视频文件

在 Flash CS4 中，用户可以通过向导将外部的 FLV 或 F4V 视频文件导入到文档中，使其与 Flash 融为一体。

执行【文件】|【导入】|【导入视频】命令，打开【导入视频】对话框。该对话框提供部署视频的方式，以决定创建视频内容和将它与 Flash 集成的方式，如图 11-27 所示。

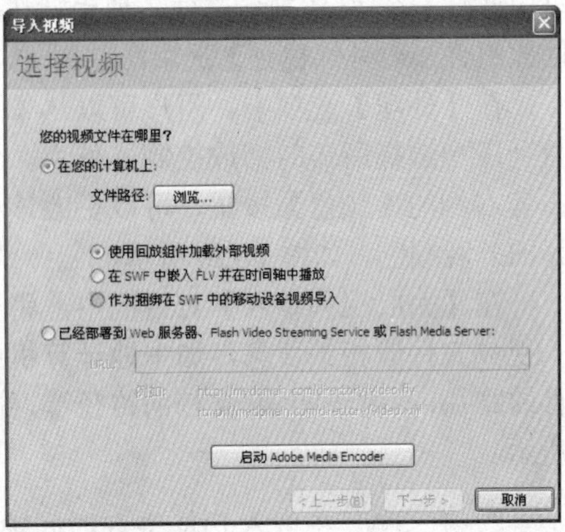

将外部的视频文件与 Flash 集成的方式包括以下 3 种。

图 11-27 【导入视频】对话框

❑ **在 Flash 文档中嵌入视频**

可以将持续时间较短的小视频文件直接嵌入到 Flash 文档中，然后将其作为 SWF 文件的一部分发布。将视频内容直接嵌入到 SWF 文件中会显著增加发布文件的大小，因此仅适合于小的视频文件（文件的时间长度通常少于 10s）。

❑ **使用 Flash Media Server 流式加载视频**

在 Flash Media Server（专门针对传送实时媒体而优化的服务器解决方案）上可以承载视频内容。

提 示

> 如果要使用视频流创建 Flash 应用，则将本地存储的视频剪辑导入到 Flash 文档中，然后将它们上传到服务器。

❑ **从 Web 服务器渐进式下载视频**

从 Web 服务器渐进式下载视频剪辑提供的效果比实时效果差（Flash Media Server 可以提供实时效果）；但是，用户可以使用相对较大的视频剪辑，同时将所发布的 SWF 文件大小保持为最小。

提 示

> 如果要控制视频回放并提供直观的控件方便用户与视频流进行交互，可以使用 FLVPlayback 组件或 ActionScript。

在【导入视频】对话框中提供了 3 个视频导入选项，可以将存储在本地计算机中的视频文件导入到 Flash 文档中，如图 11-28 所示。

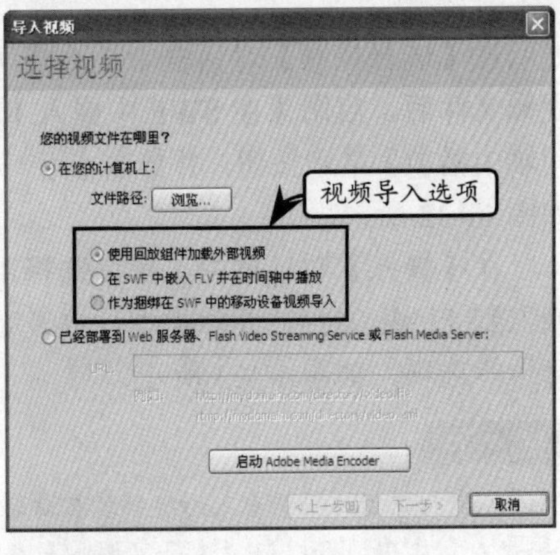

在该对话框中，3 个视频导入选项的介绍如下。

1. **使用回放组件加载外部视频**

导入视频并创建 FLVPlayback 组件的实例以控制视频回放。在【选择视频】对话框

图 11-28 视频导入选项

中，单击【浏览】按钮，在弹出的【打开】对
话框中选择一个 FLV 视频文件，使用默认的【使用
回放组件加载外部视频】选项，如图 11-29 所示。

在【外观】选项中，用户可以从【外观】下
拉列表中选择所需的播放控制器外观。然后，单
击其右侧的【颜色】按钮，可以更改该播放控制
器的外观颜色，如图 11-30 所示。

在【完成视频导入】对话框中，将会显示导
入视频文件的相关信息，如本地计算机中视频文
件的路径、相对于 Flash 文档的路径等，如图 11-31
所示。

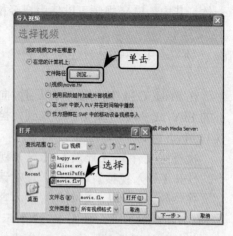

2. 在 SWF 中嵌入 FLV 并在时间轴中播放

图 11-29 选择视频文件

将 FLV 嵌入到 Flash 文档中。这样在导入视频后，该视频将放置于时间轴中，且可
以看到时间轴帧所表示的各个视频帧的位置。

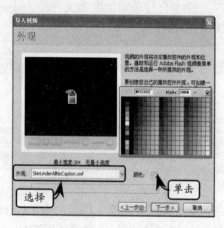

图 11-30 选择播放器外观

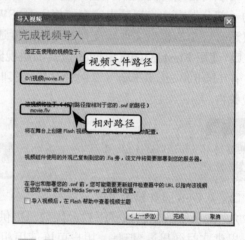

图 11-31 完成视频导入

在【选择视频】对话框中，选择所要导入的
视频文件后，启用【在 SWF 中嵌入 FLV 并在时
间轴中播放】单选按钮，并单击【下一步】按钮，
如图 11-32 所示。

在【嵌入】对话框中，可以选择用于将视频
嵌入到 Flash 文档的元件类型，以及是否放置在
舞台等选项，如图 11-33 所示。

提 示

默认情况下，Flash 将导入的视频放在舞台上。如果仅
要导入到库中，可以取消【将实例放置在舞台上】复
选框。

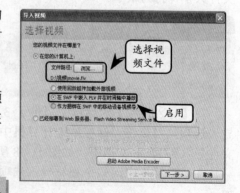

图 11-32 在 SWF 中嵌入 FLV 并
在时间轴中播放

在【符号类型】下拉列表中，可选择的元件类型介绍如下。

- ❑ **嵌入的视频** 如果要使用在时间轴上线性播放的视频剪辑，那么最合适的方法就是将该视频导入到时间轴。

- ❑ **影片剪辑** 将视频置于影片剪辑实例中，这样可以使用户获得对内容的最大控制。视频的时间轴独立于主时间轴进行播放。

- ❑ **图形** 将视频剪辑嵌入为图形元件时，用户无法使用 ActionScript 与该视频进行交互。通常，图形元件用于静态图像以及用于创建一些绑定到主时间轴的可重用的动画片段。

图 11-33　设置嵌入

在【完成视频导入】对话框中，将会显示导入的视频文件在本地计算机中的路径等相关信息。单击【完成】按钮，即可将该视频文件嵌入到 Flash 文档中，如图 11-34 所示。

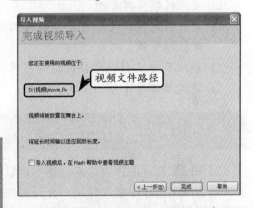

图 11-34　完成视频导入

注　意

> 将视频内容直接嵌入到 SWF 文件中会显著增加发布文件的大小，因此仅适合于小的视频文件。此外，在使用 Flash 文档中嵌入的较长视频剪辑时，音频到视频的同步（也称作音频/视频同步）会变得不同步。

3．作为捆绑在 SWF 中的移动设备视频导入

与在 Flash 文档中嵌入视频类似，将视频绑定到 Flash Lite 文档中以部署到移动设备。

11.2.2　更改视频剪辑属性

如果将导入的视频剪辑转换为影片剪辑元件，此时，可以在【属性】检查器中设置该视频剪辑元件的属性。

选择舞台中的视频剪辑实例，打开【属性】检查器，可以设置该实例的实例名称，以及在舞台中的高度、宽度和位置。例如，设置舞台中视频剪辑实例的【实例名称】为 myMovie；X 和 Y 坐标均为 0；【宽度】为 320；【高度】为 240，如图 11-35 所示。

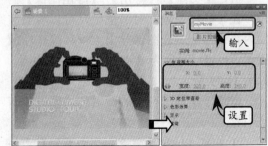

图 11-35　设置属性

在【属性】检查器中还可以选择一个视频剪辑，以替换当前分配给实例的剪辑。单击【交换】按钮，在弹出的【交换元件】对话框中可以选择另一个视频剪辑。

右击【库】面板中的视频剪辑，在弹出的菜单中执行【属性】命令，打开【视频属性】对话框。在该对话框中可以查看视频的详细信息，如名称、路径、尺寸、创建时间和文件大小等，如图 11-36 所示。

在【视频属性】对话框中可以执行以下 5 种操作。

- ❑ 查看有关导入的视频剪辑的信息，包括它的名称、路径、创建日期、像素尺寸、长度和文件大小。
- ❑ 更改视频剪辑名称。
- ❑ 更新视频剪辑（如在外部编辑器中修改视频剪辑）。
- ❑ 导入 FLV 文件以替换选定的剪辑。
- ❑ 将视频剪辑作为 FLV 文件导出。

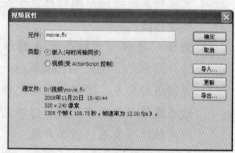

图 11-36　视频属性

11.3　导出影片

当 Flash 影片制作完成后，用户可以将整个影片及影片中所使用的素材导出，以能够在其他应用程序中继续使用，并可将整个影片导出为单一的格式，如 Flash 影片、一系列位图图像、单一的帧或图像文件、不同格式的活动和静止图像等。除此之外，用户还可以将影片直接发布为其他格式的文件，如 GIF、HTML 和 EXE 等。

11.3.1　导出图像与素材

要将 Flash 内容应用于其他应用程序，或以特定文件格式导出当前 Flash 影片的内容，可以执行【导出图像】或【导出影片】命令。

1．导出图像

执行【文件】|【导出】|【导出图像】命令，在【导出图像】对话框中，可以将当前帧内容或当前所选图像导出为一种静止图像格式，也可以导出为单帧的 SWF 格式动画，如图 11-37 所示。

但是，在导出图像时，需要注意以下两点内容。

- ❑ 在将 Flash 图像导出为矢量图形文件（Adobe Illustrator 格式）时，可以保

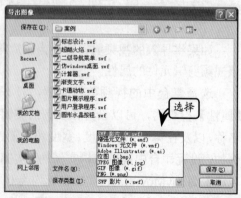

图 11-37　导出图像

留其矢量信息，并能够在其他基于矢量的绘画程序中编辑这些文件。

❑ 将 Flash 图像保存为位图 GIF、JPEG、BMP 文件时，图像会丢失其矢量信息，仅以像素信息保存。用户可以在图像编辑器（例如 Adobe Photoshop）中编辑导出为位图的 Flash 图像，但不能再在基于矢量的绘画程序中对其编辑。

2．导出影片

执行【导出影片】命令，可以将影片中的声音导出为 WAV 文件，还可以将 Flash 影片导出为静止图像格式，以及为影片中的每一帧都创建一个带有编号的图像文件夹。

执行【文件】|【导出】|【导出影片】命令，在【导出影片】对话框中输入影片的名称，并在【保存类型】下拉列表中选择要保存的文件类型，如图 11-38 所示。

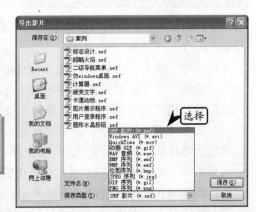

提 示

根据所选保存类型的不同，会弹出相应的参数设置对话框，在对话框中设置关于此格式的一些参数，这是导出电影的关键所在。

图 11-38 导出影片

11.3.2 导出的文件格式

在 Flash 中，可以将其内容和图像导出为数十种不同类型的文件，以满足用户的各种需求。可导出的文件类型说明如表 11-2 所示。

表 11-2 可导出的文件类型

文 件 类 型	扩 展 名	文 件 类 型	扩 展 名
Flash 影片	*.swf	位图序列文件	*.bmp
EPS 3.0 序列文件	*.eps	WAV 音频	*.wav
QuickTime	*.mov	JPEG 序列文件	*.jpg
Adobe Illustrator 序列文件	*.ai	EMF 序列	*.emf
Windows AVI	*.avi	PNG 序列文件	*.png
DXF 序列文件	*.dxf	WMF 序列文件	*.wmf
GIF 动画、GIF 序列文件	*.gif		

Flash 中的影片将导出为序列文件，而图像则导出为单个文件。下面将详细介绍其中一些常见的文件类型。

1．Flash 影片（*.swf）

这种格式的图像只能用 Flash 自带的播放程序 Flash Player 进行播放，会在最大程度上保证图像的质量和体积，其参数设置的对话框与发布文档时使用的选项相同。

2．Windows AVI（*.avi）

该格式是标准的 Windows 影片格式，它是一种用于在视频编辑应用程序中打开 Flash

动画的格式。

当选择导出为 Windows AVI 格式后，单击【保存】按钮，将会弹出【导出 Windows AVI】对话框。在该对话框中可以设置 AVI 文件的【尺寸】、【视频格式】等参数，如图 11-39 所示。

图 11-39 导出 Windows AVI

在【导出 Windows AVI】对话框中，各个选项的介绍如下。

- ❏ **尺寸** 指定导出的 AVI 影片的大小，以像素为单位。如果启用【保持高宽比】复选框，则可以确保所设置的尺寸与原始图片保持相同的纵横比。
- ❏ **视频格式** 选择颜色的深度。某些应用程序不支持 Windows 32 位图像格式，如果在使用此格式时将会出现问题，但可以使用较早的 24 位格式。
- ❏ **压缩视频** 启用该复选框，将会弹出一个对话框，用于选择标准的 AVI 压缩选项。
- ❏ **平滑** 对导出的 AVI 影片应用消除锯齿效果。
- ❏ **声音格式** 设置音轨的采样比率、大小等格式。采样比率和大小越小，导出的文件就越小，但是这样可能会影响声音品质。

3. QuickTime（*.mov）

这是苹果公司所制定的一种动画格式，可以在 QuickTime 4 影片中联合使用 Flash 的交互式功能与 QuickTime 的多媒体和视频功能，只要用 QuickTime 4 插件即可观看影片。

当选择导出为 QuickTime 格式后，单击【保存】按钮，将会弹出【QuickTime Export 设置】对话框。在该对话框中可以设置影片停止导出的位置或时间，以及存储临时数据的位置，如图 11-40 所示。

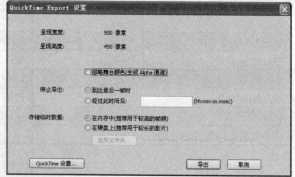

图 11-40 QuickTime Export 设置

在【QuickTime Export 设置】对话框中，各个选项的介绍如下。

- ❏ **忽略舞台颜色/生成 Alpha 通道** 使用舞台颜色创建一个 Alpha 通道。
- ❏ **到达最后一帧时** 将整个 Flash 文档导出为影片文件。
- ❏ **经过此时间后** 要导出的 Flash 文件的持续时间（格式为：小时:分钟:秒:毫秒）。
- ❏ **QuickTime 设置** 打开 QuickTime 高级设置对话框。

使用【高级设置】可以指定自定义的 QuickTime 设置。通常，应使用默认的 QuickTime 设置，因为
对于大多数应用程序而言，这些设置都提供了最佳的回放性能。

4．WAV 音频（*.wav）

选择该文件格式，不仅会将当前文档中的声音文件导出为单个 WAV 文件，而且可
以指定新文件的声音格式。

在【导出 Windows WAV】对话框的【声音格式】列表框中，可以确定导出声音的采
样频率、比特率以及立体声或者单声，如图 11-41 所示。启用【忽略事件声音】复选框，
可以从导出的文件中排除事件声音。

5．EPS 3.0 序列文件（*.eps）

此格式是一种可以在排版程序中使用的格式，既
可以存储矢量图、位图，又可以存储矢量图和位图的
混合文件，EPS 是保存印前色彩的最好的文件类型。

图 11-41　导出 Windows WAV

6．位图序列文件（*.bmp）

bmp 是一个跨平台的图像格式，采用 Microsoft
技术创建，可用于 DOS、Windows NT 或者 OS/2 操
作系统中的计算机上，此格式不支持 Alpha 通道。

当选择导出为 BMP 格式后，单击【保存】按钮，
将会弹出【导出位图】对话框。在该对话框中可以
设置图像的【尺寸】、【分辨率】等参数，如图 11-42
所示。

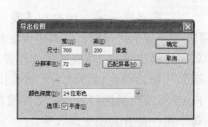

图 11-42　导出位图

在【导出位图】对话框中，各个选项的详细介绍如下。

□ **尺寸**　设置导出的位图图像的大小，以像素为单位。指定的大小和原始图像始终
具有相同的高宽比。
□ **分辨率**　设置导出的位图图像的分辨率，以每英寸点数(dpi)为单位，并根据绘画
的大小自动计算宽度和高度。

如果要将分辨率设置为与显示器匹配，则可以单击【匹配屏幕】按钮。

□ **颜色深度**　选择图像的位深度。
□ **平滑**　对导出的位图应用消除锯齿效果。

7．Adobe Illustrator 序列文件（*.ai）

Adobe Illustrator 格式是 Flash 和其他绘图应用程序之间进行绘图交换的理想格式。
这种格式支持对曲线、线条样式和填充信息的非常精确的转换。

利用【发布预览】和【发布】命令可以预览和发布动画。Flash 的【发布】命令不只是向网络发布 Flash 动画，还能向没有安装 Flash 插件的浏览器发布各种格式的图形文件和视频文件。

11.4.1 预览和发布动画

利用【发布预览】命令，可将【发布预览】菜单中选择的文件类型输出到默认的浏览器上进行预览。单击【文件】|【发布预览】命令，并从子菜单中选择一种文件类型即可预览动画。利用当前发布属性，Flash 将在同一个位置上创建指定类型的文件。

> **提 示**
>
> 在 Flash 文档中，按 F12 键可以按默认的格式（HTML 文件）预览。

在发布动画前，可执行【发布设置】命令打开【发布设置】对话框，在其中设置相应的发布属性，如文件格式等。当完成所需的设置后，只需单击【发布】按钮，就可以将动画发布为指定格式的文件。Flash 将发布属性与发布的文件保存在一起，因此，每个文件都有其相应的设置。

执行【文件】|【发布设置】命令，打开【发布设置】对话框。在【格式】选项卡中的【类型】选项组选择将要发布的文件格式，然后为选定格式的文件设置其属性。每选择一种格式，对话框上部就会多一个选项卡，如图 11-43 所示。

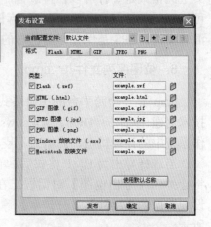

图 11-43　【发布设置】对话框

【Windows 放映文件】没有选项卡，因而不需要对其进行设置。当选择一种图像格式（如 GIF、JPEG 等时），Flash 会自动添加上所需的 HTML 代码，使其显示在未安装 Flash 插件的浏览器中。

在【文件】文本框中设置各种格式文件的名称，并可单击【使用默认名称】按钮，将所有格式的文件使用默认的文件名称，也可单击文件夹按钮选择文件的路径，如图 11-44 所示。

在完成各个选项的设置后，单击【发布】按钮，将会按照所设属性发布动画。另外，也可单击【确定】按钮，关闭对话框，先不发布，再执行【文件】|【发布】命令后，还会按照预先的设置发布动画。

文本名称

图 11-44　文件名称

11.4.2　发布为 Flash 文件

当发布 Flash 影片时，可以设置图像与声音压缩选择和一个防止对影片进行导入操作的选项，如图 11-45 所示。用户不仅可以在 Flash 选项卡的【JPEG 品质】中设置图像的质量，而且还可以设置【音频流】来控制音频事件的压缩格式和传输速率等。

1. 播放器

Flash CS4 的所有功能并非都能在低于 Flash Player 10 的 SWF 中起作用。所以，在 Flash 文件之前，从 Flash 选项卡的【版本】中选择所需的播放器版本。该选项下方的列表框用来显示 Flash Player 播放程序的版本。

图 11-45　**Flash 选项卡**

> **技　巧**
>
> 在 HTML 选项卡中，启用【检测 Flash 版本】复选框，可以检测当前文件的 Flash 版本。

2. 脚本

该下拉列表框用于选择动作脚本的版本。如果选择 ActionScript 2.0 或 3.0 并创建了类，则单击【设置】按钮来设置类文件的相对类路径，该路径与在【首选参数】中设置的默认目录的路径不同。

❑ 设置 ActionScript 2.0 类路径

要使用已定义的 ActionScript 类，Flash 必须找到包含类定义的外部 ActionScript 2.0 文件。Flash 在其中搜索类定义的文件夹列表称为“类路径”。类路径存在于全局层、应用程序层或文件层。

在 Flash 选项卡中，要验证是否在【ActionScript 版本】中选择了 ActionScript 2.0，可以单击【设置】按钮，在【导出用于类的帧】中，指定应存放类定义的帧。

要将文件夹添加到类路径，可以单击【浏览到路径】按钮，打开到要添加的文件夹；要在【类路径】列表中添加新行，可以单击【添加新路径】按钮，输入一个相对路径或绝对路径，如图 11-46 所示。

❑ 设置 ActionScript 3.0 类路径

要使用已定义的 ActionScript 类，Flash 必须找到包含类定义的外部 ActionScript 3.0 文件。将 Flash Player 版本设置为 Flash Player 9 或更高版本，才可以使用 ActionScript 3.0。【高级 ActionScript 3.0 设置】对话框，如图 11-47 所示。

在【高级 ActionScript 3.0 设置】对话框中，【导

图 11-46　**ActionScript 2.0 设置**

出帧中的类】用于指定应用存放类定义的帧；而指定【错误】设置时，可以选择【警告模式】或【严谨模式】。严谨模式将警告报告为错误，意味着如果存在这些错误，编译将会失效。警告模式将报告多余警告，这些警告对将 ActionScript 2.0 代码更新到 ActionScript 3.0 时发现不兼容现象非常有用。

【舞台】选项用于自动声明舞台实例，而指定 ActionScript 3.0 或 ECMAScript 作为术语使用，但建议指定 ActionScript 3.0。

3．图像和声音

如果要控制位图压缩，可以调整【JPEG 品质】滑块或输入一个值。图像品质越低，生成的文件就越小；图像品质越高，生成的文件就越大。可以尝试不同的设置，以便确定在文件大小和图像品质之间的最佳平衡点；值为 100时图像品质最佳，压缩比最小。

如果要使高度压缩的 JPEG 图像显得更加平滑，可以启用【启用 JPEG 解块】复选框。此选项可减少由于 JPEG 压缩导致的典型失真，如图像中通常出现的 8 像素×8 像素的马赛克。启用此选项后，一些 JPEG 图像可能会丢失少量细节。

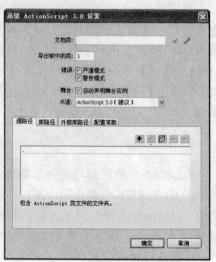

图 11-47　高级 ActionScript 3.0 设置

为 SWF 文件中的所有声音流或事件声音设置采样率和压缩，可以单击【音频流】或【音频事件】右侧的【设置】按钮，然后根据需要选择相应的选项，如图 11-48 所示。

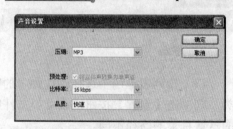

图 11-48　声音设置

注　意

只要前几帧下载了足够的数据，声音流就会开始播放；它与时间轴同步。事件声音需要完全下载后才能播放，并且在明确停止之前，将一直持续播放。

如果要覆盖在【属性】检查器的【声音】选项中为个别声音指定的设置，可以启用【覆盖声音设置】复选框。如果要创建一个较小的低保真版本的 SWF 文件，选择此选项。

如果取消【覆盖声音设置】复选框，则 Flash 会扫描文档中的所有音频流（包括导入视频中的声音），然后按照各个设置中最高的设置发布所有音频流。 如果一个或多个音频流具有较高的导出设置，就会增大文件大小。

如果要导出适合于设备（包括移动设备）的声音而不是原始库声音，可以启用【导出设备声音】复选框。

4．SWF 设置

在 SWF 选项区中，可以对 SWF 进行以下任意一项设置。

❑ **压缩影片** （默认）压缩 SWF 文件以减小文件大小和缩短下载时间。当文件包含大量文本或 ActionScript 时，使用此选项十分有益。经过压缩的文件只能在 Flash Player 6 或更高版本中播放。

- ❑ **包括隐藏图层** （默认）导出 Flash 文档中所有隐藏的图层。取消【导出隐藏的图层】复选框将阻止把生成的 SWF 文件中标记为隐藏的所有图层（包括嵌套在影片剪辑内的图层）导出。 这样，就可以通过使图层不可见来轻松测试不同版本的 Flash 文档。
- ❑ **包括 XMP 元数据** 默认情况下，将在【文件信息】对话框中导出输入的所有元数据。单击【文件信息】按钮打开此对话框。
- ❑ **导出 SWC** 导出.swc 文件，该文件用于分发组件。.swc 文件包含一个编译剪辑、组件的 ActionScript 类文件，以及描述组件的其他文件。

5. 高级

使用高级设置或启用对已发布 Flash SWF 文件的调试操作，可以选择下列任意一个选项。

- ❑ **生成大小报告** 生成一个报告，按文件列出最终 Flash 内容中的数据量。
- ❑ **防止导入** 防止其他人导入 SWF 文件并将其转换回 FLA 文档。可使用密码来保护 Flash SWF 文件。
- ❑ **省略 trace 动作** 使 Flash 忽略当前 SWF 文件中的 ActionScript trace 语句。如果选择此选项，trace 语句的信息将不会显示在【输出】面板中。
- ❑ **允许调试** 激活调试器并允许远程调试 Flash SWF 文件。可使用密码来保护 SWF 文件。

6. 密码

如果使用的是 ActionScript 2.0，并且启用了【允许调试】或【防止导入】，则可以在【密码】文本字段中输入密码。如果添加了密码，则其他用户必须输入该密码才能调试或导入 SWF 文件。若要删除密码，清除【密码】文本字段即可。

7. 本地回放安全性

在【本地回放安全性】弹出菜单中，选择要使用的 Flash 安全模型。指定是授予已发布的 SWF 文件本地安全性访问权，还是网络安全性访问权。

- ❑ 只访问本地，可使已发布的 SWF 文件与本地系统上的文件和资源交互，但不能与网络上的文件和资源交互。
- ❑ 只访问网络，可使已发布的 SWF 文件与网络上的文件和资源交互，但不能与本地系统上的文件和资源交互。

8. 硬件加速

如果使 SWF 能够使用硬件加速，可以从【硬件加速】菜单中选择下列选项之一。

- ❑ **第 1 级-直接** "直接"模式通过允许 Flash Player 在屏幕上直接绘制，而不是让浏览器进行绘制，从而改善播放性能。
- ❑ **第 2 级-GPU** 在 GPU 模式中，Flash Player 利用图形卡的可用计算能力执行视频播放并对图形的各个图层进行复合。根据用户的图形硬件的不同，这将提供另一级别的性能优势。在具有高端图形卡时，使用此选项。

9．脚本时间限制

要设置脚本在 SWF 文件中执行时可占用的最大时间量，可以在【脚本时间限制】文本框中输入一个数值。Flash Player 将取消执行超出此限制的任何脚本。

11.4.3　发布为 HTML 文件

如果想要在 Internet 上浏览 Flash 动画，就必须创建包含有动画的 HTML 文件，并设置浏览器的属性。在 Flash CS4 中，可以利用【发布】命令自动生成所需的 HTML 文件。

在【发布设置】对话框的 HTML 选项卡中，可以设置动画在 HTML 文件中的显示窗口、背景颜色、动画尺寸等属性，如图 11-49 所示。

在该对话框中，用户通过设置各个选项，可以控制生成 HTML 文件的大小、播放方式、动画品质、浏览方式等，其内容如下所示。

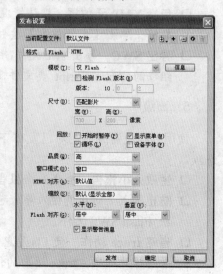

图 11-49　　HTML 选项卡

1．模板

在【模板】下拉列表框中，可以设定使用何种已经安装的模板，如果没有选择任何模板，Flash 将使用名为 Default.html 的文件作为模板；如果该文件不存在，Flash 将使用列表中的第一个模板。单击右侧的【信息】按钮，将显示所选模板的信息。

2．尺寸

【尺寸】选项用于设置所生成的 HTML 文件的宽度和高度属性值的单位，包括以下选项。

- □ **匹配影片**　这是系统的默认选项，选中此项后发布的 HTML 文件大小的度量与原动画作品的单位相同。
- □ **像素**　选择该选项后，可以在【宽】和【高】文本框中输入宽度和高度的像素值。
- □ **百分比**　选择该选项后，可以在文本框中输入适当的百分比值，以便设置动画相对于浏览器窗口的尺寸大小。

3．回放

在【回放】选项组中，可以控制播放 Flash 动画的方式，包括下面 4 种选项。

- □ **开始时暂停**　启用该复选框，将在动画的一开始就暂停播放，直到用户再次单击影片中的按钮或者选择菜单中的【播放】命令时，才开始播放。

- ❑ **循环**　启用该复选框，可以重复播放影片。默认为选中状态。
- ❑ **显示菜单**　启用该复选框，当用户右击影片时，将显示一个快捷菜单。
- ❑ **设备字体**　启用该复选框，可以使消除锯齿的系统字体替换未安装在用户系统上的字体，使用设备字体能使小号字体清晰易辨，并且可以减小影片文件的大小。

4. 品质

在【品质】下拉列表中可以设置消除锯齿功能的程度，有如下选项。
- ❑ **低**　选择此项，不进行任何消除锯齿功能的处理。
- ❑ **自动降低**　选择此项，则在播放动画作品的同时，会尽可能打开消除锯齿功能，尽量提高图形的显示质量。
- ❑ **自动升高**　选择此项，则在播放动画作品的同时，自动牺牲图形的显示质量以保证播放的速率。
- ❑ **中**　选择此项，可以运用一些消除锯齿功能，但是不会平滑位图。
- ❑ **高**　选择此项，则在播放动画作品的同时打开消除锯齿功能，并且如果动画作品中不包含动画时，对位图进行处理，这是系统的默认选项。
- ❑ **最佳**　选择此项，则在播放动画作品的同时自动提供最佳的图形显示质量，并且不考虑播放速率。

5. 窗口模式

【窗口模式】选项用来设置在 IE 浏览器中预览发布动画作品时，动画显示与网页上其他内容的显示关系，包括以下选项。
- ❑ **窗口**　选择此项将使动画作品在网页中指定的位置播放，这也是几种选项中播放速度最快的一种。
- ❑ **不透明无窗口**　将 Flash 内容的背景设置为不透明，并遮蔽该内容下面的所有内容。使 HTML 内容显示在该内容的上方或上面。
- ❑ **透明无窗口**　选中此项将使得网页上动画作品中的透明部分显示网页的内容与背景。

6. HTML 对齐

【HTML 对齐】选项用来设置 Flash 动画作品在浏览器窗口中的位置。其中【默认值】选项，可以使影片在浏览器窗口内居中显示。如果浏览器窗口尺寸比动画所占区域尺寸小，会裁剪影片的边缘；选择【左对齐】、【右对齐】、【顶部】以及【底部】选项，会使影片与浏览器窗口的相应边缘对齐，并且在需要时裁剪其余的 3 边。

7. 缩放

【缩放】选项用来设置 Flash 动画被如何放置在指定长宽尺寸的区域中，该设置只有在输入的长宽尺寸与原 Flash 动画尺寸不相同时才起作用，其选项含义如下。
- ❑ **默认（显示全部）**　可以在指定的区域显示整个影片，并且不会发生扭曲，同时保持影片的原始高宽比，边框可能会出现在影片的两侧。

- ❏ **无边框** 可以对影片进行缩放，以使它填充指定的区域，并且保持影片的原始高宽比，同时不会发生扭曲，如果需要，可以裁剪影片边缘。
- ❏ **精确匹配** 可以在指定区域显示整个影片，它不保持影片的原始高宽比，这可能会发生扭曲。
- ❏ **无缩放** 可以禁止影片在调整 Flash Player 窗口大小时进行缩放。

8. Flash 对齐

在【Flash 对齐】列表框中，可以设置如何在影片窗口内放置影片以及在必要时如何裁剪影片边缘。其中，【水平】对齐包括左、中、右选项；【垂直】对齐包括顶端、中和底边选项。

> **注 意**
>
> 启用【显示警告消息】复选框，可以确保在 HTML 选项卡中出现设置上的冲突时，Flash 将显示系统的错误消息对话框来提醒用户。

11.4.4 发布为 GIF 文件

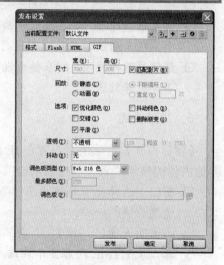

GIF 动画文件是目前网络上较为流行的一种动画格式。标准的 GIF 文件是一种简单的压缩位图，其选项卡如图 11-50 所示。其中，【尺寸】选项与前面介绍的一致，下面讲解其他选项的含义。

图 11-50 GIF 选项卡

1. 回放

【回放】选项用于选择发布的图形是静态的还是动态的，如果启用【静态】单选按钮，则将发布静态的 GIF 图形；如果启用【动画】单选按钮，将发布为动态的 GIF 动画。另外，启用右边的【不断循环】单选按钮，则会进行循环播放，如果启用【重复】单选按钮则重复播放一定次数，并可以在后面的文本框中输入重复播放的次数。

2. 选项

在【选项】组中提供了几项对发布的 GIF 动画外观的设定，说明如下。
- ❏ **优化颜色** 从 GIF 文件的颜色表中除去所有未用到的颜色，这将在不损失画质的前提下使文件少占用一定字节的存储空间。
- ❏ **交错** 在浏览器中下载该图形文件时，以交错形式逐渐显示出来。对 GIF 动画可以不使用此项。
- ❏ **平滑** 使用消除锯齿功能，生成更高画质的图形。
- ❏ **抖动纯色** 用于确定是否对色块进行抖动处理。
- ❏ **删除渐变** 将把图形中的渐变色改为单色，此单色为渐变色中的第一种颜色。渐变色会增加文件的存储空间，并且画质较差，在选择此项之前，为避免产生不可预料的结果，应该先选择好渐变色的第一种颜色。

3．透明

该选项用来设置发布动画中的背景色和透明度，以及在生成的 GIF 文件中的转换方式。其中，【不透明】表示使该动画的背景不透明；【透明】表示使 Flash 动画的背景透明；Alpha 选项设置了一个透明度的阈值，当 Flash 动画中透明度低于此值的颜色时将完全透明、不可见，反之其颜色不发生任何变化。

4．抖动

【抖动】列表框用来确定是否对图形中的颜色进行处理并决定处理方式。如果当前调色板中没有原动画中用到的颜色，将用相近的颜色代替，当该选项关闭时，并且处于同样情况时，Flash 将不使用调色板中与原动画中相近的颜色进行代替，但是这样可以减小文件的大小。

在实际操作时应注意随时观察发布的动画文件，确保发布的效果。其中，【无】表示不进行颜色处理；【有序】表示尽可能减少文件体积，并进行颜色处理；【扩散】表示提供最好的颜色处理效果，文件的体积将会增大。

5．调色板类型

在【调色板类型】下拉列表中，可以指定图形用到的调色板类型，各个选项的含义如下。

- ❑ **Web 216 色**　使用标准 216 色浏览器调色板创建 GIF 文件，这是系统的默认方式，可以提供最高质量的画面效果，并且在服务器上的处理速度也是最快的。
- ❑ **最合适**　将对不同的图形进行颜色分析并据此产生该图形专用的颜色表，产生与原动画中的图形最匹配的颜色，但是文件体积会增加。
- ❑ **接近 Web 最适色**　除将相近的颜色转变为 Web 216 调色板中的颜色外，其余与上一项相同。
- ❑ **自定义**　为将要发布的图形指定调色板。

> **注　意**
>
> 在【最多颜色】文本框中可以设置在 GIF 图形或者 GIF 动画中用到的最多颜色数，当该选项的数字较小时，生成的文件体积也较小，但有可能使图形的颜色失真。系统默认此项不可编辑。

11.4.5　发布为 JPEG 文件

使用 JPEG 格式可以把图形存储为高压缩比的 24 位色的位图，这种方式所发布的是静态的 jpg 格式图片，同发布静态 gif 文件一样，在以 jpg 文件格式发布某一帧时，如果不做专门指定，仅发布第 1 帧，如果需要将其他帧也以 JPEG 文件格式发布，则可以在时间轴面板中选中其帧后再执行发布命令。JPEG 选项卡如图 11-51 所示。

图 11-51　**JPEG 选项卡**

【品质】选项用来控制生成的 jpg 格式文件的压缩比例，该值较低时，压缩比较大，发布的文件体积较小，反之，生成的文件体积较大。如果启用【渐进】复选框，将生成渐进显示的.jpg 格式文件。

11.4.6 发布为 PNG 文件

PNG 格式是唯一支持透明显示（Alpha 通道）的跨平台的位图格式，也是 Fireworks 默认的文件格式，同发布前几种格式的图形一样，如果未把时间轴移到特定帧上，执行发布命令时，Flash 将发布默认的第 1 帧画面。PNG 选项卡如图 11-52 所示。

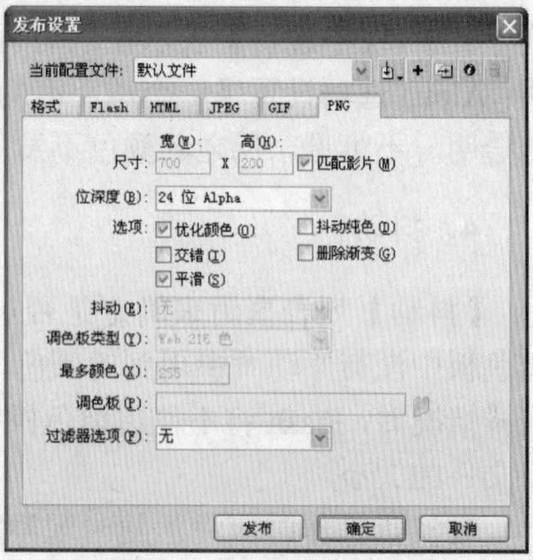

最后一项【过滤器选项】用于选择 PNG 文件格式的过滤方式，为了使图形压缩效果更好，在压缩前通常对图形进行过滤，包含如下选项。

❏ **无** 表示不进行过滤。

❏ **下** 表示将记录相邻像素对应字节值的差别。

❏ **上** 将记录位于某像素和它上方的像素，所对应字节和其中的值的差别。

❏ **平均** 表示使用两个相邻像素所对应字节值的平均值，来判定该像素的对应值。

❏ **线性函数** 用于把 3 个相邻像素对应字节的值代入一个线性函数，根据函数值来判定该像素的对应值。

图 11-52　PNG 选项卡

11.5 课堂练习：导出 GIF 动画

在测试 Flash 影片时，播放 SWF 格式的动画很消耗计算机的 CUP 和内存，且许多防火墙都对 SWF 文件进行拦截，这将导致许多浏览者看不到网页中的动画，所以可以将在 Flash 中制作的动画以 GIF 格式的动画导出，使更多的浏览者可以看到，如图 11-53 所示。

图 11-53　GIF 动画

操作步骤

1 新建 500 像素×470 像素的空白文档，执行【文件】‖【导入】‖【导入到库】命令，将"背

景.jpg"素材图像导入到【库】面板。然后将其拖入到舞台中，并在第 12 帧处插入普通帧，如图 11-54 所示。

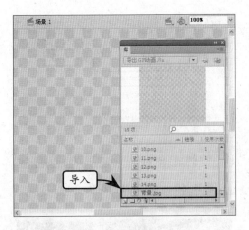

图 11-54 导入背景图像

2 新建"角色"图层,执行【文件】|【导入】|【导入到库】命令,打开【导入】对话框。在该对话框中选择素材图像中的 01.png,单击【打开】按钮,将会弹出一个警告对话框,此时单击该对话框中的【是】按钮即可,如图 11-55 所示。

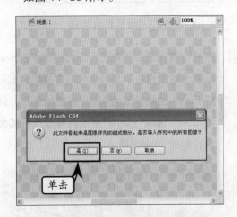

图 11-55 导入序列图像

3 单击【是】按钮后,将会以逐帧的形式将外部的素材图像添加到舞台上,形成一个连续

的逐帧动画,如图 11-56 所示。

图 11-56 逐帧动画

4 执行【文件】|【导出】|【导出影片】命令,在弹出的【导出影片】对话框中选择【保存类型】为"GIF 动画"。然后单击【保存】按钮,在弹出的【导出 GIF】对话框中单击【确定】按钮即可,如图 11-57 所示。

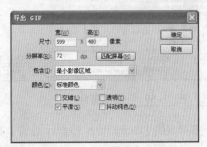

图 11-57 导出 GIF

11.6 课堂练习:导出 MOV 格式文件

MOV 即 QuickTime 影片格式,它是 Apple 公司开发的音频、视频文件格式,用于存储常用数字媒体类型,如音频和视频。在 Flash CS4 导出影片时,当选择 QuickTime(*.mov)作为"保存类型"时,动画将保存为.mov 文件。

操作步骤

1 执行【文件】|【打开】命令,在弹出的对

话框中打开名称为"公益宣传动画"的 Flash 素材源文件,如图 11-58 所示。

图 11-58　　打开 Flash 源文件

2　执行【文件】|【导出】|【导出影片】命令，打开【导出影片】对话框，选择【保存类型】为"QuickTime（*.mov）"；输入【文件名】为"公益广告"，并单击【保存】按钮，如图 11-59 所示。

图 11-59　　导出影片

3　在弹出的【QuickTime Export 设置】对话框中，启用【忽略舞台颜色(生成 Alpha 通道)】复选框，如图 11-60 所示。

4　单击【QuickTime 设置】按钮，在弹出的【影片设置】对话框中单击【滤镜】按钮。然后在【选择视频滤镜】对话框中，选择【特效】选项中的"影片杂波"，在右侧选择"灰尘和影片褐色"选项，并在【影片褪色】下拉列表中选择"褪色的彩色影片"，如图 11-61 所示。

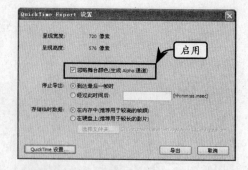

图 11-60　　忽略舞台颜色

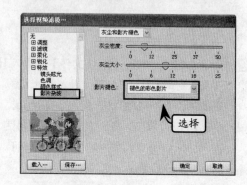

图 11-61　　设置影片特效

5　所有设置完成后，单击【QuickTime Export 设置】对话框右下角的【导出】按钮，即可将 Flash 动画导出为 MOV 格式的影片，使用 QuickTime Player 播放器播放该视频文件，如图 11-62 所示。

图 11-62　　预览影片

11.7 思考与练习

一、填空题

1. 在导出 Flash 动画时，导出影片的快捷键是_____。

2. 在 Flash 中有_____和_____两种类型的声音。

3. 包络线表示声音播放时的音量，最多可以创建_____个控制柄。

4. 在 Flash CS4 中，执行_____命令，可以导出图像和影片。

5. Flash 默认的发布格式是_____。

二、选择题

1. 在 Flash 中，不能导出的格式为_____。
   A. .avi   B. .jpg
   C. .mov   D. .rm

2. 在 Flash 中，编辑声音时【编辑封套】对话框中没有的效果是_____。
   A. 淡入   B. 左声道
   C. 停止   D. 自定义

3. 在下列选项中，选出 QuickTime 4 所不支持的视频文件格式_____。
   A. .avi   B. .dv
   C. .asf   D. .wmv

4. 如果选择模拟 28.8kbps 的调制解调器速度，Flash 将实际的速率设置为_____。
   A. 2.3 kbps   B. 2.0 kbps
   C. 4.7 kbps   D. 1.2 kbps

5. 在发布 Flash 时，发布设置中没有的选项是_____。
   A. Macintosh 放映文件
   B. PNG
   C. BMP
   D. JPEG

三、问答题

1. 在导入声音时，执行【文件】|【导入】|【导入到舞台】命令可以把声音导入吗？这与【导入到库】有区别吗？

2. 可以把视频文件导入到库中吗？应该怎样导入？

3. 如何为按钮添加声音？

4. 导入视频文件后，如何更改视频影片的属性？

5. 如何将动画发布为不同格式的文件？

四、上机练习

1. 编辑声音

在 Flash 影片中，通过声音淡入淡出不仅使音轨更加优美，而且可以根据需要对其自定义，操作较为简单，本练习将对 MP3 中音量较高部分编辑得较为平缓，得到柔和的音乐。

新建文档，在第 30 帧处按 F6 键，将所需音乐导入至【库】面板中，选择第 1 帧，然后声音元件拖动至舞台，在第 1 帧处于被选状态下，单击【属性】编辑器中的【编辑】按钮，通过拖动【编辑封套】对话框中的控制点，使背景音乐的声音较低部分有所提高，而较高部分趋于平缓，如图 11-63 所示。

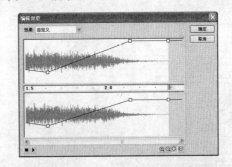

图 11-63 【编辑封套】对话框

2. 导出 FIV 格式的视频文件

本练习主要将文档中的视频导出为 FLV 格式的视频文件，如图 11-64 所示。FLV 格式适用于通信应用程序（如视频会议）以及包含从 Flash Communication Server 中导出的屏幕共享编码数据的文件。在以 FLV 格式导出包含流式音频的视频剪辑时，将使用【发布设置】对话框中的【流式音频】设置对音频进行压缩，设置完成后用户可以通过【库】面板，将其导出为 FLV 格式。

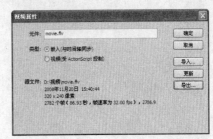

图 11-64 将文件导出为 FLV 格式

第 12 章

综合实例

　　Flash 以其强大的矢量动画编辑功能，灵活的操作界面，开放式的结构，早已渗透到了图像设计的多个领域，例如影视、动漫、游戏、网页、课件、广告宣传等。通过本书前面章节的学习，相信读者已经掌握了 Flash 的基本功能和操作。本章将由浅入深地介绍几个典型的 Flash 实例，其中不仅包含对象的绘制、图像的导入、遮罩层的运用，而且制作了补间动画、补间形状动画，并为其添加了动作脚本，既帮助读者巩固前面所学的基础知识，又开拓设计思路，为读者在以后的实际工作中打下良好的基础。

　　本章学习要点：

　　➢ 制作化妆品网幅广告
　　➢ 制作电子相册

12.1 制作化妆品网幅广告

对于网页中的网幅广告来说，其与现实中的户外广告在效果及设计上并没有区别。例如，化妆品的网幅广告在设计上应使用暖色调作为主色调，给浏览者一种柔和的感觉。在制作动画时，可以使用传统运动引导动画制作气泡在化妆品液体中游动的效果，以衬托出整个产品特色，如图 12-1 所示。

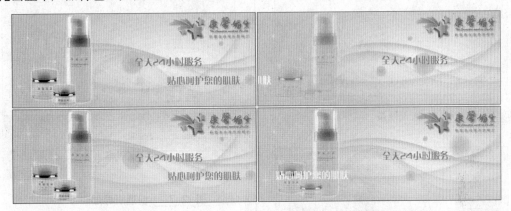

图 12-1　化妆品网幅广告

12.1.1　制作背景动画

操作步骤

1. 新建文档，执行【修改】|【文档】命令，在弹出的【文档属性】对话框中设置文档的【尺寸】为 800 像素×300 像素，并设置【背景颜色】为"粉红色"（#FFCCCC），如图 12-2 所示。

图 12-2　设置文档属性

2. 在舞台中绘制一个尺寸为 800 像素×300 像素的矩形，使用【颜色】面板为矩形填充放射渐变。设置渐变左侧颜色为"白色"（#FFFFFF），右侧为透明的"白色"

（#FFFFFF），如图 12-3 所示。

图 12-3　绘制矩形

3. 执行【文件】|【导入】|【打开外部库】命令，打开 line.fla 文件。将外部库中的所有素材拖入到【库】面板。然后新建"线条"图层，将"线条"影片剪辑元件放置在舞台中，如图 12-4 所示。

4. 执行【插入】|【新建元件】命令，新建"光球"图形元件。在舞台中绘制一个圆形，在

【颜色】面板中使用放射渐变为其填充颜色，并调整其圆心在元件的坐标原点，如图 12-5 所示。

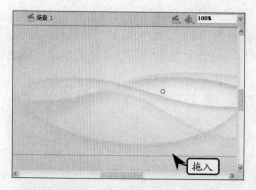

图 12-4 拖入线条

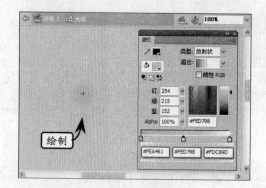

图 12-5 创建光球图形元件

5 新建"光球动画 01"影片剪辑，将"光球"图形元件拖入到舞台中。然后选择第 80 帧，按 F5 键插入普通帧，如图 12-6 所示。

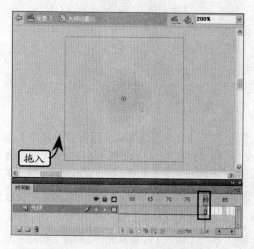

图 12-6 拖入"光球"图形元件

6 右击"光球"图层，在弹出的菜单中执行【添加传统运动引导层】命令，为该图层添加引导层。然后选择引导层，在舞台中绘制一条运动曲线并对其进行调整，如图 12-7 所示。

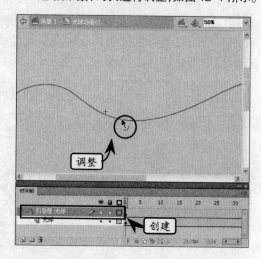

图 12-7 创建引导层

7 选择"光球"图形元件，将其拖动到曲线的开始端点。然后在第 80 帧处插入关键帧，将该图形元件拖动到曲线的结束端点，如图 12-8 所示。

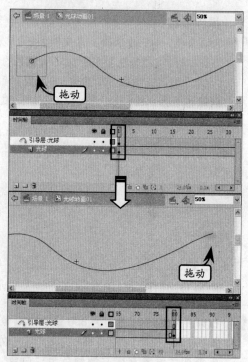

图 12-8 绑定端点

8 右击"光球"图层上的任意一帧，在弹出的菜单中执行【创建传统补间】命令，即创建"光球"图形元件按照引导线轨迹运动的动画，如图 12-9 所示。

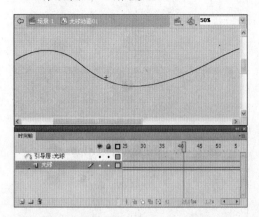

图 12-9　创建传统补间

9 在"光球"图层的第 25 帧和第 55 帧处分别插入关键帧。然后，分别选择第 1 帧和第 80 帧，在【属性】检查器中设置"光球"图形元件的 Alpha 值为 0，如图 12-10 所示。

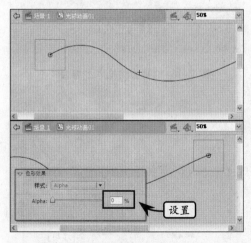

图 12-10　设置元件透明度

10 新建"光球动画 02"影片剪辑，将"光球"图层元件拖入到舞台中。然后选择第 200 帧，插入关键帧，如图 12-11 所示。

11 使用相同的方法，创建传统运动引导层。然后，在舞台中绘制一条曲线，并对其进行调整，如图 12-12 所示。

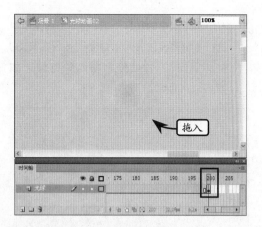

图 12-11　插入关键帧

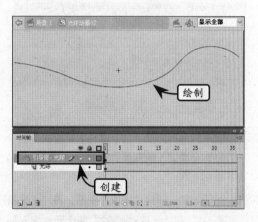

图 12-12　绘制运动路径

12 选择"光球"图层，将"光球"图形元件分别拖入到线条的开始端点与结束端点，与引导线的两端点绑定，如图 12-13 所示。

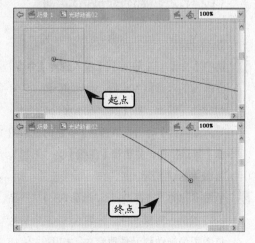

图 12-13　绑定端点

13 右击该图层中的任意一帧，在弹出的菜单中执行【创建传统补间】命令。然后在第 30 帧和第 170 帧处分别插入关键帧，如图 12-14 所示。

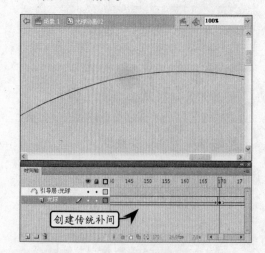

图 12-14　创建传统补间

14 使用相同的方法，在【属性】检查器面板中分别设置第 1 帧和第 200 帧处元件的 Alpha 值为 0，如图 12-15 所示。

15 返回场景。新建"光球"图层，将"光球动画 01"和"光球动画 02"两个元件拖入到舞台中，并设置调整为不同的大小，如图 12-16 所示。

12.1.2　制作产品动画

操作步骤

1 执行【文件】|【导入】|【导入到库】命令，在弹出的对话框中选择 cosmetics.psd 素材文件。然后，在【将"cosmetics.psd"导入到舞台】对话框中启用【拼合的位图图像】单选按钮，并选择【压缩】为"无损"，如图 12-17 所示。

2 新建名称为"产品 01"、"产品 02"、"产品 03"的影片剪辑元件，将导入的 3 个拼合位图图像拖动到元件舞台中，如图 12-18 所示。

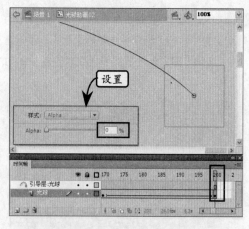

图 12-15　设置元件的 Alpha 值

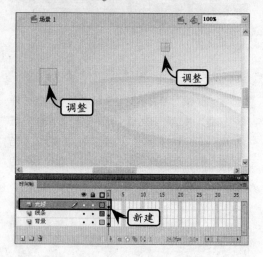

图 12-16　将元件拖入到舞台

图 12-17　导入 PSD 文件

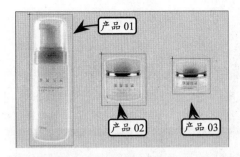

图 12-18 创建新元件

3 新建"产品动画 01"影片剪辑元件，在第 24 帧处插入关键帧，将"产品 01"影片剪辑元件拖入到舞台中，如图 12-19 所示。

图 12-19 拖入元件

4 选择第 72 帧并按 F5 键插入帧。然后右击第 72 帧，在弹出的菜单中执行【创建补间动画】命令，创建补间动画，如图 12-20 所示。

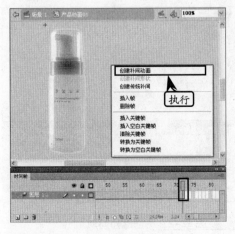

图 12-20 创建补间动画

5 在第 24 帧处选择"产品 01"影片剪辑，在【属性】检查器中设置元件的 Alpha 值为 0，使其变为不可见，如图 12-21 所示。

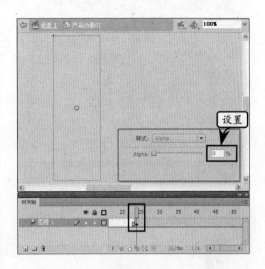

图 12-21 设置元件 Alpha 值

6 右击该图层的第 72 帧，在弹出的菜单中执行【插入关键帧】|【颜色】命令。然后选择"产品 01"影片剪辑，在【属性】检查器中设置元件的 Alpha 值为 100%，制作元件从第 24 帧开始显示的动画，如图 12-22 所示。

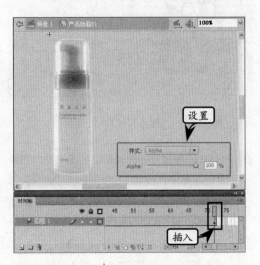

图 12-22 设置元件透明度

7 新建图层 2，在第 72 帧处插入关键帧。然后，按 F9 键打开【动作】面板，在其中输入 "stop();" 代码，如图 12-23 所示。

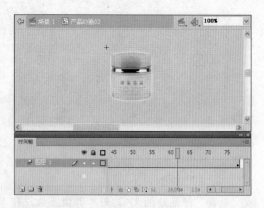

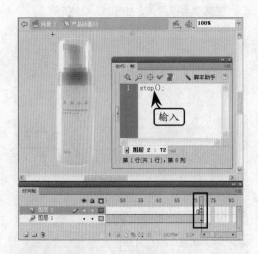

图 12-23 输入代码停止影片播放

图 12-25 创建补间动画

⑧ "产品动画 02" 影片剪辑，在第 30 帧处插入关键帧，将"产品 02"影片剪辑拖入到舞台中，如图 12-24 所示。

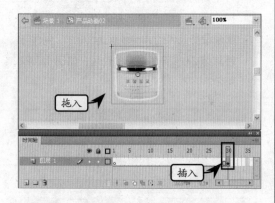

图 12-24 拖入影片剪辑

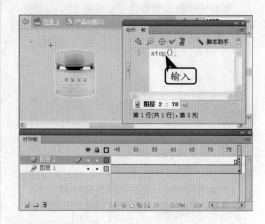

图 12-26 输入停止动画代码

⑨ 在第 78 帧处插入普通帧。右击该帧，在弹出的菜单中执行【创建补间动画】命令。然后，设置第 30 帧处影片剪辑元件的 Alpha 值为 0；第 78 帧处影片剪辑的 Alpha 值为 100%，如图 12-25 所示。

⑩ 新建图层 2，在第 78 帧处插入关键帧。打开【动作】面板，输入停止动画的代码，如图 12-26 所示。

⑪ 新建"产品动画 03"影片剪辑，使用相同的方法，在第 42～90 帧制作"产品 03"影片剪辑渐显的补间动画。然后在图层 2 的最后一帧输入停止动画代码，如图 12-27 所示。

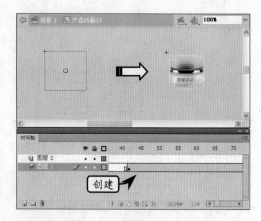

图 12-27 创建补间动画

Flash CS4 中文版标准教程

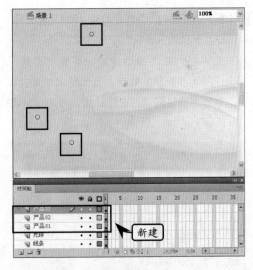

12 返回场景。新建"产品 01"、"产品 02"和
"产品 03"图层,将"产品动画 01"、"产
品动画 02"和"产品动画 03"分别拖入
到这 3 个图层中相应的位置,如图 12-28
所示。

图 12-28 拖入到舞台

12.1.3 制作星星动画

操作步骤

1 新建"星星图形"影片剪辑。选择【多角星
形工具】,在【属性】检查器中打开【工具
设置】对话框,设置【样式】为"星形";
【边数】为 4;【星形顶点大小】为 0.01。
然后在舞台中绘制 4 角星,如图 12-29
所示。

图 12-29 绘制 4 角星

2 使用相同的方法,绘制一个较小的 4 角星,
并将其组合为组。然后使用【任意变形工具】
将其旋转 45°,如图 12-30 所示。

3 新建"星星元件"影片剪辑,将"星星图形"
影片剪辑拖入到舞台中,并在【属性】检查

器中设置其 Alpha 值为 60%,如图 12-31
所示。

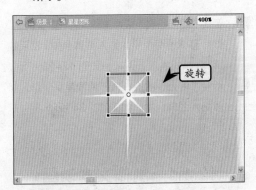

图 12-30 制作星星

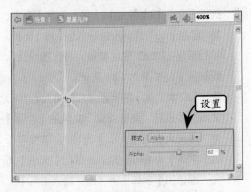

图 12-31 设置 Alpha 透明度

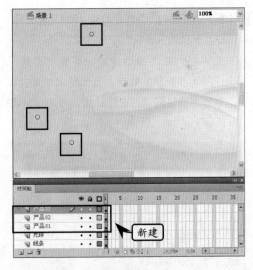 第 12 章 综合实例

333

4 新建"星星闪动"影片剪辑，将"星星元件"影片剪辑拖入到舞台中。在前 20 帧中插入关键帧，并适当地添加、删除"星星元件"影片剪辑的数量，及调整其位置，以制作出星星闪动的逐帧动画，如图 12-32 所示。

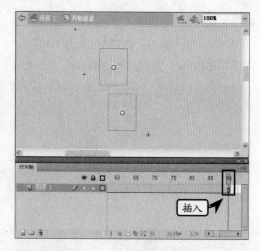

图 12-33 制作"两颗星星"影片剪辑

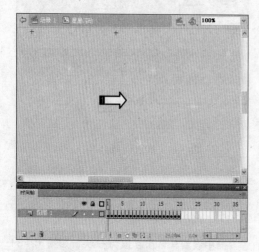

图 12-32 制作逐帧动画

5 新建"两颗星星"影片剪辑，将"星星闪动"影片剪辑的两个副本拖入到舞台中。然后在第 90 帧处插入普通帧，如图 12-33 所示。

6 新建"闪光"图层，将"两颗星星"影片剪辑拖入到舞台中，如图 12-34 所示。

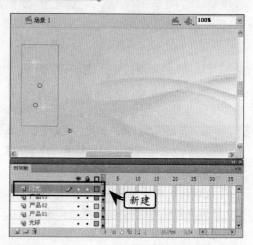

图 12-34 拖入影片剪辑

12.1.4 制作文本动画

操作步骤

1 执行【文件】|【导入】|【导入到库】命令，将"星星.png"素材图像导入到【库】面板。然后新建 LOGO 影片剪辑，将该图像拖入到舞台中，如图 12-35 所示。

2 使用【文本工具】在图像的右侧输入 LOGO 文本，并设置"康馨眉黛"文字的【字体】为"晨光大字"，【大小】为 32；英文字母的【字体】为 Brush Script MT，【大小】为 10；标语的【字体】为"创艺简隶书"，【大小】为 10；【颜色】均为"棕色"(#996600)，

如图 12-36 所示。

图 12-35 拖入图像

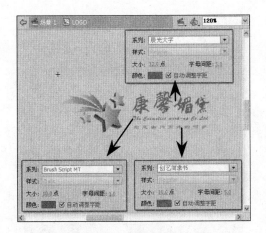

图 12-36 输入文字

3 新建"文本"影片剪辑，将 LOGO 影片剪辑拖入到舞台中。然后在第 96 帧处插入普通帧，如图 12-37 所示。

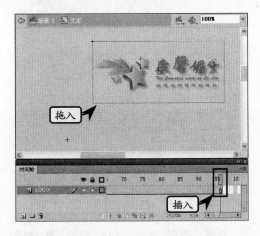

图 12-37 拖入 LOGO

4 新建"文本 01"图层，在舞台的左侧输入"全天 24 小时服务"文字。然后，设置其【字体】为"方正粗倩简体"；【大小】为30；【颜色】为"白色"（#FFFFFF），如图 12-38 所示。

5 右击第 1 帧，创建补间动画。在第 50 帧插入关键帧，将文本向右移动至 LOGO 的左下角，创建文本左移的补间动画，如图 12-39 所示。

6 新建"文本 02"图层，在第 48 帧处插入关键帧，在舞台的左侧输入"贴心呵护您的肌肤"文字。然后创建补间动画，向最后一帧处移动该文本，如图 12-40 所示。

图 12-38 输入文字

图 12-39 制作文本左移动画

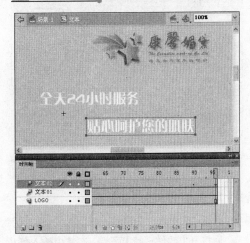

图 12-40 制作文本动画

7 复制"文本 01"和"文本 02"图层中的所有帧。新建"文本 01 副本"和"文本 02 副本"图层，将帧粘贴到这两个图层中。然后，更改文本的【颜色】为"红色"（#FF3299），如图 12-41 所示。

图 12-41　复制帧

8 新建"遮罩"图层，将文本复制到动画结束的位置，并执行【修改】|【分离】命令，将文字转换为图形。然后右击该图层，创建遮罩图层，如图 12-42 所示。

图 12-42　创建遮罩层

9 新建 AS 图层，在最后一帧插入关键帧。然后打开【动作一帧】面板，在其中输入停止播放动画代码，如图 12-43 所示。

10 返回场景。新建"文本"图层，将"文本"影片剪辑拖入到舞台的顶部，如图 12-44 所示。

图 12-43　输入停止代码

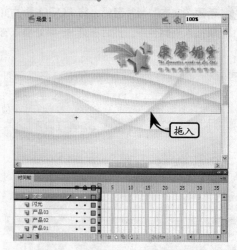

图 12-44　拖入"文本"影片剪辑

11 新建"遮罩"图层，使用【矩形工具】绘制一个与舞台大小相同的矩形。然后右击该图层，将其转换为遮罩层，并将其他图层设置为被遮罩层，如图 12-45 所示。

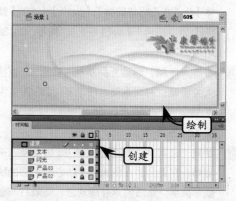

图 12-45　创建遮罩层

12.2 制作电子相册

为了在固定区域中展示尽可能多的图片，并且在其布局模式方面更加灵活，越来越多的人采用 Flash 制作电子相册动画。与纯网页性质的图片展示相比，其布局方式以及图片与图片之间的过渡效果，能够更加灵活。下面就通过 Flash CS4 制作一个电子相册，如图 12-46 所示。

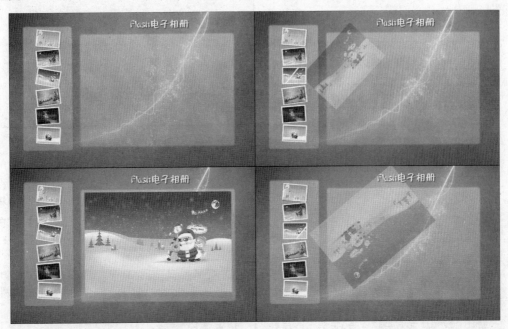

图 12-46　电子相册

12.2.1　制作相片动画

操作步骤

1　新建文档，在【文档属性】对话框中设置【尺寸】为 1003 像素×620 像素。然后将"背景.psd"素材图像导入到【库】面板，并将其拖动到舞台中，如图 12-47 所示。

2　新建 view01 影片剪辑，使用宽度为 0.5 像素的灰色（#999999）锯齿线绘制一个尺寸为 100 像素×68.5 像素的矩形，作为图像的边框，如图 12-48 所示。

3　将 jpg 文件夹下的所有图像导入到【库】面板。将 001.jpg 图像拖动到舞台中，然后按 Ctrl+T 键打开【变形】面板，设置水平和垂直方向的缩放比例为 15%，制作图像的缩略图，如图 12-49 所示。

图 12-47　导入背景图像

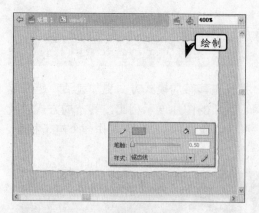

图 12-48 绘制图像边框

图 12-49 缩放图像

4 新建 hover01 影片剪辑，将 view01 影片剪辑拖动到舞台中。然后在第 24 帧按 F5 键插入帧，如图 12-50 所示。

图 12-50 新建影片剪辑

5 新建"发光条"图层，使用【矩形工具】在舞台中绘制一个白色的矩形，并将其转换为影片剪辑，如图 12-51 所示。

图 12-51 创建矩形影片剪辑

6 选择矩形影片剪辑，在【属性】检查器中添加【发光】滤镜，设置【模糊 X】和【模糊 Y】均为 3；【强度】为 500%；【颜色】为"白色"（#FFFFFF），如图 12-52 所示。

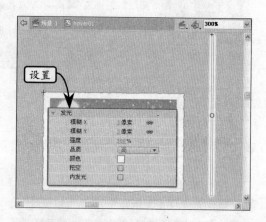

图 12-52 添加发光滤镜

7 打开【变形】面板，设置该矩形影片剪辑的【旋转】角度为 40°。然后将其移动到图像的左上角，如图 12-53 所示。

8 在该图层中创建补间动画，选择第 24 帧，将"反光条"影片剪辑拖动到图像的右下角，如图 12-54 所示。

9 新建"遮罩"图层，在舞台中绘制一个与缩略图大小相同的矩形，如图 12-55 所示。

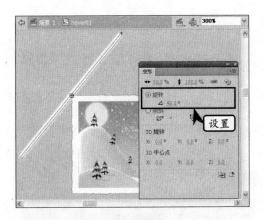

图 12-53 设置旋转角度

图 12-54 创建补间动画

10 右击该图层,在弹出的菜单中执行【遮罩层】命令,将其创建为遮罩层,如图 12-56所示。

12.2.2 制作按钮动画

操作步骤

1 新建 viewbtn01 按钮元件,在【弹起】帧和【按下】帧处插入关键帧,将 view01 影片剪辑分别拖入到这两帧的舞台中,如图 12-57所示。

2 为图像影片剪辑元件添加【投影】滤镜,在【属性】检查器中设置【模糊 X】和【模糊 Y】均为 2;【强度】为 50%;【距离】为 2,如

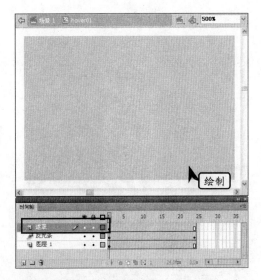

图 12-55 绘制矩形

图 12-56 创建遮罩层

图 12-58 所示。

3 选择【弹起】帧,执行【窗口】|【变形】命令,在【变形】面板中将舞台中的图像影片剪辑旋转 5°,如图 12-59 所示。

4 选择【按下】帧,在【变形】面板中设置影片剪辑的水平和垂直方向缩放比例为 95%,如图 12-60 所示。

图 12-57　新建按钮元件

图 12-58　添加投影滤镜

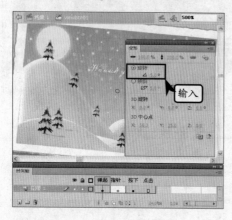

图 12-59　旋转影片剪辑

图 12-60　设置缩放比例

5 选择【指针经过】帧，将 hover01 影片剪辑元件拖动到舞台中，设置其注册点与 viewbtn01 按钮元件的原点对齐，即可完成按钮元件的制作，如图 12-61 所示。

图 12-61　设置注册点

12.2.3　制作展示动画

操作步骤

1 使用相同的方法制作其他 5 个按钮元件。然后新建"缩略图"图层，分别将按钮元件拖动到舞台中，并在【属性】检查器中设置【实例名称】分别为 viewbtn01 ~ viewbtn06，如图 12-62 所示。

图 12-62 将按钮拖入到舞台

2　新建 imagesource01 影片剪辑元件，将
001.jpg 素材图像拖动到舞台中，如
图 12-63 所示。

图 12-63 拖入图像

3　新建 image01 影片剪辑元件，将
imagesource01 影片剪辑拖入到舞台中，
在【变形】面板中设置其缩放比例为
10%，并为其添加【投影】滤镜，如图 12-64
所示。

4　在第 96 帧处插入普通帧，并创建补间动画。
然后在第 24 帧处恢复图像大小并向右移
动，如图 12-65 所示。

5　选择舞台中的影片剪辑，在【属性】检查器
中设置其 Alpha 值为 50%。然后选择第 36

帧，设置 Alpha 值 为 100%，如图 12-66
所示。

图 12-64 添加投影滤镜

图 12-65 创建补间动画

图 12-66 制作图像渐显动画

6　在第 72 帧处插入关键帧。然后选择第 95

帧,在【属性】检查器中设置其 Alpha 值为
0,如图 12-67 所示。

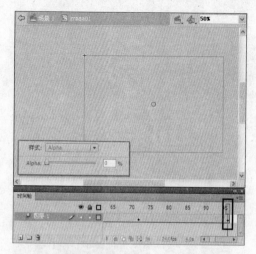

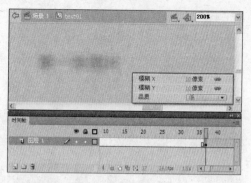

图 12-69　添加模糊滤镜

9　创建补间动画,在第 72 帧处插入关键帧,
将影片剪辑元件【模糊】滤镜的【模糊 X】
和【模糊 Y】设置为 0,如图 12-70 所示。

图 12-67　创建图像渐隐动画

7　新建图层,在第 1、72 和 96 帧处插入关键
帧,然后打开【动作】面板,在其中输入停
止播放动画代码,如图 12-68 所示。

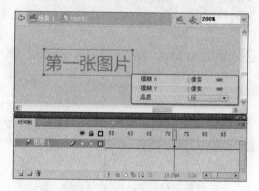

图 12-70　更改模糊滤镜属性

10　选择第 96 帧,将影片剪辑元件【模糊】滤
镜的【模糊 X】和【模糊 Y】设置为 255,
如图 12-71 所示。然后使用相同的方法,
制作其他文本动画。

图 12-68　输入代码

8　新建 text01 影片剪辑,在第 37 帧处插入关
键帧,在舞台中输入“第一张图片”文字。
然后,为其添加【模糊】滤镜,设置【模糊
X】和【模糊 Y】均为 10,如图 12-69 所示。

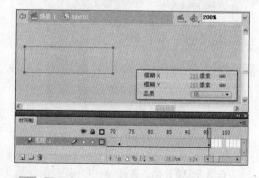

图 12-71　更改模糊滤镜属性

提　示

在第 96 帧处插入普通帧,延长该图层的帧数
至第 96 帧。

提　示

新建图层 2,在第 1、72 和 96 帧处插入关键
帧,在【动作】面板中输入停止播放动画命令。

Flash CS4 中文版标准教程

11 返回场景。在"缩略图"图层的下面新建"图像"图层，将 image01~image06 影片剪辑拖入到相对应的位置。然后分别设置【实例名称】为 image01 ~ image06，如图 12-72 所示。

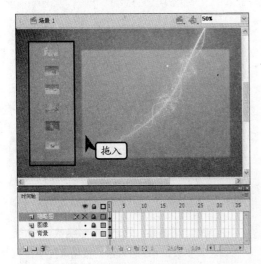

图 12-72 拖入影片剪辑

12 新建"文本"图层，将 text01 ~ text06 影片剪辑拖入到舞台的左上角，使它们重叠显示。然后设置【实例名称】分别为 text01 ~ text06，如图 12-73 所示。

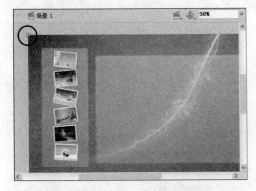

图 12-73 拖入文本影片剪辑

13 新建"标题"图层，在舞台的顶部输入"Flash 电子相册"文字，并设置其【字体】为"方正毡笔黑简体"；【大小】为 40；【颜色】为"白色"（#FFFFFF）。然后为其添加【投影】滤镜，如图 12-74 所示。

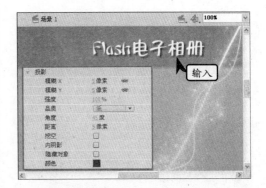

图 12-74 输入文字

14 在影片中新建 AS 图层，选择第 1 帧，按 F9 键打开【动作】面板，输入 ActionScript 脚本代码。首先自定义 playmc() 函数，该函数用于动态为按钮添加鼠标单击事件，代码如下所示。

```
function playmc (viewbtn,imagemc,
textmc):void {
//自定义函数 playmc()，其参数为按钮
名称、要播放的图像影片剪辑名称、要播放
的文本影片剪辑名称
  viewbtn.addEventListener
  (MouseEvent.CLICK,PLAY);
  //为按钮添加事件的侦听，当按钮被单
  击时执行函数 PLAY()
}
```

15 在 playmc() 函数中自定义 PLAY() 函数。在函数中执行 hidden() 函数，并播放被选中按钮相关的元件，代码如下所示。

```
function PLAY (event:Mouse
Event):void {
  /*自定义函数 PLAY()，其参数为鼠标触
发事件*/
  hidden (image01,text01);
  /*执行自定义函数 hidden()，隐藏
image01 和 text01 等影片剪辑元件*/
  hidden (image02,text02);
  /*执行自定义函数 hidden()，隐藏
image02 和 text02 等影片剪辑元件*/
  hidden (image03,text03);
  /*执行自定义函数 hidden()，隐藏
image03 和 text03 等影片剪辑元件*/
  hidden (image04,text04);
```

```
/*执行自定义函数 hidden(),隐藏
image04 和 text04 等影片剪辑元件*/
hidden (image05,text05);
/*执行自定义函数 hidden(),隐藏
image05 和 text05 等影片剪辑元件*/
hidden (image06,text06);
/*执行自定义函数 hidden(),隐藏
image06 和 text06 等影片剪辑元件*/
imagemc.gotoAndPlay (1);
//播放图像元件第 1 帧
textmc.gotoAndPlay (1);
//播放文本元件第 1 帧
}
```

16 在事件函数 PLAY()中嵌套 hidden 自定义函数,函数的参数为选中按钮相关的图像动画和文本动画,代码如下所示。

```
function hidden (imagename,
textname):void {
/*自定义函数 hidden(),其参数为影
片剪辑的名称*/
if (imagename.currentFrame < 72
&& imagename.currentFrame >0) {
    //判断,当图像元件播放至 0～72
    帧时
    if (imagename.currentFrame
    == 71) {
        //再判断图像元件播放至第 71
        帧时
        imagename.gotoAndPlay
        (73);
        //图像元件跳转到第 73 帧
    }
} else if (imagename.current
Frame == 72) {
    //当图像元件播放至第 72 帧时
    imagename.gotoAndPlay (73);
    //图像元件跳转到第 73 帧
} else if (imagename.
currentFrame==0) {
    /*当图像元件未播放时(帧数为 0)什
    么也不做*/
}
if (textname.currentFrame < 72
&& textname.currentFrame > 0) {
    //判断,当文本元件播放至 0～72
    帧时
```

```
    if (textname.currentFrame ==
    71) {
        //再判断文本元件播放至第 71
        帧时
        textname.gotoAndPlay (73);
        //文本元件跳转到第 73 帧
    }
} else if (textname.current
Frame == 72) {
    //当文本元件播放至第 72 帧时
    textname.gotoAndPlay (73);
    //文本元件跳转到第 73 帧
} else if (textname.current
Frame==0) {
    /*当文本元件未播放时(帧数为 0)什
    么也不做*/
}
}
```

17 在 playmc()函数的外部执行该函数,并为函数设置参数,用动态方法为按钮添加事件的侦听,代码如下所示。

```
playmc (viewbtn01,image01,
text01);
/*执行函数 playmc,为 viewbtn01 按钮
元件添加事件*
playmc (viewbtn02,image02,
text02);
/*执行函数 playmc,为 viewbtn02 按钮
元件添加事件*/
playmc (viewbtn03,image03,
text03);
/*执行函数 playmc,为 viewbtn03 按钮
元件添加事件*/
playmc (viewbtn04,image04,
text04);
/*执行函数 playmc,为 viewbtn04 按钮
元件添加事件*/
playmc (viewbtn05,image05,
text05);
/*执行函数 playmc,为 viewbtn05 按钮
元件添加事件*/
playmc (viewbtn06,image06,
text06);
/*执行函数 playmc,为 viewbtn06 按钮
元件添加事件*/
```